普通高等教育 应用型本科 教材

工程图学基础

主　编　张政武　陈杰峰

副主编　宋春明　杜海霞

重庆大学出版社

内容提要

本书根据教育部工程图学教学指导委员会最新修订的《普通高等学校工程图学课程教学基本要求》，并参考国内外同类教材，在总结和吸取多年教学改革经验的基础上编写的。本书共分9章，内容包括：制图的基本知识，点、直线和平面的投影，立体的投影，组合体的视图及尺寸标注，轴测图，机件的常用表达方法，标准件与常用件，零件图，装配图。与之配套使用的有宋春明、杜海霞主编的《工程图学基础习题集》。

本教材可满足高等工科院校近机械类和非机械类本科各专业40~60学时的教学要求，也可供工程技术人员参考。

图书在版编目（CIP）数据

工程图学基础/张政武,陈杰峰主编. -- 重庆:重庆大学出版社,2020.6(2022.7重印)
ISBN 978-7-5689-1823-7

Ⅰ.①工… Ⅱ.①张… ②陈… Ⅲ.①工程制图—高等学校—教材 Ⅳ.①TB23

中国版本图书馆CIP数据核字(2019)第234263号

工程图学基础

主 编 张政武 陈杰峰
副主编 宋春明 杜海霞
责任编辑:曾显跃 版式设计:曾显跃
责任校对:邹 忌 责任印制:张 策

*

重庆大学出版社出版发行
出版人:饶帮华
社址:重庆市沙坪坝区大学城西路21号
邮编:401331
电话:(023)88617190 88617185(中小学)
传真:(023)88617186 88617166
网址:http://www.cqup.com.cn
邮箱:fxk@ cqup.com.cn(营销中心)
全国新华书店经销
重庆升光电力印务有限公司印刷

*

开本:787mm×1092mm 1/16 印张:14.5 字数:365千
2020年6月第1版 2022年7月第2次印刷
印数:3 001—4 800
ISBN 978-7-5689-1823-7 定价:42.00元

前言

　　本书根据教育部工程图学教学指导委员会最新修订的《普通高等学校工程图学课程教学基本要求》，以及最新颁布的《技术制图》与《机械制图》国家标准，针对应用型人才培养要求，并参考国内外同类教材，在结合多年教学实践基础上编写而成。

　　本书以图学基本理论为主线，注重对学生空间想象能力和图示表达能力的培养，内容由浅入深、图文并茂，便于学习。与其他同类教材相比，本书有以下特点：

　　①针对应用型本科院校人才培养要求，精选了画法几何学基本内容，使教材既有实用性，又有一定的深度。

　　②书中所涉及的知识点、例题均配有三维立体图和二维投影图，便于学生自学。

　　③采用国家标准化管理委员会颁布的《技术制图》和《机械制图》有关最新标准，便于学生树立国家标准意识，有利于培养学生查阅国家标准能力。

　　本教材可满足高等工科院校近机械类和非机械类本科各专业 40～60 学时的教学要求，也可供工程技术人员参考。为满足教学需要，与本书配套的有张政武、陈杰峰主编的《工程图学基础习题集》，并配有综合 CAI 课件系统和习题解答。

　　本书由陕西理工大学的张政武、陈杰峰担任主编，宋春明、杜海霞任副主编。参加本书编写工作的有陕西理工大学陈杰峰（绪论、第 1 章）、张政武（第 2 章、第 3 章）、宋春明（第 4 章、第 7 章、附录Ⅰ—Ⅳ）、杜海霞（第 5 章、第 9 章）、彭春雷（第 6 章）、陈鹏飞（第 8 章、附录Ⅴ）等。

1

由于编者水平有限，书中存在缺点和不足在所难免，敬请读者批评指正。

编　者

2020 年 1 月

目录

绪　论 …………………………………………………………………………… 1

第1章　制图的基本知识 …………………………………………………… 3
　1.1　制图标准 ……………………………………………………………… 3
　1.2　绘图工具及其使用 …………………………………………………… 10
　1.3　几何作图 ……………………………………………………………… 11
　1.4　平面图形分析与作图 ………………………………………………… 15

第2章　点、直线和平面的投影 …………………………………………… 19
　2.1　投影法的基本知识 …………………………………………………… 19
　2.2　点的投影 ……………………………………………………………… 20
　2.3　直线的投影 …………………………………………………………… 26
　2.4　平面的投影 …………………………………………………………… 33

第3章　立体的投影 ………………………………………………………… 38
　3.1　平面立体 ……………………………………………………………… 38
　3.2　曲面立体 ……………………………………………………………… 41
　3.3　平面与立体相交 ……………………………………………………… 46
　3.4　两回转体表面相交 …………………………………………………… 57

第4章　组合体的视图及尺寸标注 ………………………………………… 65
　4.1　三视图的形成及其投影规律 ………………………………………… 65
　4.2　组合体的形体分析 …………………………………………………… 66
　4.3　画组合体的视图 ……………………………………………………… 68
　4.4　读组合体的视图 ……………………………………………………… 73
　4.5　组合体的尺寸标注 …………………………………………………… 79

第5章　轴测图 ……………………………………………………………… 86
　5.1　轴测图的基础知识 …………………………………………………… 86
　5.2　正等轴测图 …………………………………………………………… 88
　5.3　斜二等轴测图 ………………………………………………………… 95

第6章　机件的常用表达方法 ……………………………………………… 98
　6.1　视　图 ………………………………………………………………… 98

　6.2　剖视图 ·· 101

　6.3　断面图 ·· 112

　6.4　其他表达方法 ··· 114

第7章　标准件与常用件 ···································· 119

　7.1　螺　纹 ·· 119

　7.2　螺纹紧固件 ··· 126

　7.3　键连接和销连接 ······································ 130

　7.4　齿　轮 ·· 133

　7.5　滚动轴承 ··· 137

　7.6　弹　簧 ·· 140

第8章　零件图 ·· 143

　8.1　零件图的作用与内容 ································· 143

　8.2　零件图的视图选择 ···································· 144

　8.3　零件图的尺寸标注 ···································· 147

　8.4　典型零件的视图选择和尺寸标注 ················· 153

　8.5　零件图的技术要求 ···································· 162

　8.6　零件结构的工艺性简介 ······························ 172

　8.7　读零件图 ··· 176

第9章　装配图 ·· 179

　9.1　装配图的作用和内容 ································· 179

　9.2　装配图的表达方法 ···································· 181

　9.3　装配图的尺寸标注和技术要求 ···················· 183

　9.4　装配图的零、部件序号和明细栏 ················· 184

　9.5　常见的合理装配结构 ································· 186

　9.6　装配图的画法 ··· 190

　9.7　读装配图 ··· 197

附　录 ··· 200

　附录Ⅰ　常用螺纹 ··· 200

　附录Ⅱ　螺纹紧固件 ······································ 203

　附录Ⅲ　键与销 ·· 211

　附录Ⅳ　常用滚动轴承 ···································· 214

　附录Ⅴ　极限与配合 ······································ 217

参考文献 ·· 226

绪　论

（1）本课程的性质和任务

工程图学是研究工程与产品信息的表达、交流与传递的一门学问。工程图样是工程与产品信息的载体,按照规定的方法表达出机械、土建、水利等工程与产品的形状、大小、材料和技术要求。在产品的设计、分析、制造、装配、维修等整个生命周期,都起着重要的作用,被誉为工程界的语言。因此,每一个工程人员都必须能够绘制和阅读工程图样。

本课程学习绘制和阅读工程图样的原理和方法,培养学生的空间想象能力。本课程理论严谨,实践性强,与工程实践联系密切,是普通高等院校本科专业重要的技术基础课程。其主要任务是:

①学习投影法的基本理论及其应用。

②培养绘制和阅读工程图样的基本能力。

③培养空间想象能力、构思能力、表达能力和创新精神。

④培养工程意识和执行国家标准的意识。

（2）本课程的学习方法

①在学习过程中,要善于进行空间想象和空间思维。制图方法和投影规律来自空间分析,要将空间分析和平面作图紧密联系起来,不断从空间到平面,再从平面到空间之间反复思维,按照投影方法找出投影规律。将空间立体和平面图形反复对照,进一步理解和掌握作图方法。

②本课程实践性较强,在掌握基本概念和理论的基础上,要多练多看。"练",就是要通过完成一定数量的作业才能掌握所学内容,特别提醒课后要趁热打铁,及时练习;"看",就是要特意观察身边的各种物体和立体模型,增加对各种物体的感性认识,丰富大脑对空间物体的表象储存,这样有利于提高空间想象和空间思维能力。本课程表达的对象是零件和机器,要多了解各种零件、机器结构和加工方法,见多识广对学习本门课程无疑有很大的帮助作用。

③自觉适应大学生活,探索大学学习方法,增强自学能力。

④在学习的过程中,要有意识地严格培养自己认真负责的态度和严谨细致的作风。

（3）工程图学的发展概况

从古至今,人们一直在生产实践中使用图形。图形是人们认识自然、表达和交流思想的主要形式之一。孟子的"不以规矩,不能成方圆"格言警句,从另一个方面反映出我国古代人民对尺规作图的理解和认识。春秋时期的《周礼·考工记》记载了规矩、绳墨、悬垂等绘图测量工具的应用。宋代的《营造法式》中的工程图样已经相当规范，其中一些图样是用正投影法画出的。1977 年，在河北省平山县发掘战国时期的中山王墓时，出土了大量的青铜器，其中有一块重要的铜板，其上用金银线镶嵌出了陵园的平面布置图。该铜板是至今中国发现最早的建筑平面设计图实物，也是世界上发现最早的铜质建筑平面设计图。

1795 年，法国几何学家蒙日完整系统地论述了画法几何学，提供了在二维平面上图示三维空间形体和图解空间几何问题的方法，使画法几何学成为工程图的"语法"，为工程制图奠定了理论基础。此后，工程图样在各个技术领域中广泛使用，在推动现代工程技术和人类文明发展中起到了重要作用。

在画法几何的普及过程中，我国工程图学学者、华中理工大学赵学田教授的"长对正、高平齐、宽相等"投影规律"九字诀"，将深奥化为浅显，把复杂变为简单，使得画法几何和工程制图知识易学、易懂。

20 世纪后期，伴随着计算机技术的迅猛发展，计算机图形学和计算机绘图技术也快速发展，并在各个行业中得到日益广泛的应用。计算机绘图的特点是作图速度和精度高，易于编辑和更新，便于信息共享。应该指出的是，计算机绘图需要人来完成，对于初学者来说，掌握本课程的投影原理是学习计算机绘图的基础，没有这个基础谈不上用计算机绘图。

第 **1** 章
制图的基本知识

1.1 制图标准

图样是现代工业生产中重要的技术文件之一,在指导生产和进行技术交流活动中起到了工程语言的作用。因此,对于图样的画法、尺寸注法等都必须作统一的规定。《技术制图》和《机械制图》作为我国颁布的一项重要技术标准,统一规定了图样的画法、尺寸注法等规则。要正确地绘制和阅读图样,必须熟悉和掌握这些标准和有关规定。

国家标准简称"国标",代号为"GB"或"GB/T"("T"为推荐性标准),国标代号之后的两组数字,分别代表标准顺序号和标准批准的年份。本节就图纸幅面和格式、比例、字体、图线、尺寸注法等制图标准的有关规定作简要介绍,其他标准将在以后章节中叙述。

1.1.1 图纸幅面及格式(GB/T 14689—2008)

(1)图纸幅面尺寸

为了合理使用图纸和便于图样管理,图样均应画在具有一定幅面和格式的图纸上。绘制技术图样时,应优先采用表 1.1 所规定的 5 种基本幅面,表中幅面代号意义如图 1.1 和图1.2所示。必要时也允许加长幅面,但加长量必须符合国标规定。

表 1.1 图纸基本幅面尺寸

单位:mm

幅面代号	A0	A1	A2	A3	A4
$B \times L$	841 × 1 189	594 × 841	420 × 594	297 × 420	210 × 297
e	20			10	
c	10			5	
a	25				

3

（2）图框格式

在图纸上必须用粗实线画出图框，其格式分为不留装订边和留有装订边两种，如图 1.1 和图 1.2 所示，但同一产品的图样只能采用一种格式。

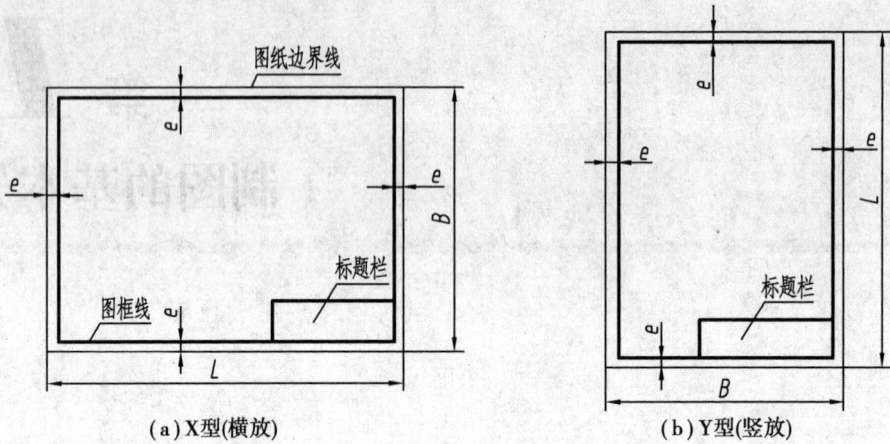

图 1.1　不留装订边的图框格式

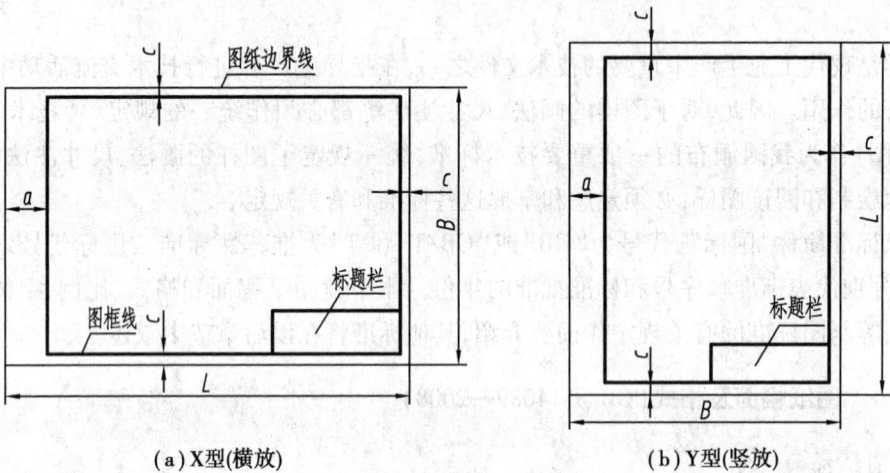

图 1.2　留有装订边的图框格式

（3）标题栏

每一张图样都应有标题栏，以说明图样的名称、材料、图号、绘图人姓名、日期等。标题栏应位于图纸的右下角，标题栏中的文字方向为看图方向。

标题栏的格式、内容和尺寸在 GB/T 10609.1—2008 中已作了规定，如图 1.3（a）所示格式。在制图作业中，标题栏可以采用图 1.3（b）所示的简化形式。

1.1.2　比例（GB/T 14690—1993）

比例是指图中图形与实物相应要素的线性尺寸之比。绘制图样时，应尽量选用原值比例，必要时也可在表 1.2 所规定的系列中选择。比例符号应以"："表示，如 1：2，并填写在标题栏比例一栏中。

（a）

（b）

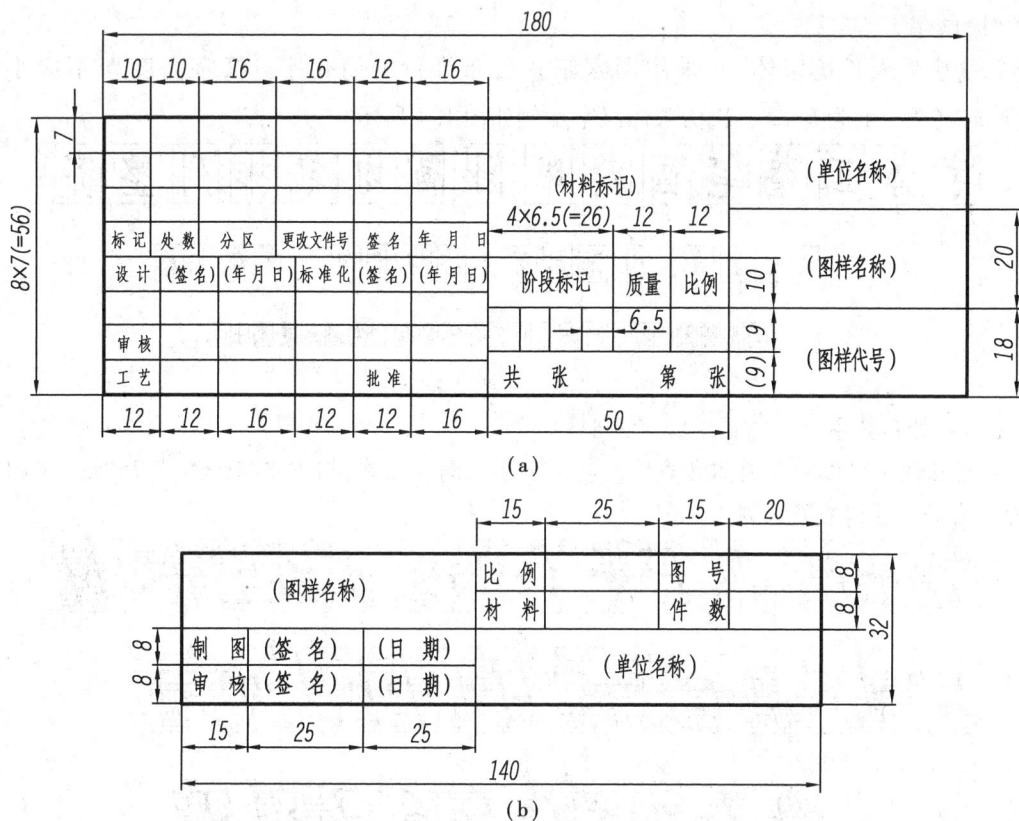

图1.3 标题栏格式和尺寸

表1.2 绘图比例

种 类	比 例
原值比例	1:1
放大比例	5:1　　2:1　　$5\times10^n:1$　　$2\times10^n:1$　　$1\times10^n:1$ （4:1）　（2.5:1）　（$4\times10^n:1$）　（$2.5\times10^n:1$）
缩小比例	1:2　　1:5　　1:10　　$1:2\times10^n$　　$1:5\times10^n$　　$1:1\times10^n$ （1:1.5）　（1:2.5）　（1:3）　（1:4）　（1:6） （$1:1.5\times10^n$）　（$1:2.5\times10^n$）　（$1:3\times10^n$）　（$1:4\times10^n$）　（$1:6\times10^n$）

注：n 为正整数。

1.1.3 字体（GB/T 14691—1993）

在图样中,除了表达机件形状的图形外,还要用文字和数字来说明机件的大小、技术要求和其他内容。

书写字体时必须做到:字体工整、笔画清楚、间隔均匀、排列整齐。字体高度（用"h"表示）的公称尺寸系列为:1.8,2.5,3.5,5,7,10,14,20 mm。如需要书写更大的字,其字体高度应按$\sqrt{2}$的比率递增。字体高度代表字体的号数。

(1)汉字

汉字应写成长仿宋体,并采用国家正式公布推行的简化字。汉字高度 h 不应小于 3.5 mm,字宽一般为 $h/\sqrt{2}$。长仿宋体汉字示例如图 1.4 所示。

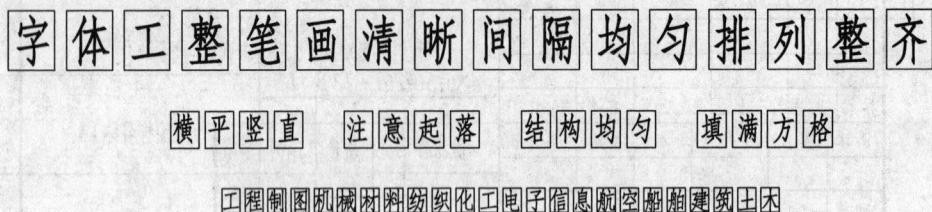

字体工整 笔画清晰 间隔均匀 排列整齐

横平竖直 注意起落 结构均匀 填满方格

工程制图机械材料纺织化工电子信息航空船舶建筑土木

图 1.4 长仿宋体汉字示例

(2)字母和数字

字母和数字可以写成斜体和直体。斜体字字头向右倾斜,与水平基准线成 75°角。图 1.5 为斜体拉丁字母和数字示例。

ABCDEFGHIJKLMN

abcdefghijklmn

0123456789

图 1.5 斜体拉丁字母和数字示例

1.1.4 图线(GB/T 17450—1998 和 GB/T 4457.4—2002)

图样是用各种图线绘制出来的,我国现行的图线标准为《技术制图 图线》(GB/T 17450—1998)和《机械制图 图样画法 图线》(GB/T 4457.4—2002)。

(1)图线形式及应用

常用图线名称、形式及在图上的主要应用见表 1.3。

表 1.3 常用图线的型式及主要应用

图线名称	图线形式	线 宽	主要用途
粗实线	——————	d	可见轮廓线、相贯线、剖切符号用线等
细实线	——————	$d/2$	过渡线、尺寸线、尺寸界限、指引线和基准线、剖面线等
细虚线	– – – – – –	$d/2$	不可见轮廓线
细点画线	–·–·–·–·–	$d/2$	轴线、对称中心线
波浪线	～～～～	$d/2$	断裂处分界线,视图与剖视图的分界线
双折线	—／—／—	$d/2$	
细双点画线	–··–··–··	$d/2$	相邻辅助零件的轮廓线、可动零件的极限位置的轮廓线、轨迹线等

（2）图线宽度

图线分为粗、细两种。粗线宽度 d 按图的大小和复杂程度，在 0.5～2 mm 选择，细线宽度约为 $d/2$。图线宽度的推荐系列为：0.13，0.18，0.25，0.35，0.5，0.7，1，1.4，2 mm。一般常用 0.7 mm 或 0.5 mm 的宽度。

（3）图线的画法

①同一图样中，同类图线的宽度应基本一致。虚线、点画线和双点画线的线段长度和间隔应各自大致相等，一般在图样中要匀称协调，建议采用表1.3 的图线形式。

②两条平行线（包括剖面线）之间的距离应不小于粗实线的两倍宽度，最小距离不得小于 0.7 mm。

③点画线和双点画线的首末两端应是线段而不是短画。

④绘制圆的对称中心线（简称中心线）时，圆心应为线段的交点。

⑤在较小的图形上绘制点画线或双点画线有困难时，可用细实线代替。

⑥轴线、对称中心线（点画线）应超出轮廓线 2～5 mm。

⑦点画线、虚线及其他图线间，各自或互相相交时都应在线段处相交，不应有空隙。

⑧当虚线处于粗实线的延长线上时，粗实线应画到分界点，而虚线应留有空隙。当虚线圆弧和虚线直线相切时，虚线圆弧的线段应画到切点，而虚线直线留空隙。

图1.6 为图线画法正误对比示例。

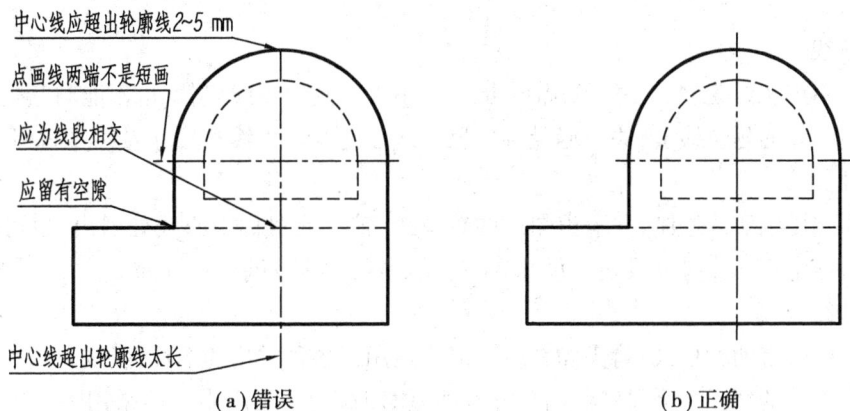

图1.6 图线画法正误对比示例

1.1.5 尺寸注法（GB/T 4458.4—2003）

图形只能表达机件的形状，而机件的大小还必须通过标注尺寸才能确定。国标中对尺寸标注的基本方法作了规定，下面对其中的基本内容作一介绍。

（1）基本规则

①机件的真实大小应以图样上所注的尺寸数值为依据，与图形的大小及绘图的准确度无关。

②图样中（包括技术要求和其他说明）的尺寸，以毫米为单位时，不需标注计量单位的代号或名称，如采用其他单位，则必须注明相应计量单位的代号或名称。

③图样中所注的尺寸，为该图样所示机件的最后完工尺寸，否则应另加说明。

④机件的每一尺寸，一般只标注一次，并应标注在反映该结构最清晰的图形上。

（2）尺寸组成

一个完整的尺寸由尺寸数字、尺寸线、尺寸界线及表示尺寸线终端的箭头或斜线所组成，如图 1.7 所示。

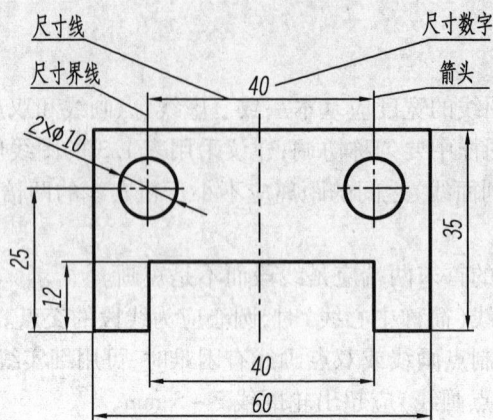

图 1.7　尺寸组成及标注示例

1）尺寸数字

尺寸数字按标准字体书写，且同一张图纸上的字号一致。尺寸数字在遇到图线时，需将图线断开。

2）尺寸线

尺寸线用细实线绘制。一般情况下，尺寸线不能用其他图线代替，也不能与其他图线重合或画在其他图线的延长线上，并应尽量避免尺寸线之间及尺寸线和尺寸界线之间相交。

3）尺寸界线

尺寸界线用细实线绘制，并应由图形的轮廓线、轴线或对称中心线处引出，也可利用轮廓线、轴线、对称中心线作尺寸界线。尺寸界线要超出尺寸线终端 2～3 mm。

4）尺寸线终端

尺寸线终端有两种形式：箭头和斜线。箭头适用于各种类型的图样，斜线只适用于尺寸线与尺寸界线垂直的情况。当尺寸线与尺寸界线垂直时，同一张图中只能采用一种尺寸终端形式。无论何种情况，圆的直径或圆弧的半径尺寸线终端应画成箭头，不能采用斜线形式。机械图多采用箭头形式，同一张图上箭头大小要求一致。

图 1.8 为尺寸终端两种形式的画法，图中 d 为粗实线宽度，h 为字体高度。

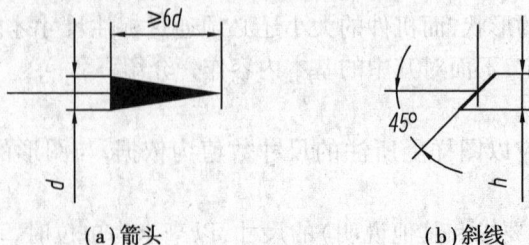

图 1.8　尺寸终端的两种形式及画法

（3）各类尺寸的注法

1）线性尺寸的注法

①线性尺寸的尺寸线必须与所标注的线段平行,如图1.9(a)所示。

②线性尺寸的数字一般应写在尺寸线的上方,也允许注写在尺寸线的中断处。数字应按图1.9(b)所示方向注写,并尽可能避免在图示30°范围内标注尺寸,当无法避免时,其数字可水平注写在尺寸线的中断处或引出标注。

③线性尺寸的尺寸界线一般应与尺寸线垂直,必要时才允许倾斜。在光滑过渡处标注尺寸时,必须用细实线将轮廓线延长,从它们的交点处引出尺寸界线,如图1.9(c)所示。

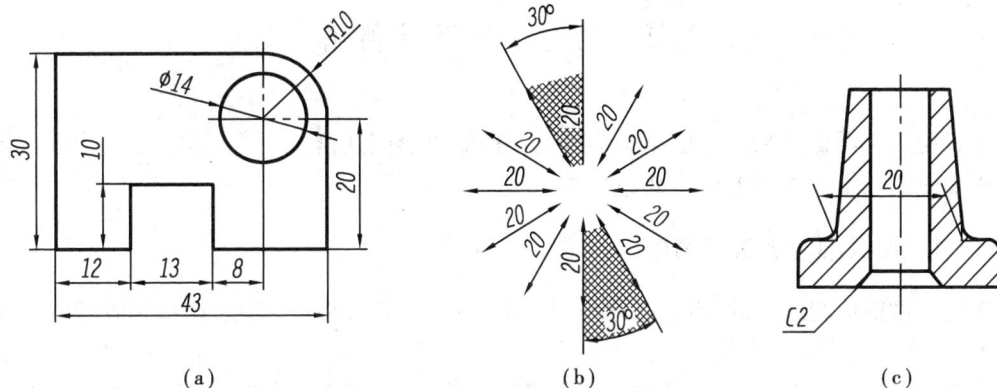

图1.9 线性尺寸的注法

2）圆或圆弧尺寸的注法

①标注圆或大于半圆圆弧的直径时,应在尺寸数字前加注符号"φ",如图1.10(a)、(b)所示;标注小于或等于半圆圆弧的半径时,应在尺寸数字前加注符号"R",如图1.10(c)、(d)所示;标注球面的直径或半径时,应在尺寸数字前分别加注符号"Sφ"或"SR",如图1.10(e)所示。

②当圆弧的半径过大或在图纸范围内无法标注其圆心位置时,可采用折线形式。若圆心位置不需注明,则尺寸线可只画靠近箭头的一段。

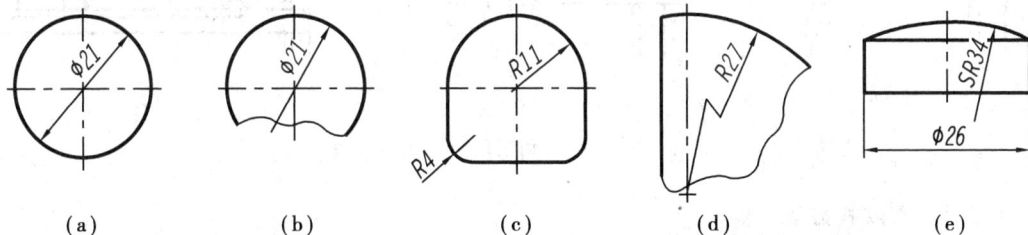

图1.10 圆或圆弧尺寸的注法

3）角度、弦长、弧长的注法

①角度的数字一律写成水平方向,并注在尺寸线的中断处,必要时可写在尺寸线的上方或外边,也可引出标注,如图1.11(a)所示。

②角度尺寸的尺寸线为同心弧,尺寸界线沿径向引出,如图1.11(b)所示。

③弦长的注法按直线尺寸标注,如图1.11(c)所示。

④弧长的尺寸线为同心弧,尺寸界线垂直于其弦,如图1.11(d)所示。

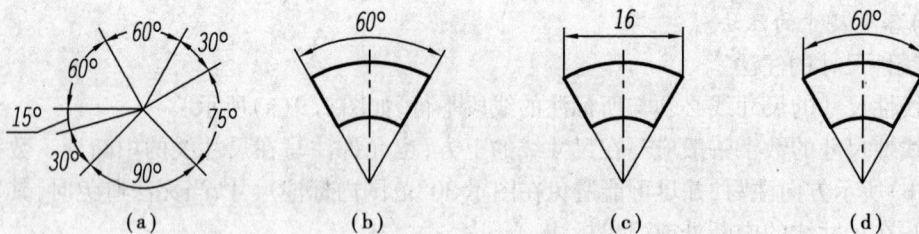

图 1.11　角度、弦长、弧长的注法

1.2　绘图工具及其使用

正确使用绘图工具和仪器是保证绘图质量和加快绘图速度的一个重要方面。因此,必须养成正确使用和维护绘图工具的良好习惯。

1.2.1　图板、丁字尺和三角板

图板是供铺放图纸用的,表面必须平坦光洁,左右两导边必须平直。图纸用胶带纸固定在图板上。

丁字尺与图板配合使用,主要用来画水平线。使用时,左手拿住尺头,使尺头内侧边紧靠图板左导边,然后执笔沿尺身工作边画水平线,如图 1.12(a)所示。

一副三角板有两块:一块是两个锐角均为 45°,另一块是锐角分别为 30°和 60°。利用一副三角板可画出已知直线的平行线和垂线。三角板与丁字尺配合使用,可作出垂直线和 15°倍角的斜线,如图 1.12(b)、(c)所示。

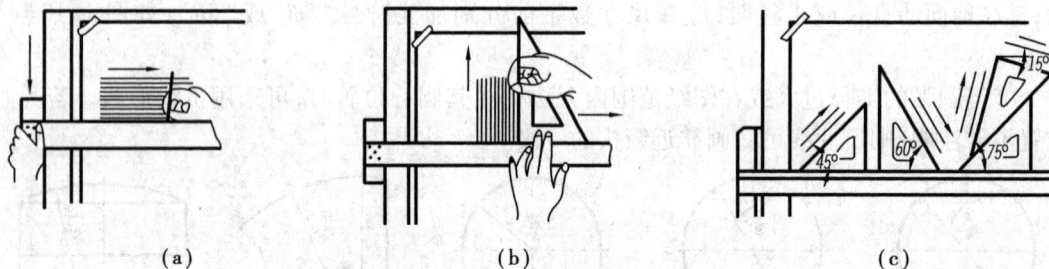

图 1.12　丁字尺和三角板的使用方法

1.2.2　圆规和分规

圆规是画圆和圆弧的工具。使用前,应先调整针脚,使钢针比铅芯稍长 0.5～1 mm。画图时,须使钢针尽可能垂直纸面。分规用于等分线段和量取尺寸。它们的使用方法如图 1.13所示。

1.2.3　绘图铅笔

绘图铅笔的铅芯软硬用字母"B"和"H"表示。绘图时,根据不同的使用要求,应备有几种硬度不同的铅笔。画粗实线时,用"B"或"2B"铅笔;写字、画细线时,用"H"或"HB"铅笔;画

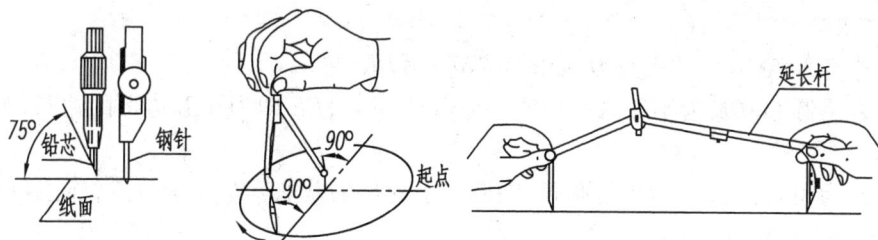

图 1.13　圆规和分规的使用方法

底图时,用"H"或"2H"铅笔。画细线和写字时铅芯应磨成锥状,画粗实线时磨成楔形,如图 1.14 所示。

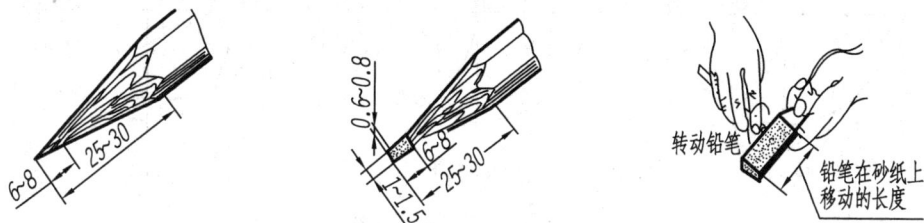

图 1.14　铅笔

其他绘图工具还有曲线板、比例尺等。

1.3　几何作图

机件的结构形状在图样上是用几何图形表达的,在绘制图样时,经常要运用一些最基本的几何作图方法,如正多边形、斜度、锥度、非圆曲线以及圆弧连接等。

1.3.1　正多边形

(1)正六边形

方法一:已知外接圆直径,使用 30°/60°三角板和丁字尺配合作图,如图 1.15(a)所示。

方法二:已知外接圆直径,使用分规直接等分,如图 1.15(b)所示。

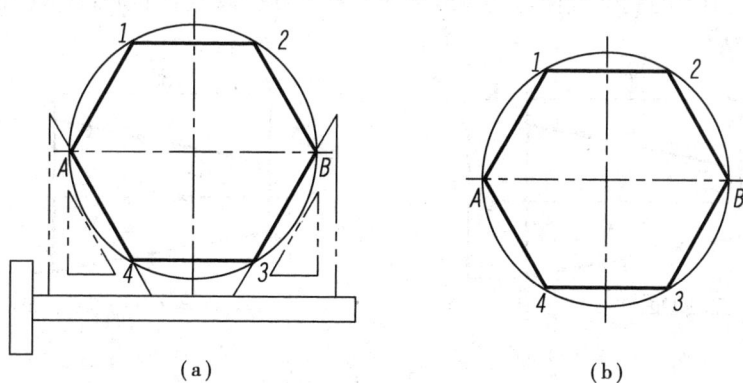

(a)　　　　　　　　　　(b)

图 1.15　正六边形作法

11

（2）正五边形

①取外接圆半径 OA 的中点 D，如图 1.16(a)所示。

②以 D 为圆心，DE 为半径画弧交水平直径于 F 点，EF 即为正五边形的边长，如图 1.16(b)所示。

③以 E 为圆心，以 EF 为半径画弧，在圆周上对称的截取其余 4 个分点，连接各分点即得正五边形，如图 1.16(c)所示。

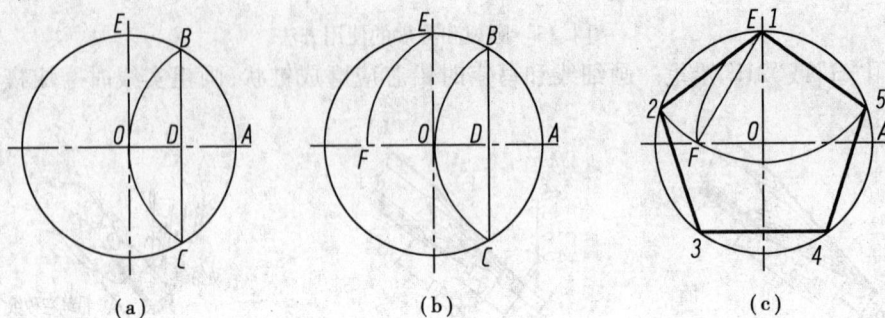

图 1.16　正五边形作法

1.3.2　斜度和锥度

（1）斜度

斜度是指一直线对另一直线或一平面对另一平面的倾斜程度。在图样中以 1∶n 的形式标注，图 1.17 为斜度 1∶8 的标注及作法。

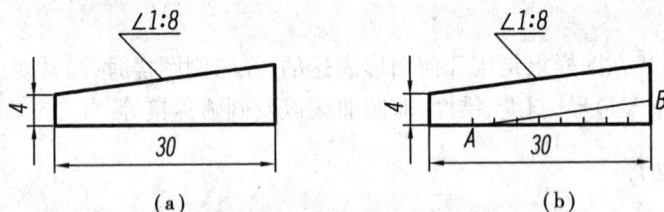

图 1.17　斜度 1∶8 的标注及作法

（2）锥度

锥度是指正圆锥的底圆直径与其高度之比。在图样中以 1∶n 的形式标注。图 1.18 为锥度 1∶6 的标注及作法。

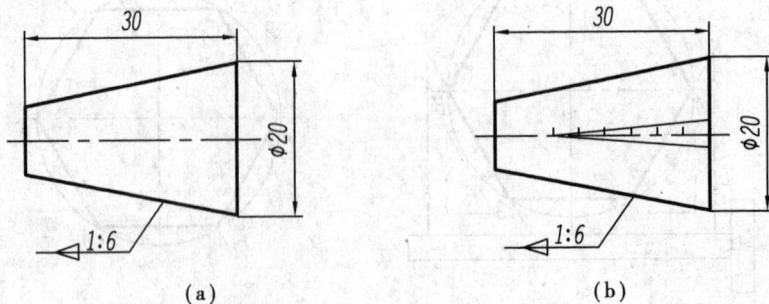

图 1.18　锥度 1∶6 的标注及作法

1.3.3　椭圆

椭圆是经常遇到的非圆曲线,下面介绍椭圆的画法。

已知椭圆长轴 AB 和短轴 CD,用四心近似法作椭圆如图 1.19 所示。

①连接 AC,以 O 为圆心,OA 为半径作圆弧与 OC 的延长线交于 E;以 C 为圆心,CE 为半径画圆弧与 AC 交于 F,如图 1.19(a)所示。

②作线段 AF 的垂直平分线,分别与长轴、短轴交于 O_1、O_2 点;定出 O_1、O_2 点关于椭圆中心 O 的对称点 O_3、O_4,如图 1.19(b)所示。

③连接 O_2O_3、O_3O_4、O_1O_4,分别以 O_1、O_2、O_3、O_4 点为圆心,以 O_1A、O_2C、O_3B 和 O_4D 为半径,画圆弧至连心线,即可画出近似的椭圆,如图 1.19(c)所示。

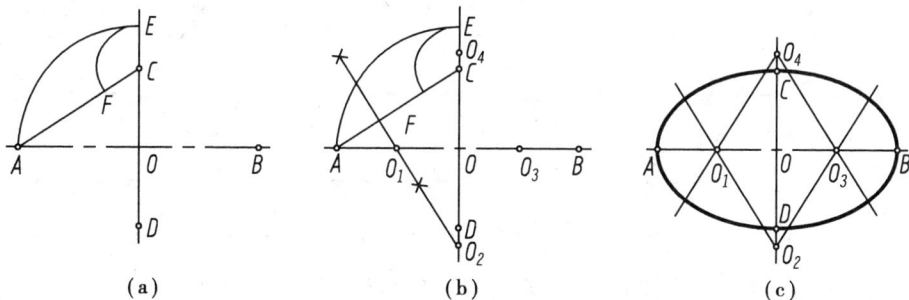

图 1.19　椭圆的近似画法

1.3.4　圆弧连接

用已知半径的圆弧,光滑地连接两已知线段(圆弧或直线),称为圆弧连接。这种起连接作用的圆弧,称为连接圆弧。作图时,必须求出连接圆弧的圆心位置及连接点(即切点),才能保证圆弧的光滑连接。

(1)圆弧连接的作图原理

①当一圆弧(半径为 R)与一已知直线相切时,圆心轨迹是一条与已知直线平行且相距 R 的直线。自连接弧的圆心向已知直线作垂线,垂足即为切点,如图 1.20(a)所示。

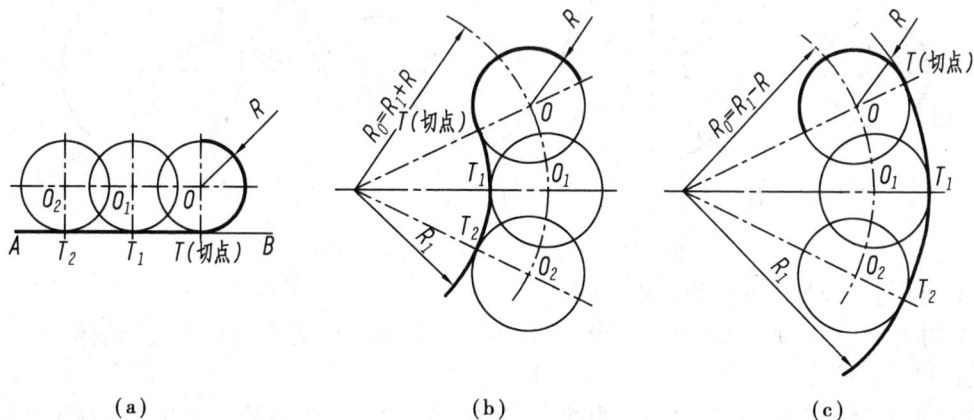

图 1.20　圆弧连接的作图原理

13

②当一圆弧(半径为 R)与一已知圆弧相切时,圆心轨迹是已知圆弧的同心圆。圆的半径 R_0 要根据相切情况而定:当两圆弧外切时 $R_0 = R_1 + R$,如图 1.20(b)所示;当两圆弧内切时 $R_0 = |R_1 - R|$,如图 1.20(b)所示。切点在两圆弧的连心线或其延长线上。

(2)圆弧连接作图示例

1)圆弧与两已知直线连接的画法

已知两直线以及连接圆弧的半径 R,求作两直线的连接圆弧,如图 1.21 所示。

①求连接弧 R 的圆心:作与已知两直线分别相距为 R 的平行线,交点 O 即为连接弧圆心,如图 1.21(a)所示。

②求连接点:从圆心 O,分别向两直线作垂线,垂足 1、2 即为连接点,如图 1.21(b)所示。

③以 O 为圆心,R 为半径在两切点 1、2 之间作圆弧,即为所求连接弧,如图 1.21(c)所示。

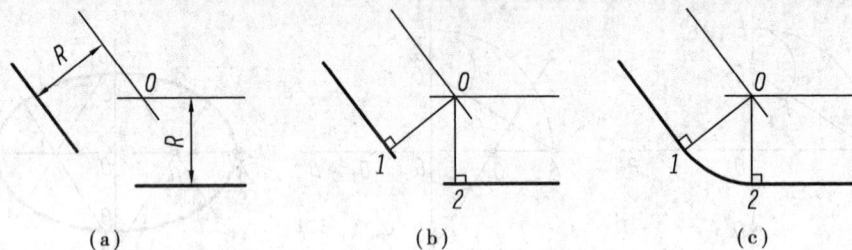

图 1.21　圆弧与两已知直线连接的画法

2)圆弧与两圆弧外连接的画法

已知两圆圆心分别为 O_1、O_2,其半径分别为 R_1、R_2,用半径为 R 的圆弧外连接两圆,作图过程如图 1.22 所示。

①求圆心和切点:分别以 O_1、O_2 为圆心,以 $R_1 + R$、$R_2 + R$ 为半径画弧得交点 O 为圆心,作连心线 O_1O、O_2O 与已知圆弧交点 1、2 即为切点,如图 1.22(a)所示。

②画连接弧:以 O 为圆心,R 为半径作连接弧与已知圆弧切于 1、2,即完成圆弧连接。

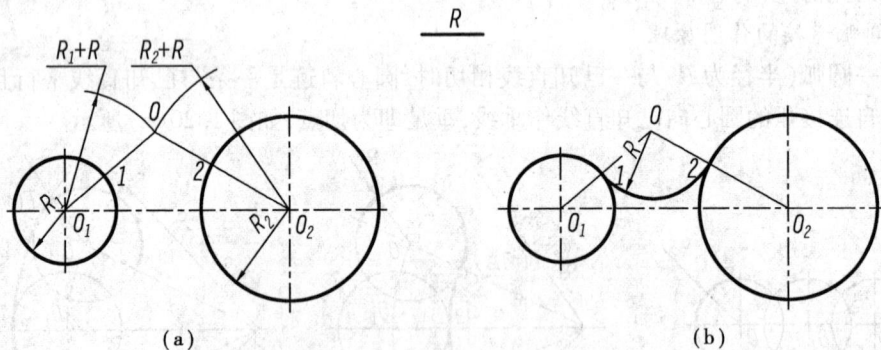

图 1.22　圆弧与两圆弧外连接的画法

3)圆弧与两圆弧内连接的画法

已知两圆圆心分别为 O_1、O_2,其半径分别为 R_1、R_2,用半径为 R 的圆弧内连接两圆。作图过程如图 1.23 所示。

①求圆心和切点:分别以 O_1、O_2 为圆心,以 $R - R_1$、$R - R_2$ 为半径画弧得交点 O 为圆心,作连心线 O_1O、O_2O 并延长与已知圆弧交点 1、2 即为切点,如图 1.23(a)所示。

②画连接弧:以 O 为圆心,R 为半径作连接弧与已知圆弧切于 1、2,即完成圆弧连接。

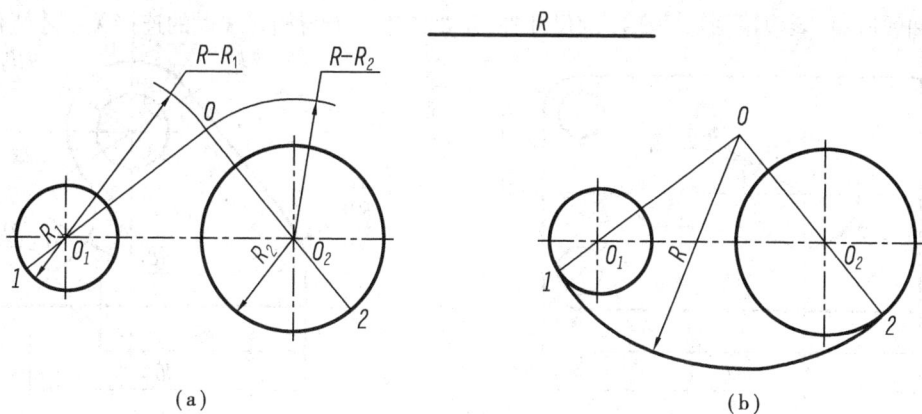

图 1.23　圆弧与两圆弧内连接的画法

思考:圆弧与两圆弧内外连接的画法如何进行?

1.4　平面图形分析与作图

平面图形是由各种图线(线段、圆弧等)组成的,有些线段可根据已知尺寸直接画出来,有些线段必须根据与其他线段的关系才能画出。因此,需要分析图形的组成及线段的性质,从而确定作图步骤。

1.4.1　平面图形的尺寸分析

平面图形的尺寸按作用分为定形尺寸和定位尺寸两类。

(1)定形尺寸

确定平面图形几何元素形状大小的尺寸,称为定形尺寸。例如:线段长度、圆及圆弧的直径或半径以及角度大小等,如图 1.24 中的尺寸 $\phi14$、$R5$、50、32 等。

(2)定位尺寸

确定平面图形各几何元素位置的尺寸称为定位尺寸。如图 1.24 中确定圆 $\phi6$ 圆心位置的尺寸 30、20 等。

标注定位尺寸时,必须要有尺寸标注的起点,这个起点称为尺寸基准。平面图形一般要确定水平和竖直两个方向的基准。通常选取图形的对称中心线、较大圆的中心线、较长水平线或竖直线作为尺寸基准。如图 1.24 中,水平方向以左边线作为基准,竖直方向以图形对称线作为基准。

1.4.2　平面图线的线段分析

平面图形的线段按所注尺寸情况,可分为三类:

(1)已知线段

定形、定位尺寸齐全能直接画出的线段,称为已知线段,如图 1.25 中 $\phi11$ 圆、$R10$ 圆弧、40、5 线段等。画图时,已知线段可按尺寸直接画出。

(2)中间线段

定形尺寸齐全但缺少一个定位尺寸的线段,称为中间线段,如图 1.25 中 $R11$、$R12$ 的圆弧。

绘制中间线段时,除根据图形中所注的尺寸外,还要依赖一个与相邻线段的连接关系才能作出。

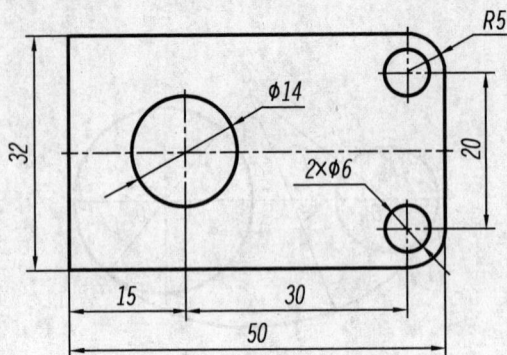

图1.24 平面图形尺寸标注示例

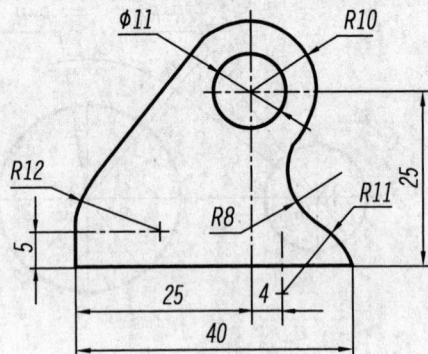

图1.25 平面图形线段分析

(3)连接线段

只有定形尺寸而无定位尺寸的线段,称为连接线段,如图1.25中R8的圆弧。绘制连接线段时,要依赖它与两个相邻线段的连接关系才能画出。

1.4.3 平面图形的画法

绘制平面图形时,一般先画基准线,然后按照已知线段、中间线段、连接线段的顺序作图。图1.25所示平面图形的作图步骤如下:

①画平面图形的基准线,如图1.26(a)所示。

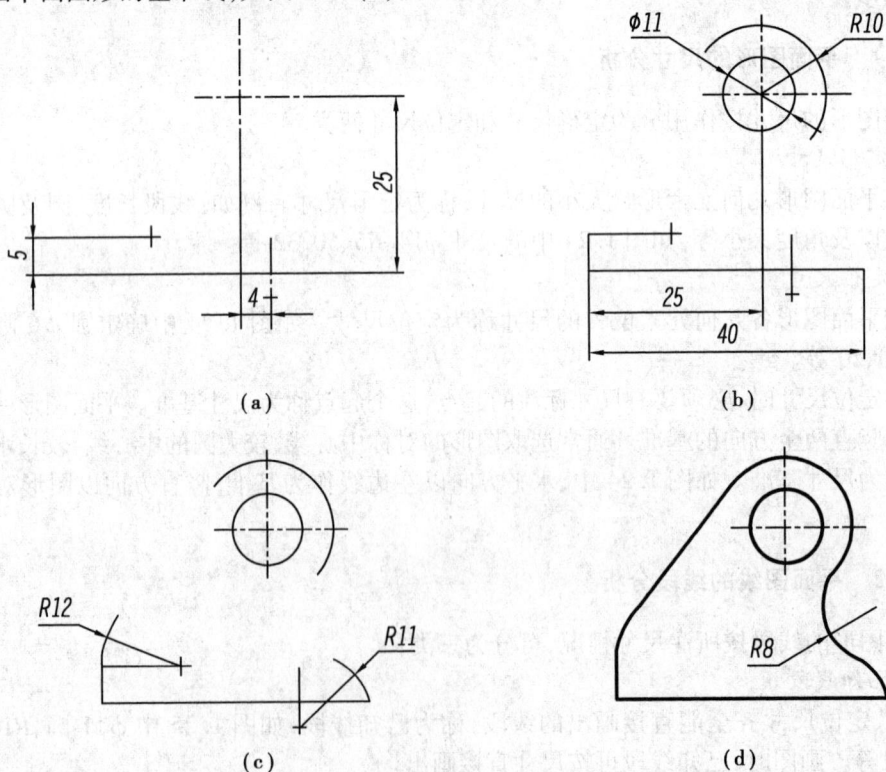

(a)

(b)

(c)

(d)

图1.26 平面图形的画图步骤

16

②画已知线段,如图1.26(b)所示。

③画中间线段,如图1.26(c)所示。

④画连接线段,并检查加深,如图1.26(d)所示。

1.4.4 平面图形的尺寸标注

平面图形尺寸标注基本要求:正确、完整、清晰。

正确,是指平面图形的尺寸要按国标规定标注;完整,是指平面图形的尺寸要齐全,不缺省、不重复、不矛盾;清晰,是指尺寸的位置要安排合理,布局整齐,尺寸数字书写规范,清晰易辨。

标注平面图形尺寸时,先分析图形,选择合适的尺寸基准,并确定图形中各线段的性质,即哪些是已知线段,哪些是中间线段,哪些是连接线段,然后按已知线段、中间线段和连接线段的顺序逐个标注尺寸。表1.4列举了一些常见平面图形的尺寸标注示例。

表1.4 常见平面图形的尺寸标注示例

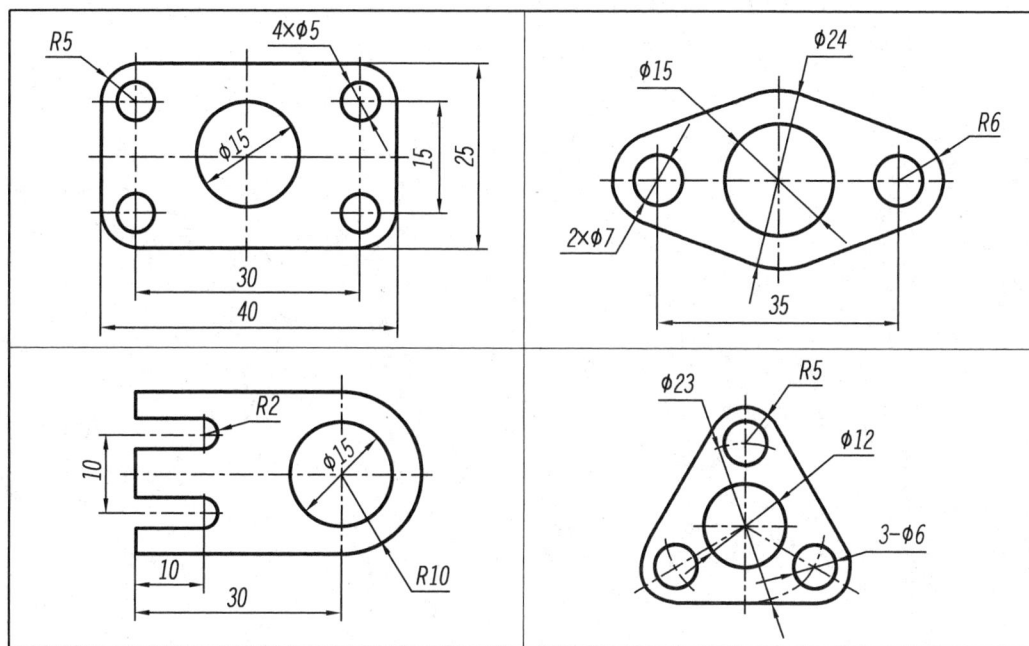

1.4.5 绘图的一般方法和步骤

绘制仪器图时,除应熟悉制图国家标准、掌握几何作图方法以及正确使用绘图工具外,还应掌握正确的画图方法和步骤。

①绘图前准备工作:了解所画图样的内容和要求,准备必要的绘图工具和仪器,并应擦拭干净。

②选定图幅:根据图形大小、数量和复杂程度,选定比例,确定图纸幅面。

③固定图纸:图纸应固定在图板左方,下部空出的距离要能够放置丁字尺,图纸要用胶带纸固定,切忌用图钉固定。

④画图框和标题栏。

17

⑤布置图形:估算所绘图形的数量和各图形的长宽尺寸,使整个图形均匀布置在图幅内。估算时,还应考虑标注尺寸和文字说明的位置,然后画出各图形的基准线。

⑥画底稿:根据定好的基准线,按尺寸先画主要轮廓线,然后画细节。底稿线要细而轻,且要准确、清晰。底稿线中的轴线、中心线、尺寸界线等细线可以一次画成,不再加深。

⑦检查加深:对底稿认真检查,待核实无误后再加深。加深时,通常按先曲线后直线,先上面后下面,先左面后右面,所有图形同时加深的原则进行。同一种线型应一次加深完后再加深另一种线型。

⑧标注尺寸,填写有关文字说明及标题栏。

⑨最后全面检查、修正漏误、清理图面,确保图样质量。

第**2**章

点、直线和平面的投影

在工程实际中,经常遇到各种工程图,如机械图、建筑图、电子及电气图等都是采用不同的投影方法绘制而成的。其中,正投影法是一种常用的投影方法。本章主要介绍正投影法的基本知识和组成物体的基本元素(点、直线和平面)的投影特征及投影规律,为以后的学习内容奠定基础。

2.1 投影法的基本知识

2.1.1 投影法的概念

空间物体在光线照射下,在地面或墙面上就出现了物体的影子,这就是日常生活中经常遇到的投影现象。将这种现象经过科学抽象、总结归纳,形成了投影法,并用它来绘制工程图样。

如图 2.1(a)所示,将光源 S 抽象为一点,称为投射中心,点 S 与物体上任意一点之间的连线(如 SA、SB、SC)称为投射线,平面 P 称为投影面。延长 SA、SB、SC 与投影面 P 相交,交点 a、b、c 称为点 A、B、C 在 P 面上的投影。$\triangle abc$ 就是 $\triangle ABC$ 在 P 面上的投影。这种用投射线投射物体,在选定投影面上得到物体投影的方法,称为投影法。

2.1.2 投影法的分类

常用的投影法有两类:中心投影法和平行投影法。

(1)中心投影法

如图 2.1(a)所示,投射线汇交于一点的投影法称为中心投影法。用这种方法得到的投影称为中心投影。中心投影随投射中心 S 距离物体的远近(或物体距离投影面 P 的远近)而变化。因此,中心投影不能反映原物体的真实大小,工程上常用于绘制建筑工程和机械工程的效果图。

(2)平行投影法

假设投射中心位于无穷远处,所有投射线相互平行,这种投影法称为平行投影法,如图 2.1(b)、(c)所示。用平行投影法得到的投影,称为平行投影。

根据投射方向与投影面所成角度不同,平行投影法又分为两种:斜投影法和正投影法。

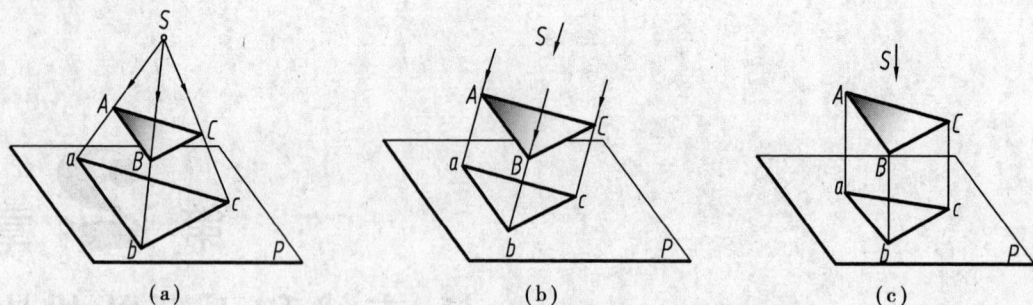

图 2.1　投影法及其分类

①斜投影法:投射线与投影面倾斜的平行投影法,如图 2.1(b)所示。工程上应用斜投影法绘制直观性很强的轴测图,在机械图样中常用于绘制产品包装图。

②正投影法:投射线与投影面垂直的平行投影法,如图 2.1(c)所示。根据正投影法绘制的投影,称为正投影图。正投影图直观性不强,但能准确反映物体的形状和大小,而且作图方便,因此,在工程中应用最广。

2.1.3　正投影法的基本性质

(1)实形性

平行于投影面的直线或平面,直线段的投影反映实长,平面的投影反映实形,如图 2.2(a)所示。

(2)积聚性

垂直于投影面的直线或平面,直线的投影积聚为一点,平面的投影积聚为一条直线,如图 2.2(b)所示。

(3)类似性

如图 2.2(c)所示,倾斜于投影面的直线或平面,直线的投影仍为直线,但小于实长。平面图形的投影小于真实形状,但类似于空间平面图形,且图形的基本特征不变,如多边形的投影仍为多边形,其边数、平行关系、凹凸、曲直等保持不变。

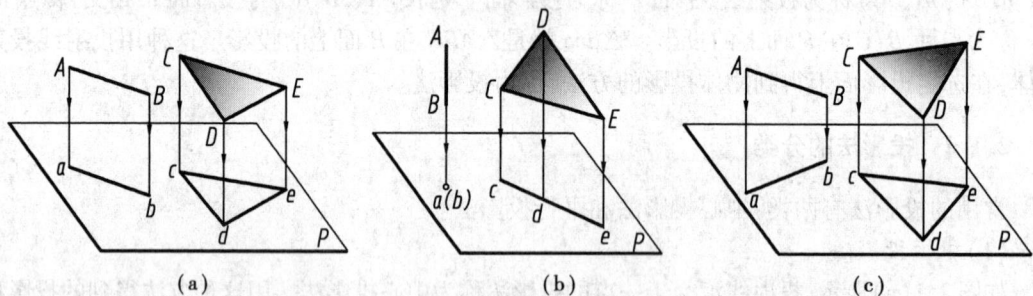

图 2.2　正投影法的基本性质

2.2　点的投影

任何立体都可以看作是点的集合。点是构成立体最基本的几何元素,学习点的投影是学习直线、平面和立体投影的基础。

点的投影仍然是点，而且是唯一的。如图 2.3 所示，过空间点 A 向投影面 P 作投射线（即垂线），与投影面 P 的交点即为点 A 在投影面 P 上的投影 a；反之，若已知点的一个投影，就不能确定点的空间位置。在图 2.3 中，从点 b 所作投影面的垂线上的各点（如 B_1、B_2、B_3 等）的投影都是 b，由此就不能唯一确定点 B 的空间位置。因此，确定一个空间点至少需要两个投影。在工程制图中，通常选取相互垂直的两个或多个平面作为投影面，向这些投影面作投影，形成多面正投影。

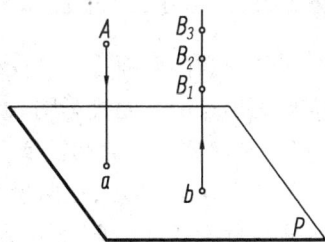

图 2.3　点的投影特征

2.2.1　点在两投影面体系中的投影

（1）两投影面体系的建立

如图 2.4（a）所示，设立两个互相垂直的投影面，处于正面直立位置的投影面称为正立投影面，用大写字母"V"表示，简称为正面或 V 面；处于水平位置的投影面称为水平投影面，用大写字母"H"表示，简称为水平面或 H 面。V 面和 H 面的交线称为投影轴，用"OX"表示。

（2）点的两面投影

如图 2.4（a）所示，设空间有一点 A，过点 A 分别向 V 面和 H 面作垂线，得垂足 a' 和 a，a' 称为空间点 A 的正面投影，a 称为空间点 A 的水平投影。同时，规定用大写字母（如 A）表示空间点，其水平投影用相应的小写字母（如 a）表示，正面投影用相应的小写字母加一撇（如 a'）表示。

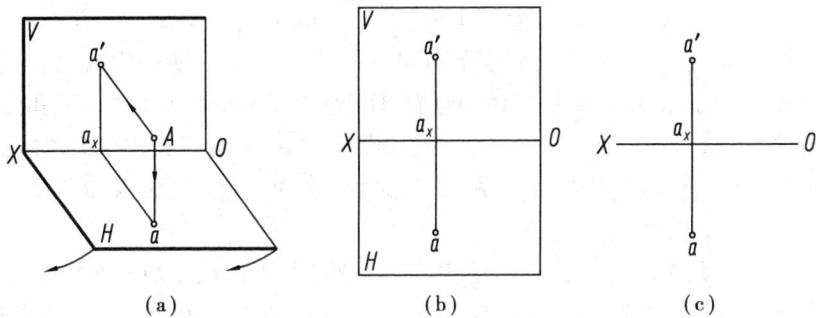

（a）　　　　　　　（b）　　　　　　　（c）

图 2.4　点在 V、H 两投影面体系中的投影

在实际作图时，为使点的两面投影画在同一平面（图纸）上，需将投影面展开。移去空间点 A，规定 V 面不动，将 H 面绕 OX 轴向下旋转 $90°$ 与 V 面重合，即得点 A 的两面投影，如图 2.4（b）所示。为作图简便，投影图中不画出投影面的边框，如图 2.4（c）所示。

如图 2.4（a）所示，投射线 Aa 和 Aa' 决定的平面必然与 H 面和 V 面垂直，并与 OX 轴交于一点 a_x，Aaa_xa' 是一个矩形，OX 轴垂直于该矩形平面。因此，在展开后的投影图上，a、a_x、a' 三点必在同一条直线上，且 $a'a \perp OX$ 轴，$aa_x = Aa'$，$a'a_x = Aa$。由此可得出点在两投影面体系中的投影规律：

①点的正面投影和水平投影的投影连线垂直于 OX 轴，即 $a'a \perp OX$。

②点的正面投影到 OX 轴的距离反映空间点到 H 面的距离，点的水平投影到 OX 轴的距离反映空间点到 V 面的距离，即 $a'a_x = Aa$，$aa_x = Aa'$。

2.2.2　点在三投影面体系中的投影

虽然由点的两面投影已能确定该点的空间位置,但有时为了更清晰地图示某些几何形体,还需要画出点的三面投影图。

(1)三投影面体系的建立

如图 2.5(a)所示,在两投影面体系上再设立一个与 V 面、H 面都垂直的投影面,该投影面称为侧立投影面,用"W"表示,简称为侧面或 W 面。这样,H、V、W 三个投影面两两垂直相交,得三条投影轴 OX、OY、OZ,三条投影轴垂直相交的交点 O 称为原点。

(2)点的三面投影

如图 2.5(a)所示,设空间有一点 A,分别向 H、V、W 面进行投影得 a、a'、a'',a'' 称 A 点的侧面投影,用相应的小写字母加两撇来表示。

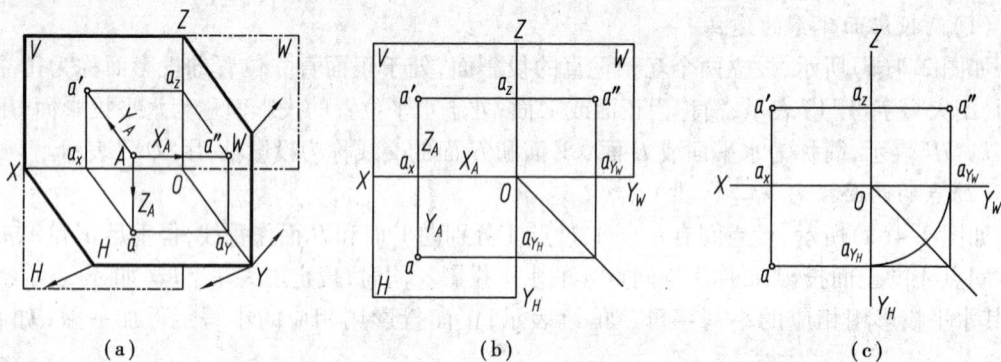

图 2.5　点在 V、H、W 三投影面体系中的投影

画投影图时,同样需要将三个投影面展开到同一个平面上。展开方法与前述相同:如图 2.5(a)所示,保持 V 面不动,将水平面 H 和侧面 W 分别绕 OX 轴和 OZ 轴向下和向右旋转90°并与 V 面重合,这样就得到点 A 的三面投影图,如图 2.5(b)所示。其中,OY 轴随 H 面旋转后用"OY_H"表示,随 W 面旋转后用"OY_W"表示。去掉投影面边框,便成为如图 2.5(c)所示的形式。

点在三投影面体系中的投影,其正面投影与水平投影、正面投影与侧面投影之间的关系符合两投影面体系中的投影规律,即 $a'a \perp OX$,$a'a'' \perp OZ$;点的水平投影与侧面投影均反映点到 V 面的距离。由此可以得出点在三投影面体系中的投影规律:

①点的水平投影与正面投影的连线垂直于 OX 轴,即 $a'a \perp OX$。

②点的正面投影与侧面投影的连线垂直于 OZ 轴,即 $a'a'' \perp OZ$。

③点的水平投影到 OX 轴的距离等于点的侧面投影到 OZ 轴的距离,即 $aa_x = a''a_z$。

根据上述投影规律,若已知点的任意两个投影,即可求出它的第三面投影。为作图方便,可过点 O 作 $\angle Y_H OY_W$ 的角平分线(45°辅助线)或圆弧,以保证 $aa_x = a''a_z$ 的对应关系。

2.2.3　点的投影与直角坐标的关系

在工程中,有时也用坐标来确定点的空间位置。如图 2.5(a)所示,可以将三投影面体系看成一个空间直角坐标系,将投影面当作坐标面,将投影轴当作坐标轴,点 O 即为坐标原点。规定 OX 轴从点 O 向左为正,OY 轴从点 O 向前为正,OZ 轴从点 O 向上为正;反之为负。从图

2.5(a)可得点 $A(x_A, y_A, z_A)$ 的投影与坐标有下述关系：

$$x_A(Oa_x) = a_z a' = a_{YH} a = a'' a(\text{点 } A \text{ 到 } W \text{ 面的距离});$$

$$y_A(Oa_y) = a_x a = a_z a'' = a' A(\text{点 } A \text{ 到 } V \text{ 面的距离});$$

$$z_A(Oa_Z) = a_x a' = a_{YW} a'' = a A(\text{点 } A \text{ 到 } H \text{ 面的距离})。$$

由图 2.5(b)可知，坐标 x 和 z 决定点的正面投影 a'，坐标 x 和 y 决定点的水平投影 a，坐标 y 和 z 决定点的侧面投影 a''。因此，若已知一个点的坐标 (x, y, z) 就可以画出该点的投影图；反之，若已知一个点的三面投影，就可以量出该点的三个坐标。

2.2.4　投影面和投影轴上点的投影

点有一个坐标为零，该点位于投影面上；有两个坐标为零，该点位于投影轴上。图 2.6 是分别位于 V 面、H 面和 OX 轴上点的立体图和投影图。

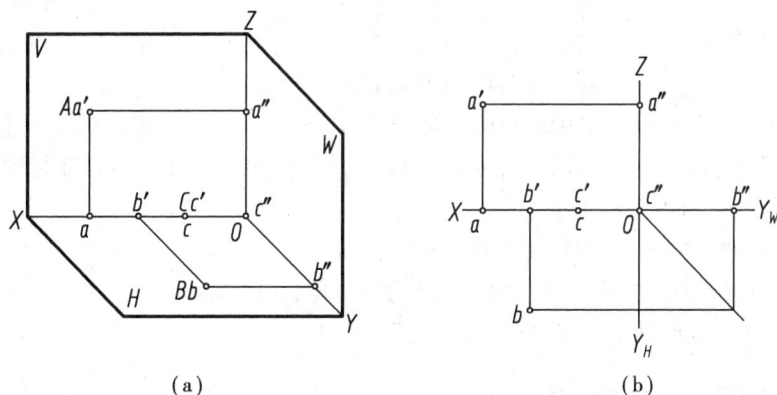

图 2.6　投影面和投影轴上点的投影

①投影面上点的投影：在该投影面上的投影与该点重合，在其他投影面上的投影分别在相应的投影轴上。

②投影轴上点的投影：在包含该轴的两个投影面上的投影均与该点重合，另一投影在原点上。

【例 2.1】　如图 2.7(a)所示，已知点 A 的正面投影 a' 和侧面投影 a''，求其水平投影 a。

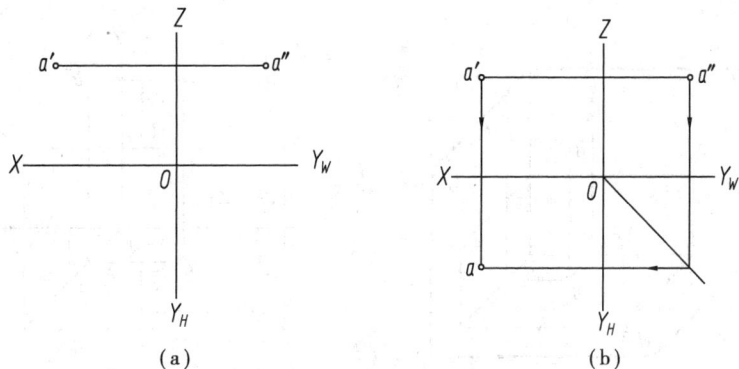

图 2.7　求作点的第三面投影

分析：按照点在三投影面体系中的投影规律，完成作图。

作图：作图过程如图 2.7(b)所示。

①过 O 作 $\angle Y_H O Y_W$ 的角平分线(45°辅助线)。

②过 a'' 作 OY_W 轴垂线与45°辅助线相交,过交点作 OY_H 轴垂线,与过 a' 所作的 OX 轴垂线相交,交点即为点 A 的水平投影 a。

【例2.2】 已知点 A 的坐标$(20,15,10)$,作出其三面投影。

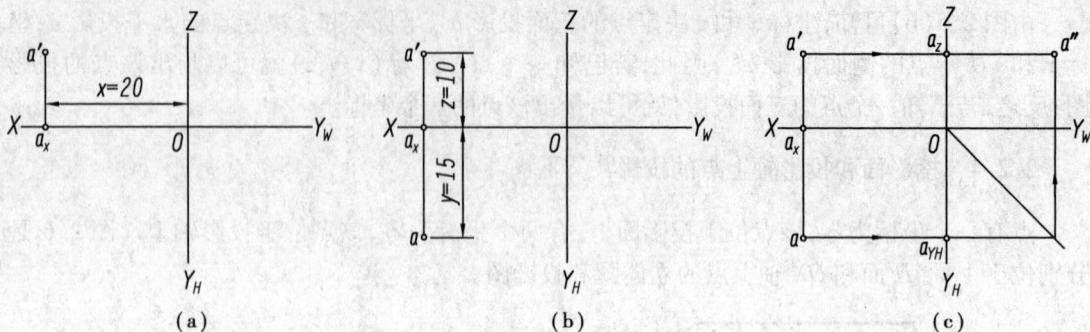

图2.8 求作点的第三面投影

分析:由于点的坐标 x 和 z 决定点的正面投影 a',坐标 x 和 y 决定点的水平投影 a,坐标 y 和 z 决定点的侧面投影 a''。因此,已知点的坐标(x,y,z)便可求作点 A 的三面投影。

作图:作图过程如图2.8所示。

①画出投影轴并标记,在 OX 轴上取 $x=20$,得 a_x。

②过 a_x 作 OX 轴垂线,并在其上取 $y=15$,得 a;取 $z=10$,得 a'。

③由 a、a' 作出其侧面投影 a'',则 a、a'、a'' 即为所求。

2.2.5 空间两点的相对位置

空间两点的投影沿上下、前后、左右三个方向所反映的坐标差,即两点对 H、V、W 面的距离差能确定两点的相对位置;反之,若已知两点的相对位置以及其中一个点的投影,也能确定另一个点的投影。

两点左右位置关系由两点的 x 坐标差确定,x 坐标大者为左,反之为右;前后位置关系由两点的 y 坐标差确定,y 坐标大者为前,反之为后;上下位置关系由两点的 z 坐标差确定,z 坐标大者为上,反之为下。

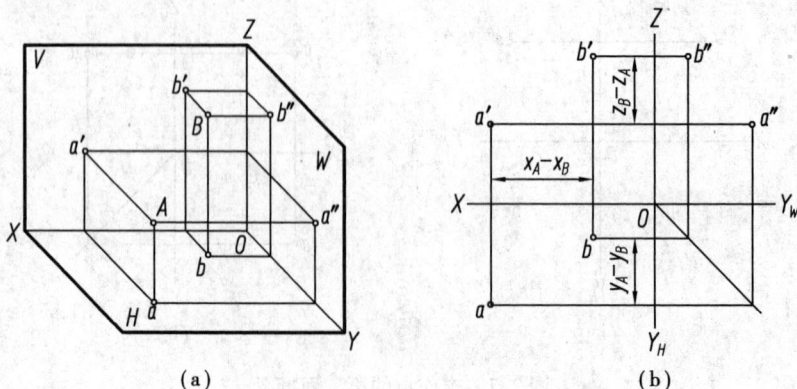

图2.9 两点的相对位置

如图 2.9 所示,空间 A、B 两点的相对位置。

由于 $x_A > x_B$,表示点 A 在点 B 的左方,两点的左右距离由 x 的坐标差 $|x_A - x_B|$ 确定;由于 $y_A > y_B$,表示点 A 在点 B 的前方,两点的前后距离由 y 的坐标差 $|y_A - y_B|$ 确定;由于 $z_B > z_A$,表示点 B 在点 A 的上方,两点的上下距离由 z 的坐标差 $|z_B - z_A|$ 确定。因此,点 A 在点 B 的左、前、下方,而点 B 在点 A 的右、后、上方。

2.2.6　重影点

当空间两点有一个投影重合时,称这两个点是对某投影面的重合点,简称重影点,其重合的投影称为重影。此时,两点的某两个坐标相同,处于同一条投射线上。对 V 面的一对重影点是正前、正后方的关系,对 H 面的一对重影点是正上、正下方的关系,对 W 面的一对重影点是正左、正右方的关系。

有重影,就需要判断可见性,即判断两个点中哪个可见,哪个不可见。可见性依据 x、y、z 坐标来判断,坐标大者可见,小者不可见,即前遮后、上遮下、左遮右。对不可见点的投影加括弧表示。

从图 2.10 可知:点 B 在点 A 正后方,这两点的正面投影重合,点 A 和点 B 称为对正面投影的重影点。由于两点的 x、z 坐标相同,而 $y_A > y_B$,因此,点 B 的正面投影不可见,加括弧表示。

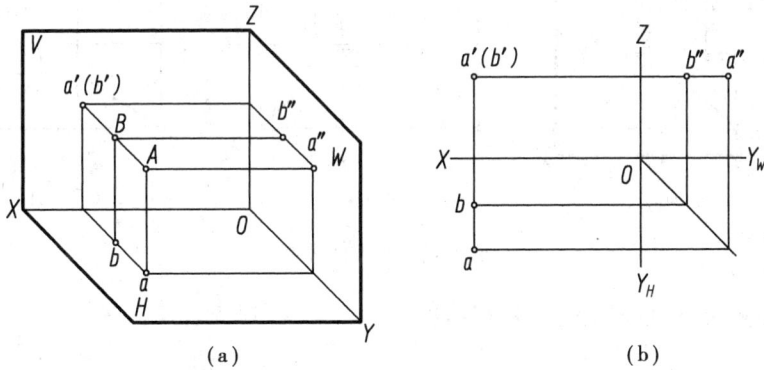

(a)　　　　　　　　　　(b)

图 2.10　重影点

【例 2.3】　如图 2.11(a)所示,已知点 A 的三面投影 a、a'、a'',点 B 在点 A 的正下方 10 mm 处,试作出点 B 的三面投影。

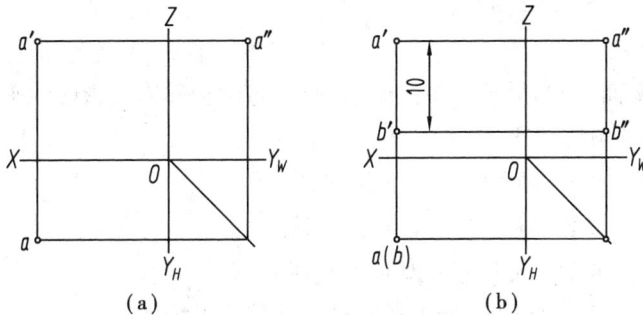

(a)　　　　　　　　　　(b)

图 2.11　求作点的三面投影

分析：由于点 B 在点 A 的正下方 10 mm 处，即 $x_A = x_B$、$y_A = y_B$，而 $z_A - z_B = 10$，所以，A、B 两点水平投影 a、b 重合；又由于 $z_A > z_B$，故 b 为不可见。

作图：作图过程如图 2.11(b) 所示。

①由于 a、b 重合，而 b 不可见，故标记 (b)。

②在 a' 正下方下量取 10 mm，得 b'。

③由点 B 的水平投影 b 和正面投影 b'，求得 b''。

2.3 直线的投影

空间一条直线的投影可由直线上两点（通常取直线段两个端点）的同面投影来确定。如图 2.12 所示，求作直线的三面投影时，分别作出两个端点 A、B 的投影 $(a、a'、a'')$ 和 $(b、b'、b'')$，然后将其同面投影连接起来（用粗实线绘制）即得直线 AB 的三面投影 $(ab、a'b'、a''b'')$。

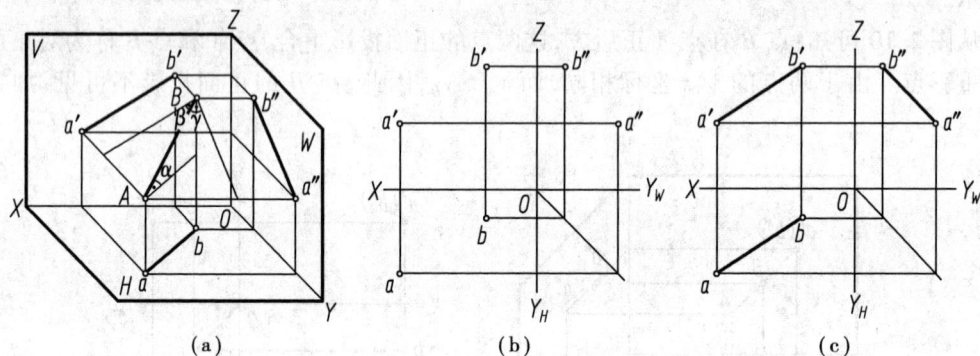

图 2.12 直线的投影

2.3.1 各种位置直线的投影及其特性

直线按照相对于投影面的位置分为三类：投影面平行线、投影面垂直线和一般位置直线。前两类又称为特殊位置直线。

直线与水平投影面、正面投影面、侧面投影面的夹角，分别称为该直线对投影面的倾角，用 "α" "β" 和 "γ" 表示，如图 2.12(a) 所示。

（1）投影面平行线

平行于一个投影面，而与另外两个投影面倾斜的直线，称为投影面的平行线。根据所平行的投影面不同，平行线分为正平线、水平线和侧平线。

①正平线：平行于 V 面，倾斜于 H、W 面的直线。

②水平线：平行于 H 面，倾斜于 V、W 面的直线。

③侧平线：平行于 W 面，倾斜于 V、H 面的直线。

表 2.1 列出了正平线、水平线、侧平线的投影及其投影特性。

表2.1 投影面平行线的投影特性

名　称	正平线（平行于V面）	水平线（平行于H面）	侧平线（平行于W面）
实例	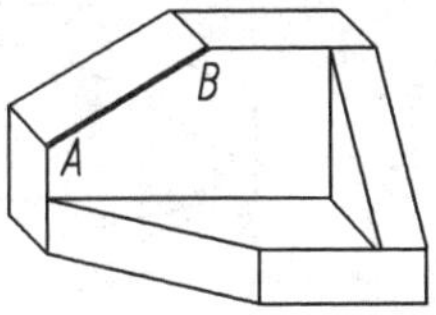	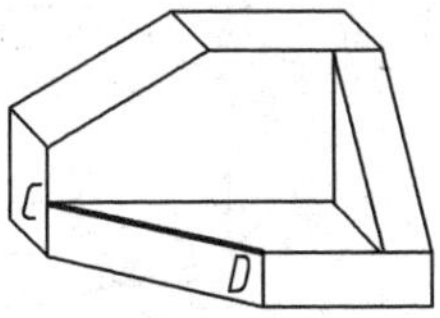	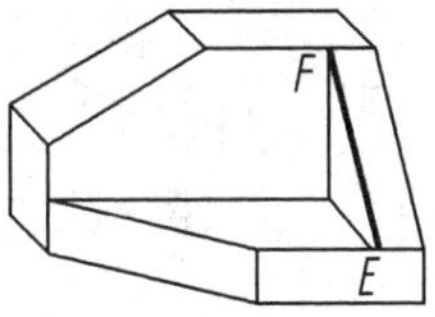
立体图	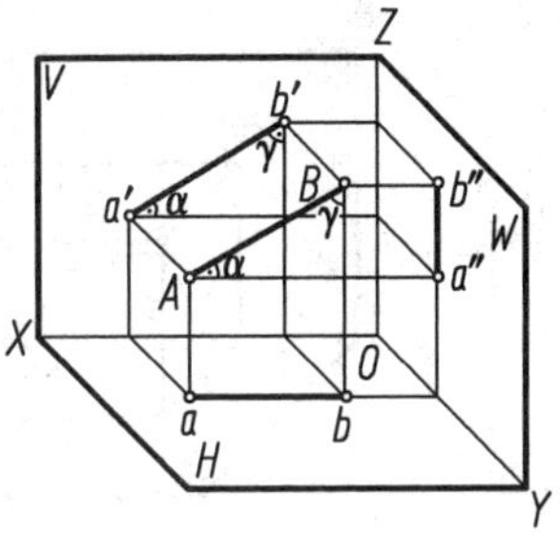	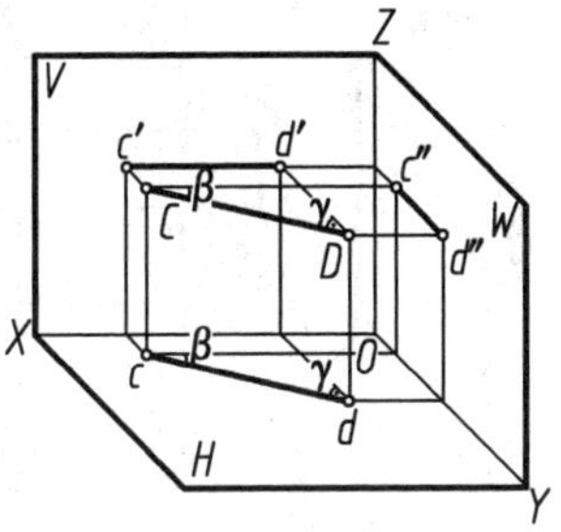	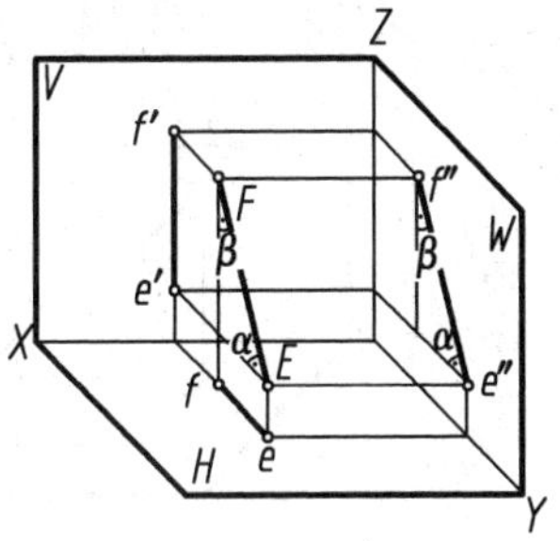
投影图	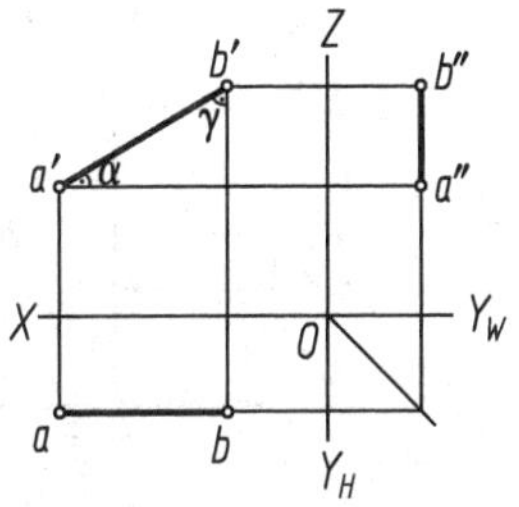	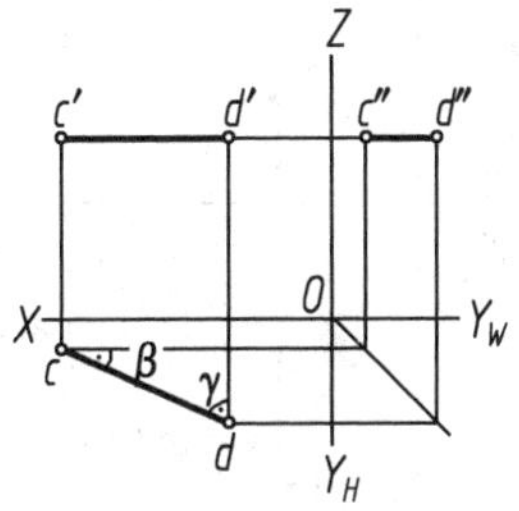	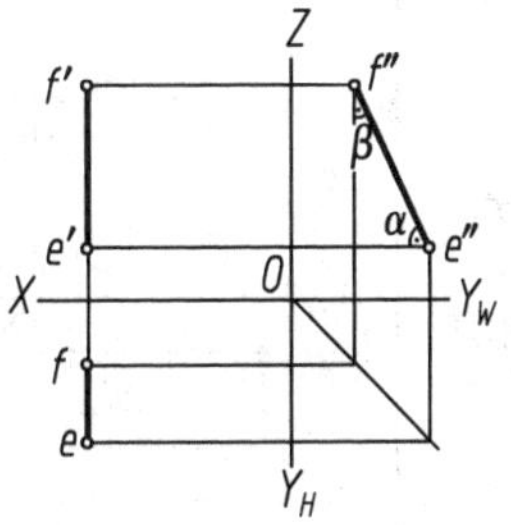
投影特性	①正面投影 a′b′反映实长，a′b′与 OX 轴和 OZ 轴的夹角分别反映 α 和 γ ②水平投影 ab//OX 轴，侧面投影 a″b″//OZ 轴	①水平投影 cd 反映实长，cd 与 OX 轴和 OY_H 轴的夹角分别反映 β 和 γ ②正面投影 c′d′//OX 轴，侧面投影 c″d″//OY_W 轴	①侧面投影 e″f″反映实长，e″f″与 OY_W 轴和 OZ 轴的夹角分别反映 α 和 β ②正面投影 e′f′//OZ 轴，水平投影 ef//OY_H 轴

从表2.1中可概括出投影面平行线的投影特性：

①在平行于该投影面上的投影反映实长，它与投影轴的夹角，分别反映直线对另外两个投影面的倾角。

②在另外两个投影面上的投影，分别平行于相应的投影轴。

（2）投影面垂直线

垂直于一个投影面，而与另外两个投影面平行的直线，称为投影面的垂直线。根据所垂直的投影面不同，垂直线分为正垂线、铅垂线和侧垂线。

①正垂线：垂直于 V 面，平行于 H、W 面的直线。

②铅垂线：垂直于 H 面，平行于 V、W 面的直线。

③侧垂线：垂直于 W 面，平行于 V、H 面的直线。

表2.2列出了正垂线、铅垂线、侧垂线的投影及其投影特性。

表 2.2 投影面垂直线的投影特性

名　称	正垂线(垂直于 V 面)	铅垂线(垂直于 H 面)	侧垂线(垂直于 W 面)
实例	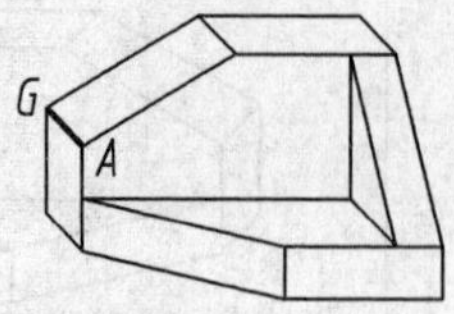	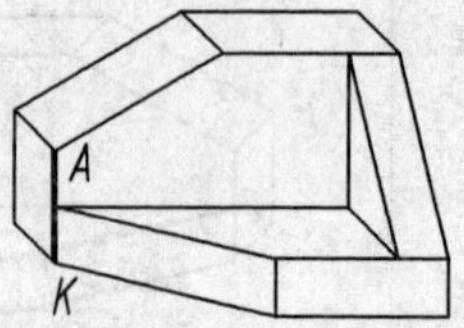	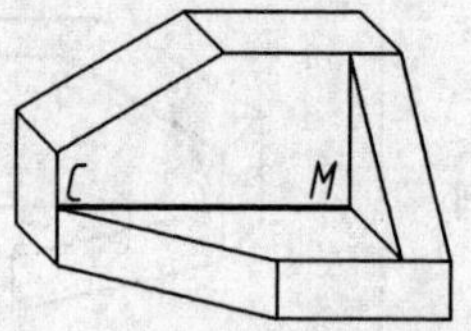
立体图	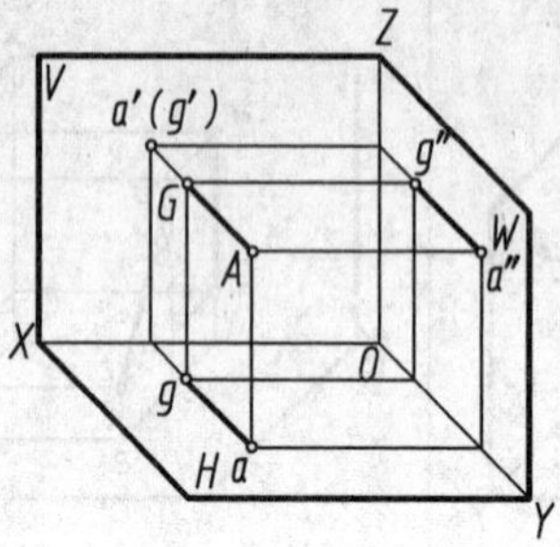	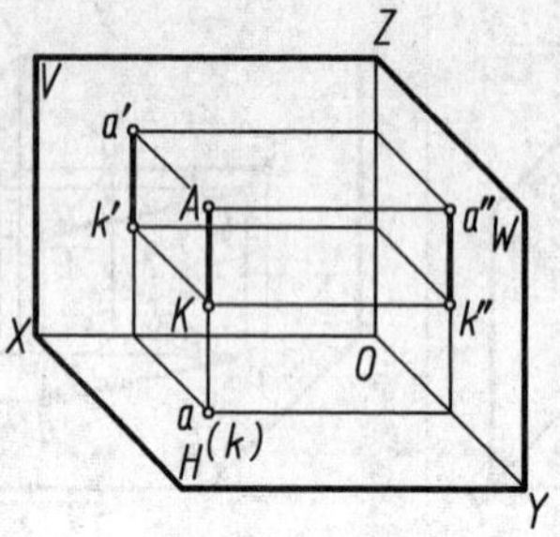	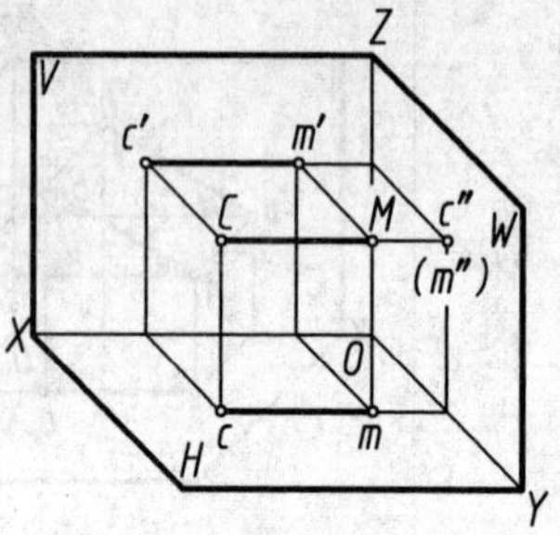
投影图	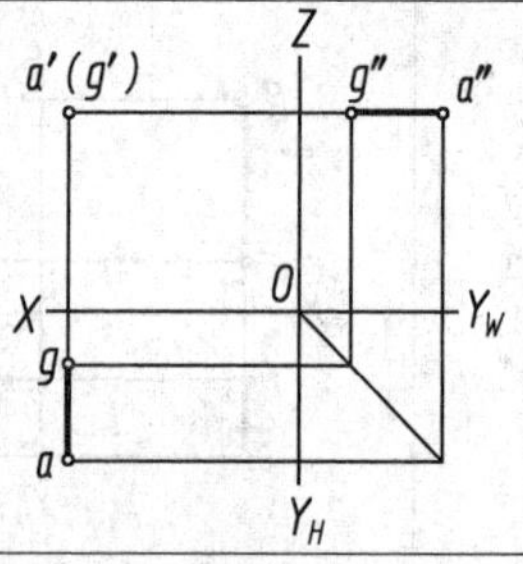	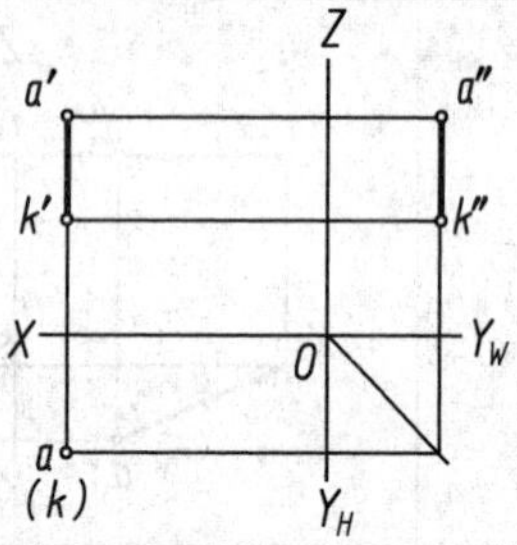	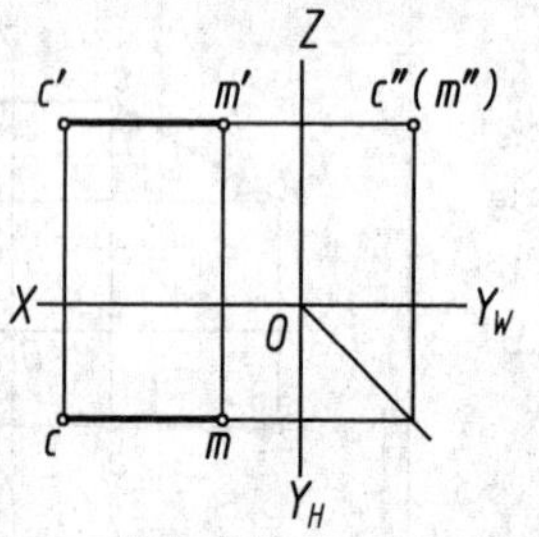
投影特性	①正面投影 $a'g'$ 积聚为一点 ②水平投影 $ag//OY_H$ 轴,侧面投影 $a''g''//OY_W$ 轴,都反映实长	①水平投影 ak 积聚为一点 ②正面投影 $a'k'//OZ$ 轴,侧面投影 $a''k''//OZ$ 轴,都反映实长	①侧面投影 $c''m''$ 积聚为一点 ②正面投影 $c'm'//OX$ 轴,水平投影 $cm//OX$ 轴,都反映实长

从表2.2中可概括出投影面垂直线的投影特性:

①与直线垂直的投影面上的投影积聚为一点。

②在另两个投影面上的投影,平行于同一投影轴,并且反映实长。

(3)一般位置直线

与三个投影面都倾斜的直线称为一般位置直线。如图2.12所示,直线的实长、投影长度和倾角之间的关系为:

$$ab = AB\cos\alpha, \quad a'b' = AB\cos\beta, \quad a''b'' = AB\cos\gamma$$

一般位置直线的投影特性为:

①三个投影都与投影轴倾斜,其投影长度均小于实长。

②三个投影与投影轴的夹角都不反映直线对投影面的倾角。

【例2.4】 如图2.13(a)所示,过已知点 A 作线段 $AB = 20$ mm,使其平行于 W 面,且与 H 面的倾角 $\alpha = 45°$。

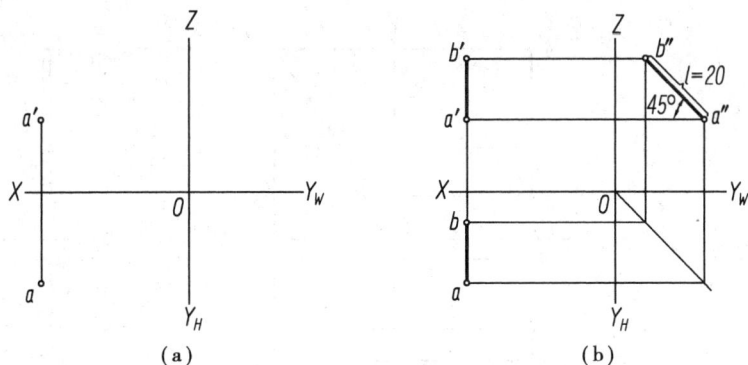

图 2.13　过点 A 作侧平线

分析：过点 A 作平行于 W 面的直线 AB 为侧平线。根据侧平线的投影特性，直线 AB 的侧面投影 a″b″ 反映实长，且 a″b″ 与 OY_W 轴的夹角等于其与 H 面的倾角 α。

作图：作图过程如图 2.13(b) 所示。

①作直线 AB 的侧面投影。作点 A 的侧面投影 a″，再过 a″ 作一条与 OY_W 轴成 45°的直线，并在直线上截取 a″b″ = 20 mm，a″b″ 即为直线 AB 的侧面投影。

②作直线 AB 其余两面投影。分别过 a、a′作 ab//OY_H 轴、a′b′//OZ 轴，利用直线的侧面投影，结合投影规律即可求得直线 AB 的水平投影 ab 和正面投影 a′b′（此题解不唯一，其他情况请读者自行分析）。

2.3.2　直线上的点及其投影特性

点在直线上，则点的各个投影必定在该直线的同面投影上，且点分直线长度之比等于其投影分直线段投影长度之比；反之，点的各个投影在直线的同面投影上，则该点一定在直线上。

如图 2.14 所示，直线 AB 上有一点 K，则 K 点的三面投影 k、k′、k″必定在直线 AB 的同面投影 ab、a′b′、a″b″上，且有 AK: KB = ak: kb = a′k′: k′b′ = a″k″: k″b″。

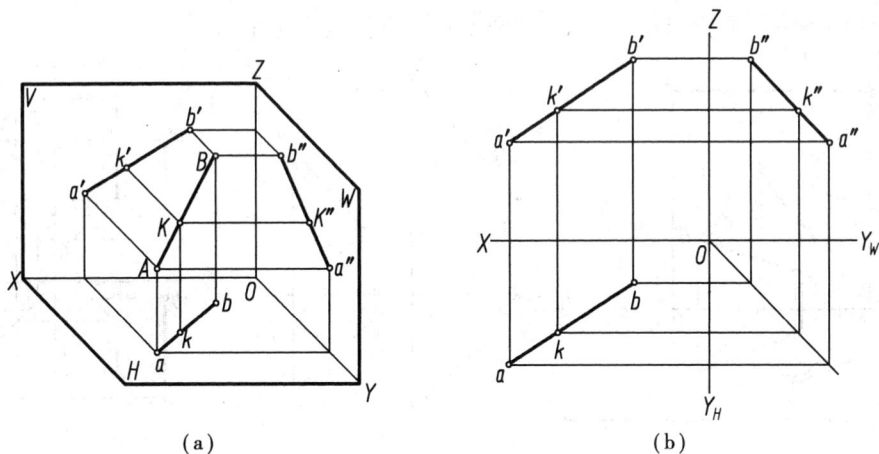

图 2.14　直线的投影

【例 2.5】　如图 2.15(a) 所示，已知直线 AB 和点 K 的正面投影和水平投影，判断点 K 是否在直线 AB 上？

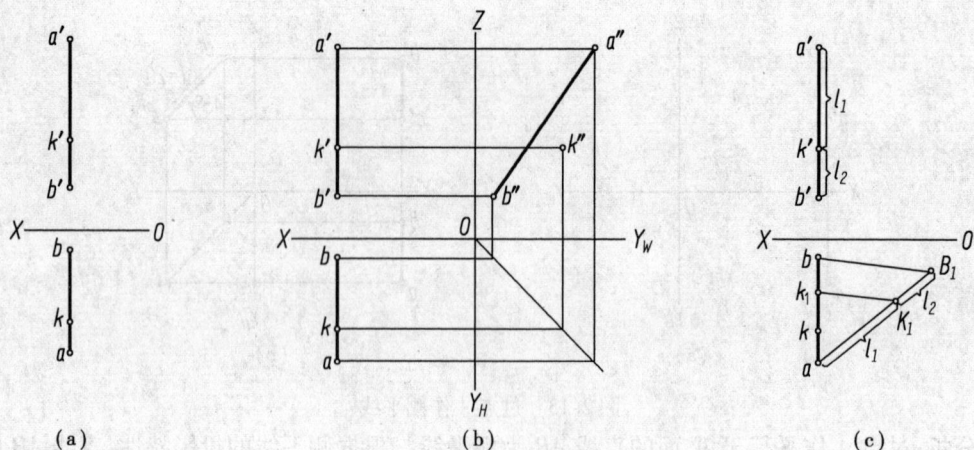

图 2.15　判断点是否在直线上

分析:因为直线 AB 是侧平线,因此需要画出侧面投影,或用定比方法进行判断。

作图:作图过程如图 2.15(b)、(c)所示。

方法 1:先作出直线 AB 的侧面投影 $a''b''$ 和点 K 的侧面投影 k'',然后判断 k'' 是否在 $a''b''$ 上。从图 2.15(b)可知,k'' 不在 $a''b''$ 上,因此,点 K 不在直线 AB 上。

方法 2:用平行线分割线段成定比的方法。将直线 AB 的水平投影 ab 分成两段,使其比值等于 $a'b'$ 上线段 l_1 与 l_2 之比,得点 k_1,从图 2.15(c)看出 k_1 与 k 不重合,故点 K 不在直线 AB 上。

2.3.3　两直线的相对位置及其投影特性

空间两直线的相对位置关系有三种情况:平行、相交和交叉。

(1)两直线平行

空间两条直线平行,则它们的同面投影必定相互平行,如图 2.16(a)、(b)所示;反之,如果两条直线的各个同面投影相互平行,则两条直线空间也一定平行。

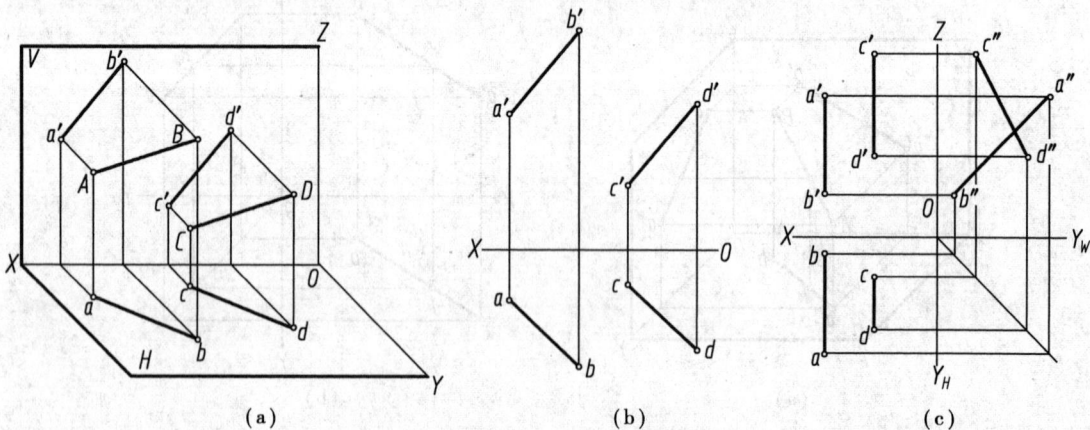

图 2.16　两直线平行

要从投影图上判断两一般位置直线是否平行,只需判断它们的两个同面投影是否平行即可。若两条直线均为投影面的平行线,则要根据直线所平行的投影面上的投影是否平行来判断它们空间是否平行,如图 2.16(c)。

（2）两直线相交

当两直线相交时,它们在各投影面上的同面投影必然相交,并且交点符合点的投影规律,反之亦然。

如图 2.17 所示,直线 AB 与 CD 相交于点 K,则 a'b' 与 c'd'、ab 与 cd 也必然相交,并且交点 k 与 k' 的投影连线必然垂直于 OX 轴。一般情况下,如果两条直线的两面投影都相交,且投影的交点符合空间一点的投影规律,则空间两条直线相交。但若两条直线中有一条直线为投影面的平行线时,则两组同面投影中必须包含直线所平行的投影面上的投影。

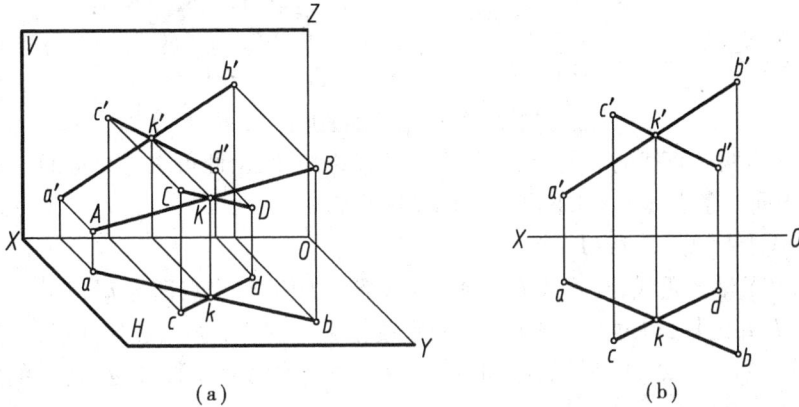

图 2.17　两直线相交

（3）两直线交叉

当空间两条直线既不平行又不相交时,则称两条直线交叉。交叉两条直线的同面投影也可能相交,但各个投影的交点不符合投影规律。

如图 2.18 所示,交叉两条直线同面投影的交点,实际上是两条直线上两点的重影点,其可见性可从另一投影中用前遮后、上遮下、左遮右的原则来判断。在图 2.18 中,点 I 和点 II 是对 H 面的一对重影点,点 I 在直线 AB 上,点 II 在直线 CD 上,由于 $z_1 > z_2$,因此,从上向下投射时点 I 可见,点 II 不可见;同理,点 III 和点 IV 是对 V 面的一对重影点,点 III 在直线 CD 上,点 IV 在

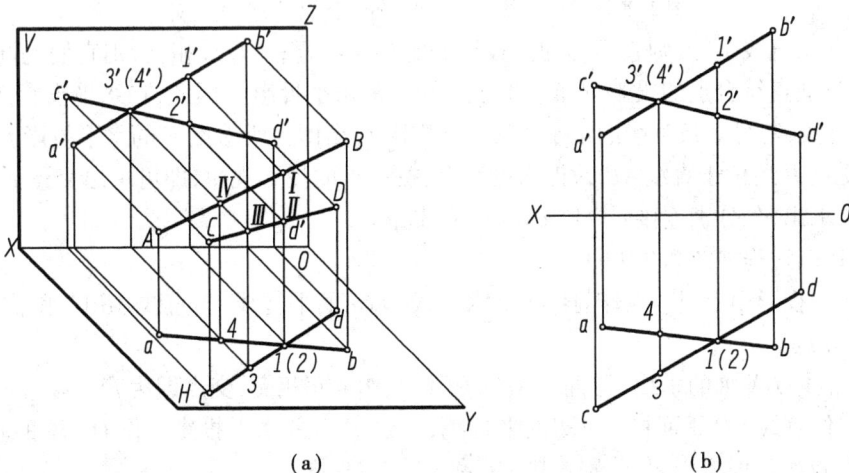

图 2.18　两直线交叉

直线 AB 上,由于 $y_3 > y_4$,因此,从前向后投射时点Ⅲ可见,点Ⅳ不可见。

【例 2.6】 如图 2.19(a)所示,点 K 是两条直线 AB 和 CD 的交点,根据题给条件求作直线 AB 的正面投影。

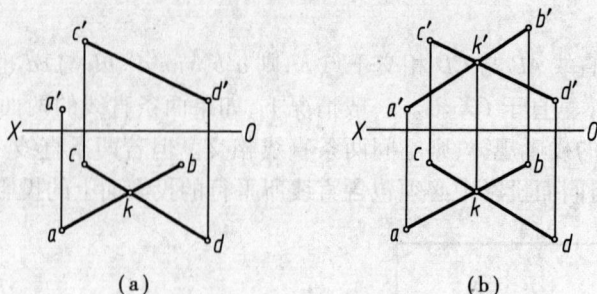

图 2.19 求作直线的投影

分析:交点为两条直线的共有点,且符合点的投影规律,由此可求得交点的正面投影 k';由于 B、K、A 位于同一条直线上,可求得 B 点的正面投影 b'。

作图:作图过程如图 2.19(b)所示。

①过 k 作 OX 轴的垂线,与直线 CD 的正面投影 $c'd'$ 相交,交点即为 k'。

②连接 $a'k'$ 并延长,与过 b 点作 OX 轴的垂线相交,交点即为 b',连接 $a'b'$,完成作图。

【例 2.7】 如图 2.20(a)所示,已知直线 AB 和 CD 的两面投影,以及点 E 的水平投影 e,求作直线 EF 与 CD 平行,并与 AB 相交于点 F。

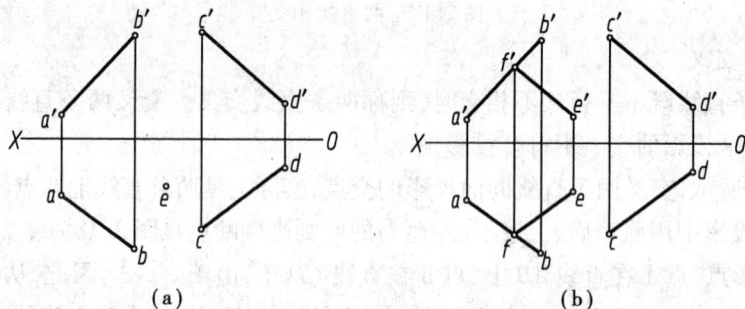

图 2.20 求作直线与一直线平行且与另一直线相交

分析:两条直线平行,则它们的同面投影必定相互平行;两直线相交,则它们的同面投影必然相交,并且交点符合点的投影规律。由于已知点的水平投影 e,因此,在水平投影面上过 e 点作 cd 的平行线,与另一条直线的水平投影 ab 相交,交点即为所求点 F 的水平投影 f。

由于交点 F 还位于直线 AB 的正面投影上,按照点的投影规律,即可求出交点 F 的正面投影 f';同理,求出 e',分别连接 $e'f'$ 和 ef,即可完成作图。

作图:作图过程如图 2.20(b)所示。

①在水平投影面上过 e 点作直线 CD 水平投影 cd 的平行线,与直线 AB 的水平投影 ab 相交,交点即为 f。

②过 f 点作 OX 轴的垂线,与直线 AB 的正面投影 $a'b'$ 相交,交点即为 f'。

③过 f' 作直线 CD 正面投影 $c'd'$ 的平行线,与过 E 点的水平投影 e 作 OX 轴的垂线相交,交点即为 E 点的正面投影 e',分别连接 $e'f'$ 和 ef,完成作图。

2.4 平面的投影

平面的投影一般仍为平面,特殊情况下积聚为直线。不在同一条直线上的三点或多点可确定一个平面,在作平面的投影时,只需作出平面上各点的投影,然后连接其同面投影即可。

2.4.1 平面的表示方法

通常用一组几何元素的投影表示空间一平面。几何元素的形式如图 2.21 所示:不在同一直线上的三点、直线及直线外一点、相交两直线、平行两直线和平面图形。

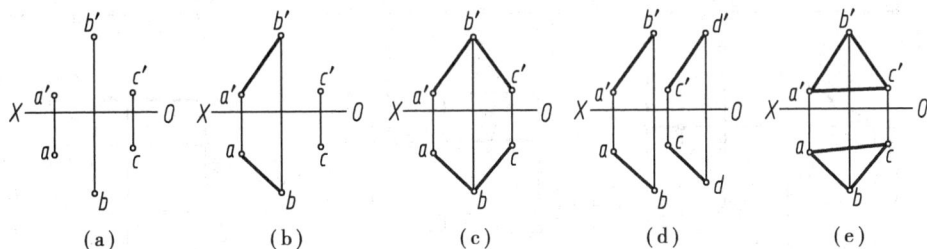

图 2.21 平面的几何元素表示

上述用各组几何元素表示的同一平面,其各组几何元素之间可以互相转化。其中,不在一条直线上的三点是决定平面位置最基本的几何元素,但在实际中,则以平面图形表示平面最为常见。

2.4.2 各种位置平面的投影及其特性

平面按照相对于投影面的位置分为三类:投影面垂直面、投影面平行面和一般位置平面。前两类又称为特殊位置平面。

平面与水平投影面、正面投影面、侧面投影面的倾角分别用“α”“β”和“γ”表示。

(1)投影面垂直面

垂直于一个投影面,而与另外两个投影面倾斜的平面,称为投影面的垂直面。根据所垂直的投影面不同,垂直面分为正垂面、铅垂面和侧垂面。

①正垂面:垂直于 V 面,倾斜于 H、W 面的平面。

②铅垂面:垂直于 H 面,倾斜于 V、W 面的平面。

③侧垂面:垂直于 W 面,倾斜于 V、H 面的平面。

表 2.3 列出了正垂面、铅垂面、侧垂面的投影及其投影特性。

表 2.3 投影面垂直面的投影特性

名 称	正垂面(垂直于 V 面)	铅垂面(垂直于 H 面)	侧垂面(垂直于 W 面)
实例			

续表

名　　称	正垂面(垂直于 V 面)	铅垂面(垂直于 H 面)	侧垂面(垂直于 W 面)
立体图	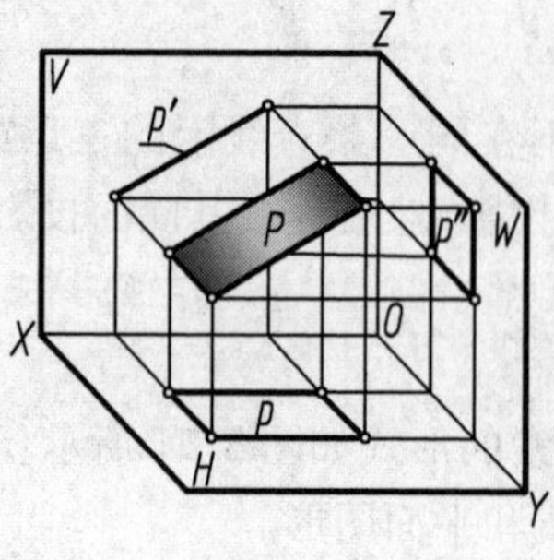	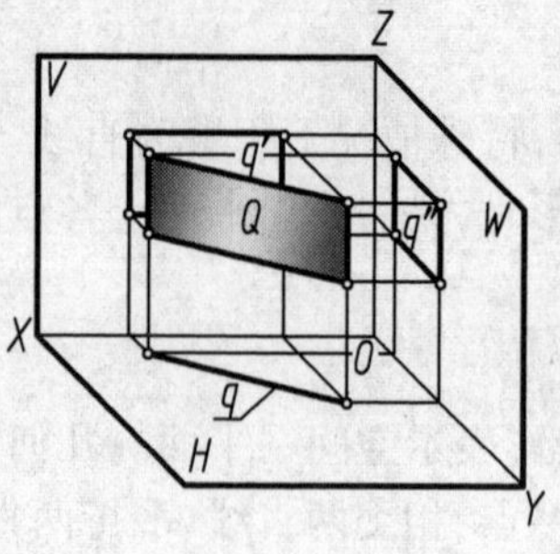	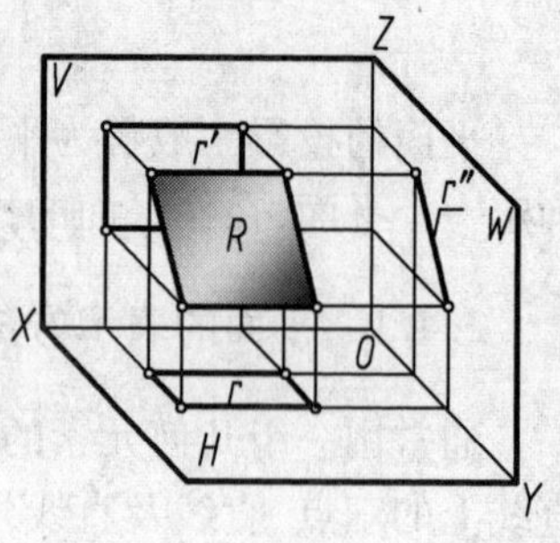
投影图	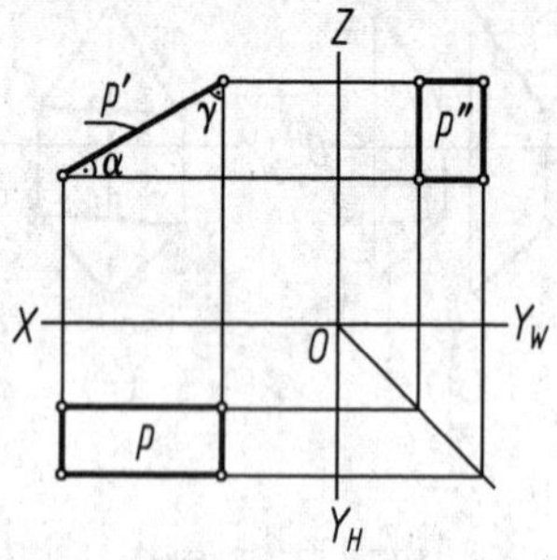	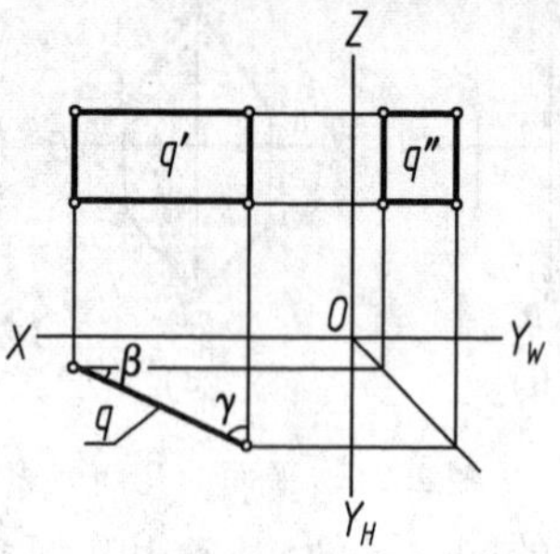	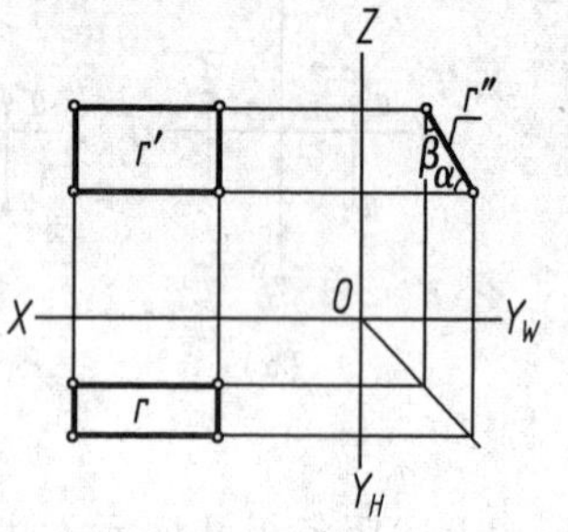
投影特性	①正面投影积聚为一条直线,它与 OX 轴和 OZ 轴的夹角分别反映平面与 H 面和 W 面的倾角 α 和 γ ②水平投影和侧面投影均为小于实形的类似形	①水平投影积聚为一条直线,它与 OX 轴和 OY_H 轴的夹角分别反映平面与 V 面和 W 面的 β 和 γ ②正面投影和侧面投影均为小于实形的类似形	①侧面投影积聚为一条直线,它与 OY_W 轴和 OZ 轴的夹角分别反映平面与 H 面和 V 面的 α 和 β ②正面投影和水平投影均为小于实形的类似形

从表2.3中可概括出投影面垂直面的投影特性:

①在所垂直的投影面上的投影积聚成一条倾斜直线,该直线与两投影轴的夹角反映空间平面与另外两个投影面的倾角。

②在另外两个投影面上的投影为小于空间平面的类似形。

(2)投影面平行面

平行于一个投影面而与另外两个投影面均处于垂直位置的平面,称为投影面的平行面。根据所平行的投影面不同,平行面分为正平面、水平面和侧平面。

①正平面:平行于 V 面,与 H、W 面垂直的平面。

②水平面:平行于 H 面,与 V、W 面垂直的平面。

③侧平面:平行于 W 面,与 V、H 面垂直的平面。

表2.4列出了正平面、水平面、侧平面的投影及其投影特性。

表2.4　投影面平行面的投影特性

名　称	正平面(平行于 V 面)	水平面(平行于 H 面)	侧平面(平行于 W 面)
实例	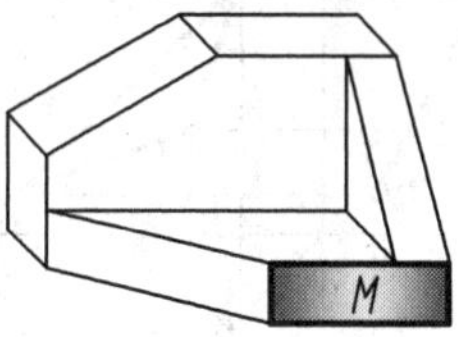	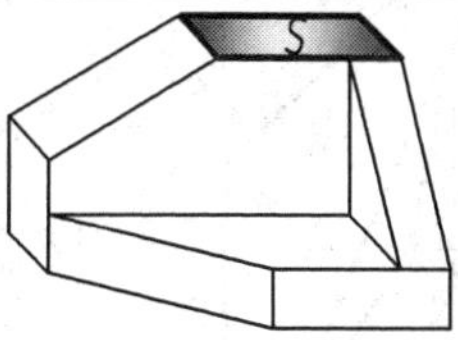	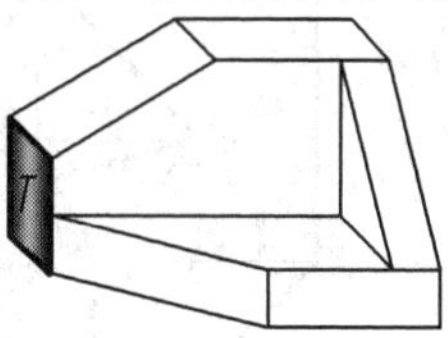
立体图	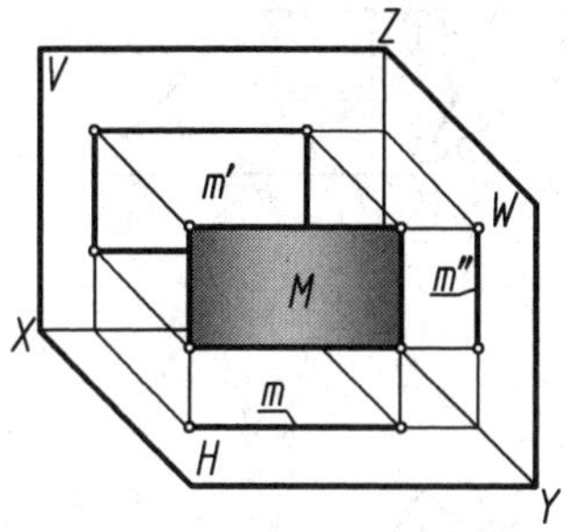	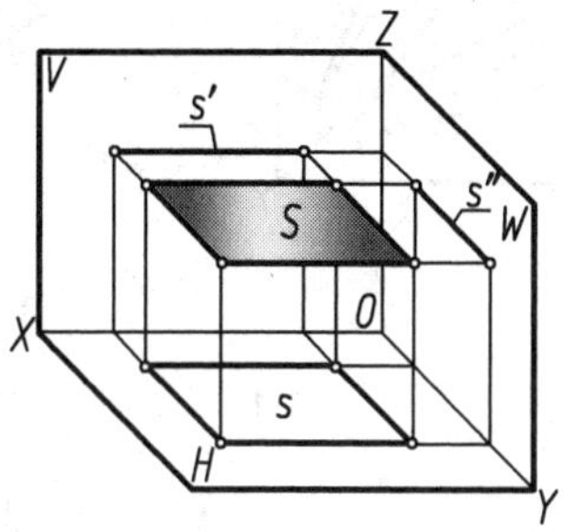	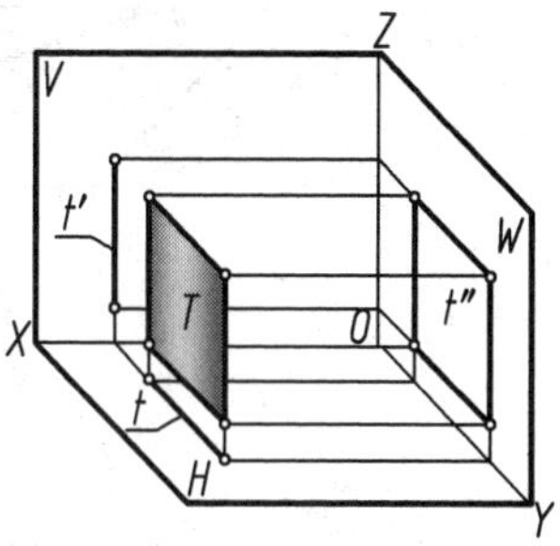
投影图	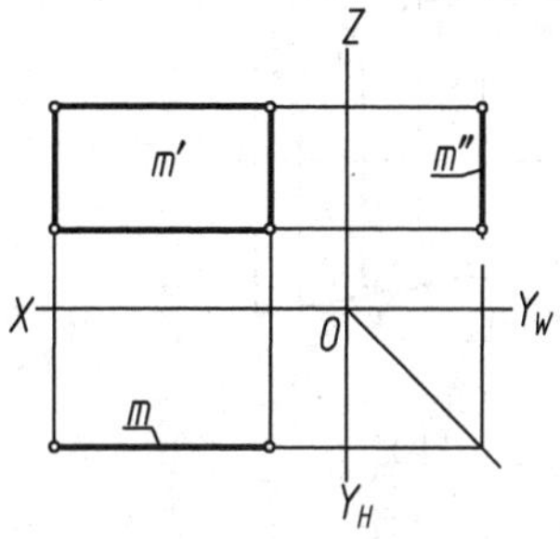	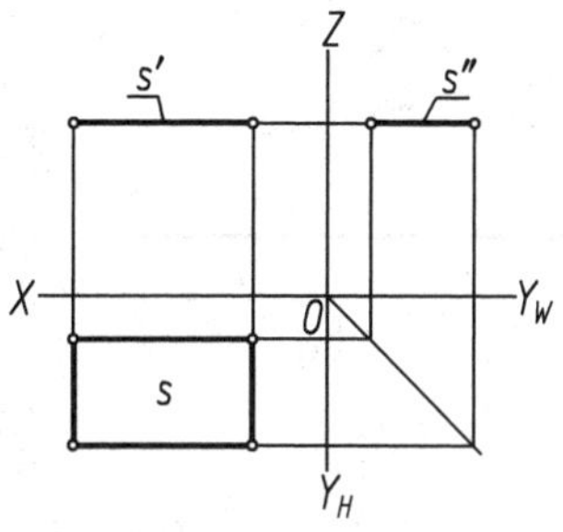	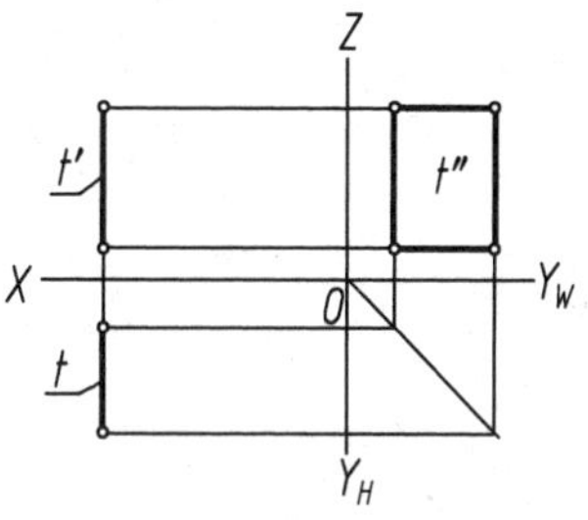
投影特性	①正面投影反映实形 ②水平投影和侧面投影分别积聚为平行于 OX 轴和 OZ 轴的直线	①水平投影反映实形 ②正面投影和侧面投影分别积聚为平行于 OX 轴和 OY_W 轴的直线	①侧面投影反映实形 ②正面投影和水平投影分别积聚为平行于 OZ 轴和 OY_H 轴的直线

从表2.4中可概括出投影面平行面的投影特性：

①在所平行的投影面上的投影反映空间平面图形的实形。

②在另外两个投影面上的投影积聚为直线，并且平行于相应的投影轴。

（3）一般位置平面

与三个投影面均处于倾斜位置的平面称为一般位置平面。

如图2.22所示，一般位置平面的三个投影均不反映空间平面图形的实形，均为小于实形的类似形。

2.4.3　平面上的直线和点

（1）平面上的直线

①一条直线若通过平面上的两点，则此直线必在该平面上，如图2.23所示。

②一条直线若通过平面上的一点，且平行该平面上的一条直线，则此直线必在该平面上，如图2.24所示。

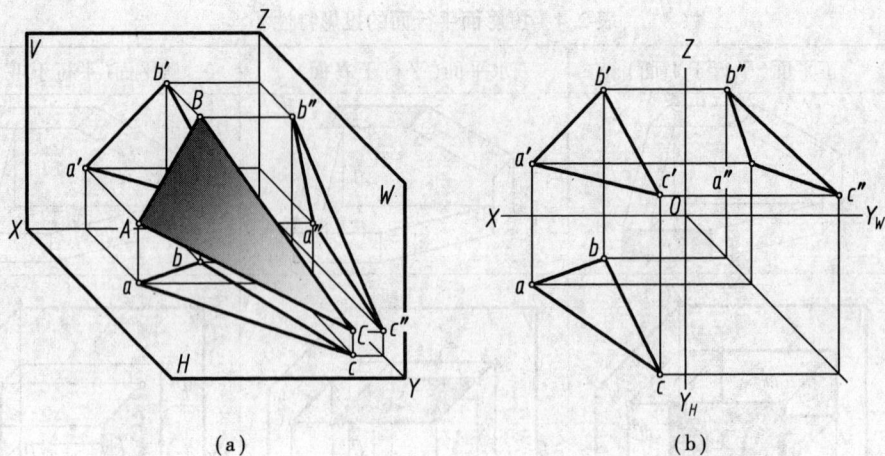

(a)   (b)

图 2.22　一般位置平面的投影特性

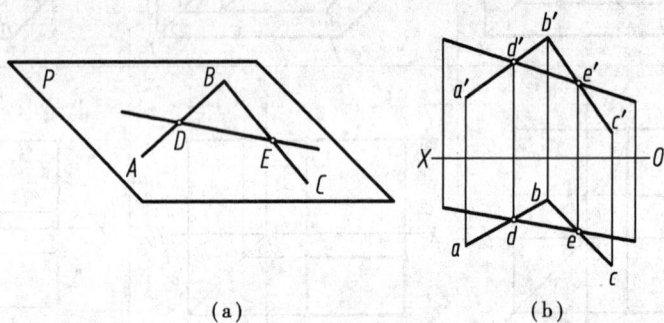

(a)   (b)

图 2.23　平面上的直线

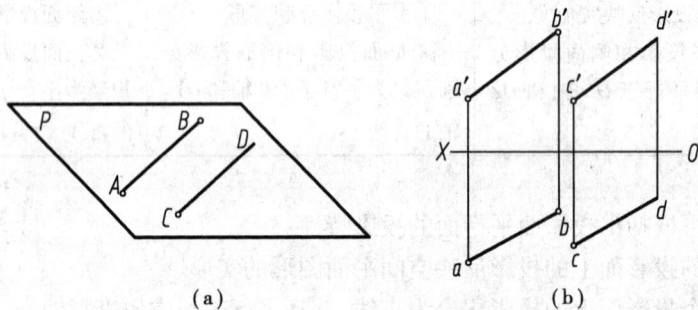

(a)   (b)

图 2.24　平面上的直线

(2)平面上的点

如果点位于平面内的任意一条直线上,则此点位于该平面上。因此,若在平面内取点,必须先在平面内取一条直线,然后再在该直线上取点。

【例 2.8】　如图 2.25(a)所示,判断点 M 是否在平面 $\triangle ABC$ 上,并作出平面 $\triangle ABC$ 上点 N 的正面投影。

分析:判断点是否在平面上和求平面上点的投影,可利用若点在平面上,那么点一定在平面内的一条直线上这一投影特性。

作图:作图过程如图 2.25(b)、(c)所示。

①连接 $a'm'$ 并延长交 $b'c'$ 于 $1'$,作出其水平投影 1,连接 $a1$,由于 m 不在 $a1$ 上,因此点 M

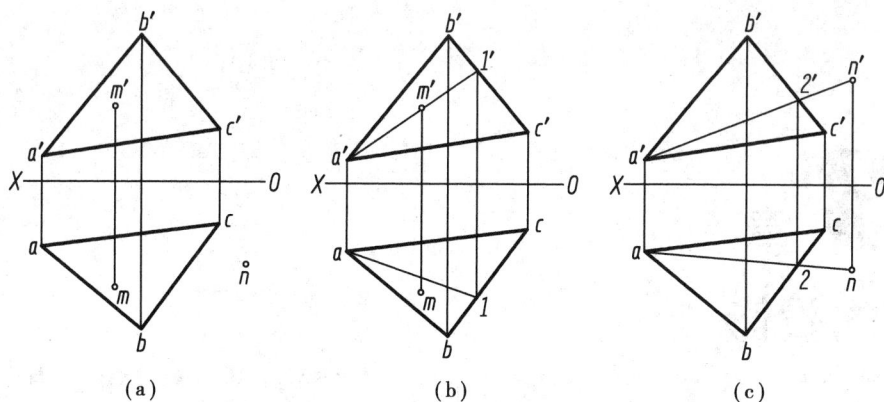

图 2.25　平面上的点

就不在平面 $\triangle ABC$ 上。

②连接 an 交 bc 于 2，作出其正面投影 $2'$，连接 $a'2'$ 并延长，与过点 n 作 OX 轴的垂线相交，交点即为 n'。

【例 2.9】　如图 2.26(a)所示，完成平面图形 $ABCDE$ 的正面投影。

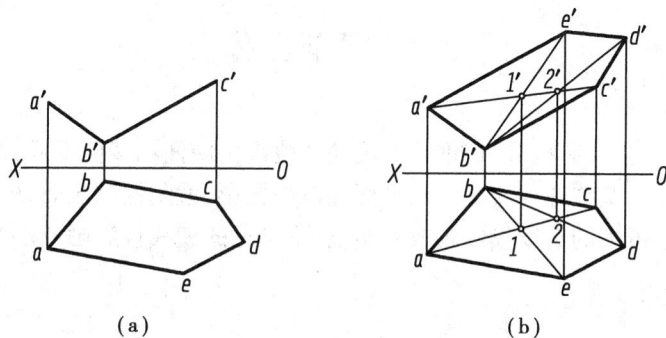

图 2.26　完成平面图形的投影

分析：已知 A、B、C 三点的正面投影和水平投影，平面的空间位置已经确定，D、E 两点应在平面 $\triangle ABC$ 上，因此，利用点在平面上的原理作出点的投影即可。

作图：作图过程如图 2.26(b)所示。

①连接 $a'c'$ 和 ac，求出 $\triangle ABC$ 的两面投影。

②连接 be 交 ac 于 1，求出其正面投影 $1'$，连接 $b'1'$ 并延长，与过 e 的投影连线交于 e'。

③同理，求出 $\triangle ABC$ 上另一点 D 的正面投影 d'，依次连接 c'、d'、e'、a' 得平面图形 $ABCDE$ 的正面投影。

第 **3** 章

立体的投影

单一几何体称为基本立体。按照围成立体表面性质,分为平面立体和曲面立体。表面均为平面的立体称为平面立体,表面为曲线或曲面与平面的立体称为曲面立体。

3.1 平面立体

常见的平面立体主要有棱柱、棱锥等。棱柱和棱锥由底面和棱面围成,相邻棱面的交线称为棱线,底面和棱面的交线称为底边。画平面立体的投影,就是绘制棱面、棱线及顶点的投影,然后判断其可见性,可见的棱线投影画成粗实线,不可见的棱线投影画成虚线。

3.1.1 棱柱

根据底面形状不同,棱柱分为三棱柱、四棱柱、五棱柱和六棱柱等。棱柱的棱线相互平行,棱线与底面垂直的棱柱称为直棱柱,底面是正多边形的直棱柱称为正棱柱。为便于绘图,一般将正棱柱底面平行于某一投影面放置。

(1)棱柱的投影

图 3.1(a)为一个正五棱柱的投影情况。它的顶面和底面是水平面,它们的水平投影反映实形,正面投影和侧面投影积聚为直线段。五个棱面中,后棱面为正平面,它的正面投影反映实形,水平投影和侧面投影积聚成直线段;其他四个棱面均为铅垂面,水平投影积聚成直线段,其他两个投影均为类似形。

图 3.1(b)为正五棱柱的投影图。作图时,先画反映棱柱顶面和底面实形的水平投影,再根据投影规律作出其余两面投影。特别要注意水平投影和侧面投影之间的宽相等和前后对应关系。

(2)棱柱表面取点

棱柱表面取点是已知棱柱表面上点的一个投影,求其他两面投影的问题。其原理和方法与平面上取点相同。即先要确定点所在的平面并分析平面的投影特性,然后利用平面上取点方法进行作图,最后根据平面的可见性判别点投影的可见性。

【例3.1】 如图 3.2(a)所示,已知五棱柱表面上 M 点的正面投影和 N 点的水平投影,求作其他两面投影。

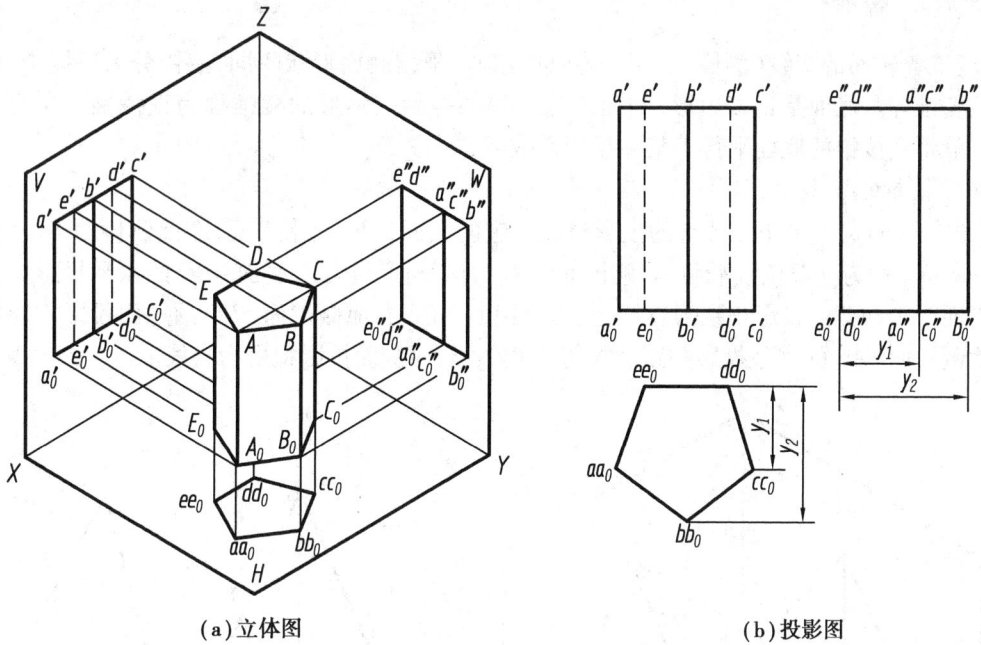

（a）立体图　　　　　　　　　　　（b）投影图

图 3.1　正五棱柱的投影

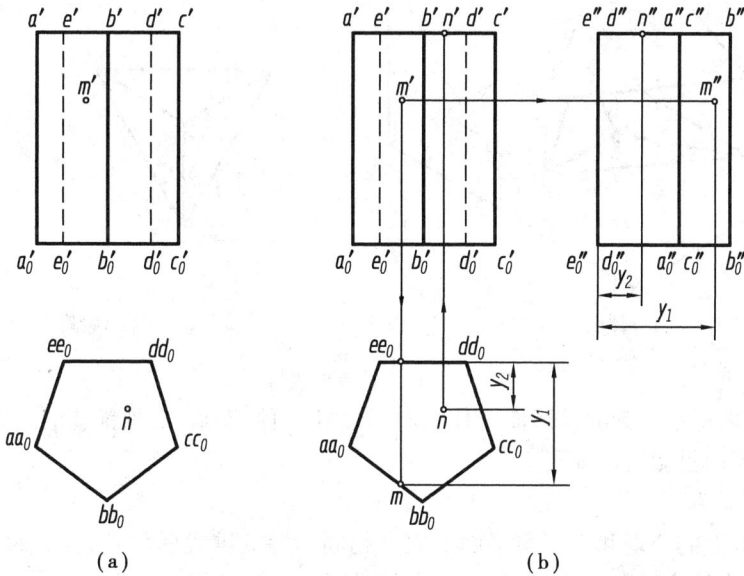

（a）　　　　　　　　　　　　　　（b）

图 3.2　五棱柱表面取点

分析: 由 M 点的正面投影和 N 点的水平投影的位置及可见性,可判断出 M 点在左前棱面上,N 点在顶面上;左前棱面的水平投影具有积聚性,而顶面的正面投影和侧面投影均具有积聚性,再结合点的投影规律便可求出其余两面投影。

作图: 作图过程如图 3.2(b)所示。

① 由 m' 作出 m 和 m'',由 n 作出 n' 和 n''。

② 判断可见性。

3.1.2 棱锥

棱锥各棱面的交线(侧棱)交于一点,即锥顶。根据底面形状不同,棱锥分为三棱锥、四棱锥、五棱锥等。底面是正多边形,侧面均为全等的等腰三角形的棱锥称为正棱锥。为便于绘图,一般将正棱锥的底面平行于某一投影面放置。

(1)棱锥的投影

图3.3(a)为一个正三棱锥的投影情况。它的底面 *ABC* 是水平面,左前侧棱面 *SAB*、右前侧棱面 *SBC* 均为一般位置平面,后侧棱面 *SAC* 为侧垂面。因此,底面 *ABC* 的水平投影反映实形,正面投影和侧面投影积聚为直线;左前侧棱面 *SAB*、右前侧棱面 *SBC* 的三面投影均为类似形;后侧棱面 *SAC* 的水平投影和正面投影为类似形,而侧面投影积聚为直线。

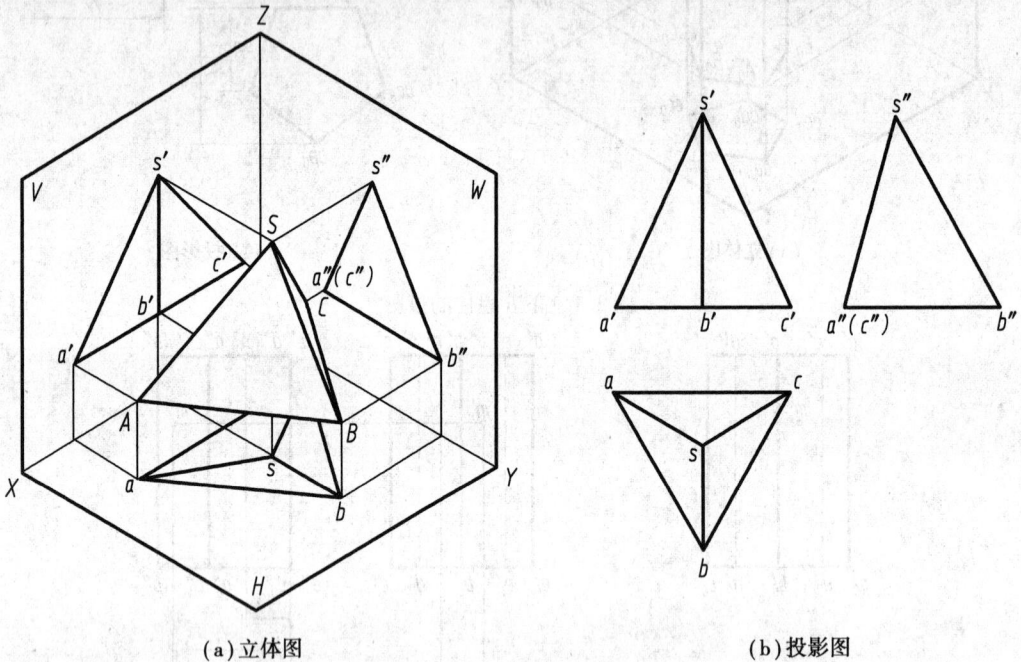

(a)立体图　　　　　　　　　　　　　(b)投影图

图3.3　正三棱锥的投影图

图3.3(b)为正三棱锥的投影图。作图时,先画底面的投影,再画锥顶的投影,最后将锥顶同底面各点的同面投影连接即可。

(2)棱锥表面取点

棱锥表面取点的原理和方法与平面上取点相同。即棱锥表面取点,先过该点在棱锥表面取一条直线,作出该直线的三面投影,再求点的投影。

【例3.2】　如图3.4所示,已知三棱锥表面上 *K* 点的正面投影,求它的其余两面投影。

分析:根据 *K* 点的正面投影可见,可判断出 *K* 点位于左前棱面 *SAB* 上。因为 *SAB* 为一般位置平面,则利用在平面内过该点取直线的方法,求出它的其余两投影。

作图:作图过程如图3.4(a)所示。

①连接 *s′k′*,并延长交 *a′b′* 于1′。

②作出 *s1*,并由 *k′* 作投影连线,在 *s1* 上交 *k*。

③由 *k′*、*k* 作出 *k″*,并判断可见性。

作图时,也可过 k' 在侧棱面 SAB 上作 $a'b'$ 的平行线 $2'3'$,求出 k 和 k'',如图 3.4(b)所示,具体作图请读者自行分析。

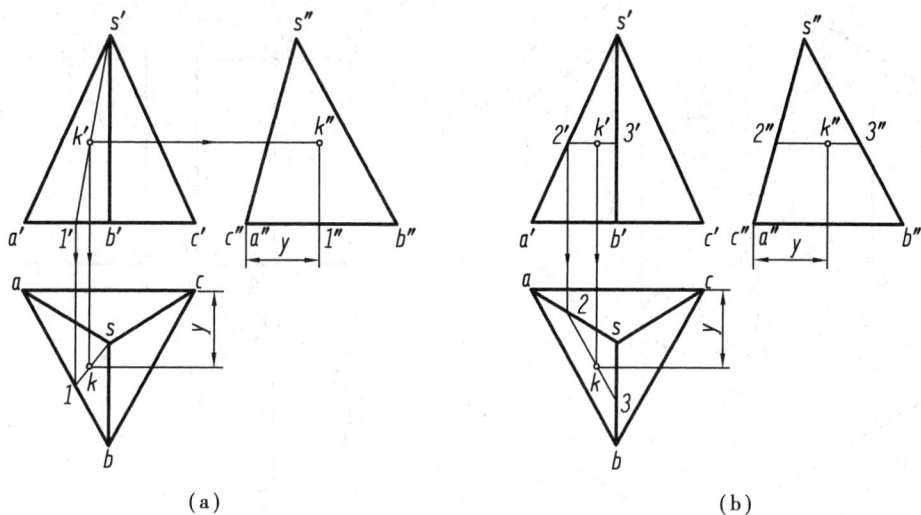

（a）　　　　　　　　　　　　　　　　（b）

图 3.4　棱锥面上点的投影

3.2　曲面立体

工程中常见的曲面立体是回转体,组成回转体的曲面称为回转面。画回转体的投影,就是绘制组成回转体的所有回转面和平面的投影。基本回转体包括圆柱、圆锥、圆球等。

3.2.1　圆柱

圆柱是由圆柱面和两个圆平面围成。如图 3.5 所示,圆柱面是由直线 AA_0 绕与它平行的直线 OO_0 旋转而成,AA_0 称为母线,OO_0 称为轴线,圆柱面上任意一条平行于轴线 OO_0 的直线,称为素线,如 BB_0。

（1）圆柱的投影

图 3.6(a)为圆柱轴线是铅垂线时的投影图,其水平投影为圆,正面投影和侧面投影均为矩形。

当圆柱的轴线为铅垂线时,圆柱面的水平投影积聚为一个圆,上下底面是水平面,它们的水平投影重合,均反映实形圆,上底面的水平投影可见,下底面的水平投影不可见。

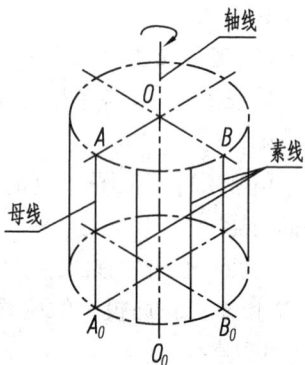

图 3.5　圆柱面的形成

正面投影矩形的上下两条边 $a'c'$ 和 $a_0'c_0'$ 分别是圆柱上下圆平面在正面投影上积聚的两条直线;左右两条边 $a'a_0'$ 和 $c'c_0'$ 分别是圆柱面正面投影的转向轮廓线 AA_0 和 CC_0 的正面投影,AA_0 和 CC_0 也是圆柱表面最左、最右素线,它们将圆柱面分成前后两半部分,前半部分的正面投影可见,后半部分的正面投影不可见,水平投影分别积聚为圆的左右两点 $a(a_0)$ 和 $c(c_0)$,侧面投影与圆柱轴线的侧面投影重合。

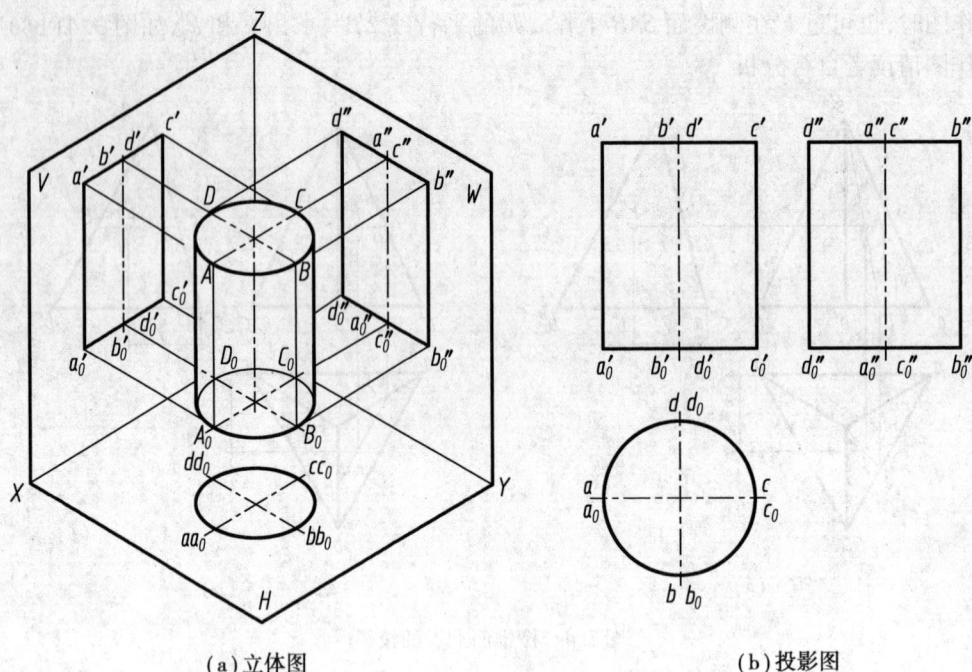

图 3.6　圆柱的投影

（a）立体图　　　　　　　　　　　　（b）投影图

同理,侧面投影矩形的上下两条边 $b''d''$ 和 $b_0''d_0''$ 分别是圆柱上下圆平面在侧面投影上积聚的两条直线;前后两条边 $b''b_0''$ 和 $d''d_0''$ 分别是圆柱面侧面投影的转向轮廓线 BB_0 和 DD_0 的侧面投影,BB_0 和 DD_0 也是圆柱表面最前、最后素线,它们将圆柱面分成左右两半部分,左半部分的侧面投影可见,右半部分的侧面投影不可见,水平投影分别积聚为圆的前后两点 $b(b_0)$ 和 $d(d_0)$,正面投影与圆柱轴线的正面投影重合。

画圆柱投影时,应先画轴线及中心线,再画反映底圆实形的投影,最后画其他两面投影,如图 3.6(b)所示。

（2）圆柱面上取点

轴线垂直于投影面的圆柱,圆柱面的投影具有积聚性。在圆柱表面取点,可利用积聚性直接求解。

【例 3.3】　如图 3.7(a)所示,已知圆柱面上 M、N 点的正面投影,求作它们的水平投影和侧面投影。

分析:由于圆柱轴线为铅垂线,圆柱面水平投影有积聚性,点的水平投影可以直接求出。由 M 和 N 点正面投影的位置及可见性可知,M 点位于左前柱面上,N 点位于侧面投影转向轮廓(最后素线)上。

作图:作图过程如图 3.7(b)所示。

①由 m' 作水平面的投影连线,求出 m。

②由 m' 作侧面的投影连线,根据投影规律,求出 m''。

③在最后素线上直接求出 n 和 n''。

④判断可见性。

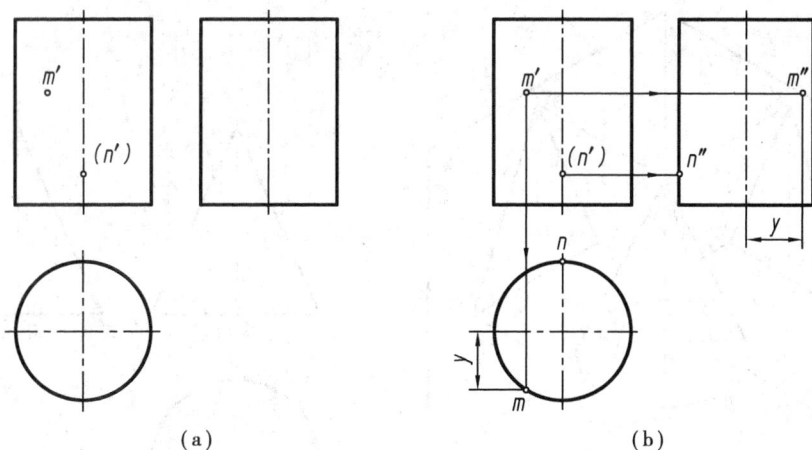

图 3.7 圆柱面取点

3.2.2 圆锥

圆锥由圆锥面和底圆平面围成。如图 3.8 所示,圆锥面可看成由直母线 *SA* 绕与它相交的轴线 OO_1 旋转而成。因此,圆锥面上的素线是通过锥顶的直线,母线上任意一点 *M* 的运动轨迹是一个与轴线垂直的圆,该圆称为纬圆。

(1)圆锥的投影

图 3.9(a)为圆锥轴线是铅垂线时的投影图,其水平投影为圆,正面投影和侧面投影均为等腰三角形。

当圆锥的轴线为铅垂线时,底面圆是水平面,它的水平投影反映为实形圆;圆锥面的水平投影是该圆内区域,无积聚性;圆锥面的水平投影可见,底面圆的水平投影不可见。

正面投影等腰三角形的底边 *a'b'* 是底面圆在正面投影上积聚性直线;左右两条边 *s'a'* 和 *s'b'* 分别是圆锥面正面投影的转向轮廓线 *SA* 和 *SB* 的正面投影,*SA* 和 *SB* 也是圆锥面最左、最右素线,它们将圆锥面分成前后两半部分,前半部分的正面投影可见,后半部分的正面投影不可见,其余两投影与轴线或中心线重合。

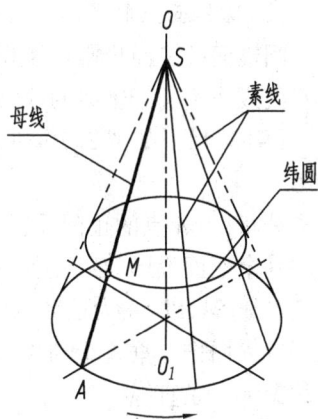

图 3.8 圆锥面的形成

同理,侧面投影等腰三角形的底边 *c"d"* 是圆锥底面圆在侧面投影上积聚性直线;前后两条边 *s"c"* 和 *s"d"* 分别是圆锥面侧面投影的转向轮廓线 *SC* 和 *SD* 的侧面投影,*SC* 和 *SD* 也是圆锥面最前、最后素线,它们将圆锥面分成左右两半部分,左半部分的侧面投影可见,右半部分的侧面投影不可见,其余两投影与轴线或中心线重合。

在水平投影中,圆的两条中心线交点是轴线的水平投影,也是顶点 *S* 的水平投影。圆锥面的三面投影均无积聚性。

画圆锥投影时,应先画轴线及中心线,再画底面圆的水平投影(圆),最后画其他两面投影,如图 3.9(b)所示。

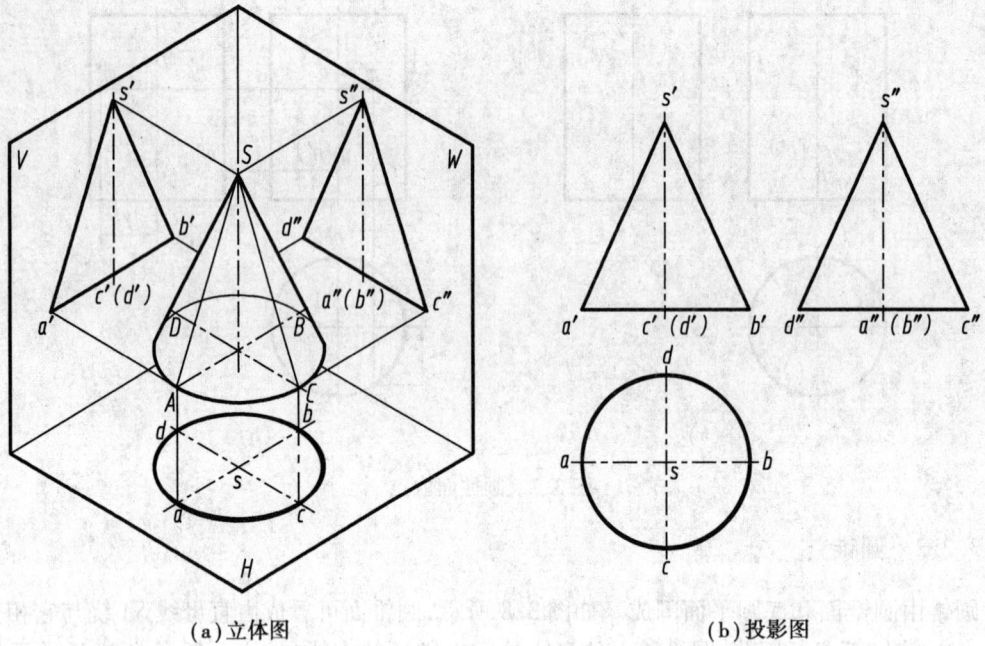

（a）立体图   （b）投影图

图 3.9 　圆锥的投影

（2）圆锥面上取点

圆锥面的三面投影均无积聚性，在圆锥面上取点时，要借助辅助线作图。通常是取过锥顶的素线或作垂直于轴线的纬圆，即素线法和纬圆法。

【例 3.4】 如图 3.10 所示，已知圆锥面上 A 点的正面投影，求作它的水平投影和侧面投影。

分析： 由 A 点的正面投影 a' 的位置及可见性可知，A 点位于圆锥的左前圆锥面上。要求该点的其余两面投影，必须过该点先取线。一种方法是素线法，即过锥顶 S 和 A 点在圆锥面上作一条素线 SA，以 SA 为辅助线求 A 点的水平投影和侧面投影。另一种方法是纬圆法，即过 A 点在圆锥表面作一垂直于轴线的纬圆，该圆的水平投影是底面投影的同心圆，正面投影和侧面投影积聚为一条直线。

作图： 用素线法和纬圆法作图过程如图 3.10 所示。

方法 1： 素线法，如图 3.10（a）所示。

①连接 s' 和 a'，并延长 $s'a'$ 交底圆的正面投影于 b'，由 b' 作铅垂投影连线，在前半底圆的水平投影上交 b。

②根据点的投影特性，作出 B 点的侧面投影 b''，分别连接 s 和 b、s'' 和 b''，即得过 A 点的素线 SB 的水平投影 sb 和侧面投影 $s''b''$。

③由 a' 分别作铅垂和水平投影连线，在 sb 上作出 a，在 $s''b''$ 上作出 a''。

④判断可见性。

方法 2： 纬圆法，作图过程如图 3.10（b）所示。

①过 a' 作直线 $1'2'$ 平行于底圆的投影，$1'2'$ 即为纬圆的正面投影。

②在水平投影上作直径为 12，并与底圆同心的圆，得纬圆的水平投影。

③由 a' 点作铅垂线，求出 a。

④利用点的投影规律作出侧面投影 a''。

⑤判断可见性。

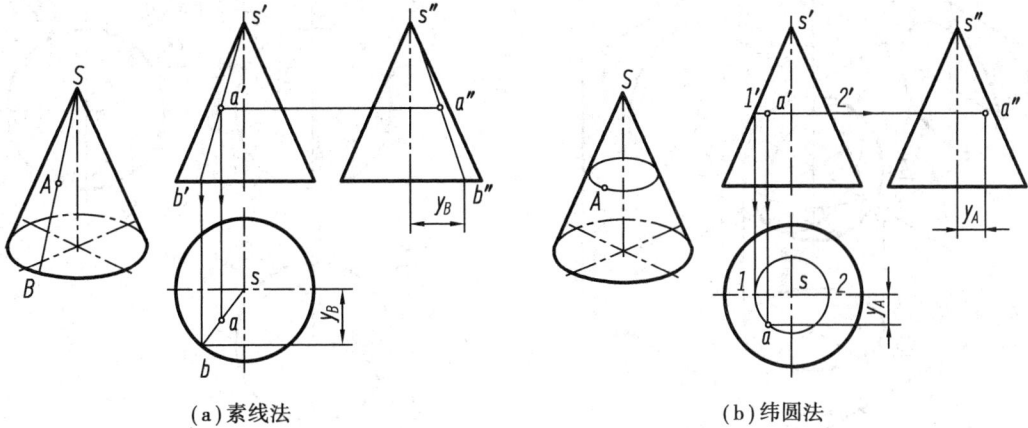

(a)素线法   (b)纬圆法

图 3.10 圆锥面取点

3.2.3 圆球

圆球由球面围成。如图 3.11 所示,球面可看成圆绕其任意直径回转而形成。

(1)圆球的投影

如图 3.12(a)所示,圆球的三面投影均为直径相等的圆,三个圆是圆球面三个方向最大轮廓圆的投影。

正面投影是圆球面上平行于 V 面的最大轮廓圆 A 的投影,它将圆球面分为前后两半,前半球面的正面投影可见,后半球面的正面投影不可见。正面投影反映实形,另外两个投影与相应投影的中心线重合。

水平投影是圆球面上平行于 H 面的最大轮廓圆 B 的投影,它将圆球面分为上下两半,上半球面的水平投影可见,下半球面的水平投影不可见,水平投影反映实形,另外两个投影与相应投影的中心线重合。

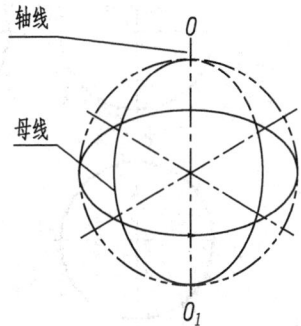

图 3.11 球面的形成

同理,侧面投影是圆球面上平行于 W 面的最大轮廓圆 C 的投影,它将圆球面分为左右两半球,左半球面的侧面投影可见,右半球面的侧面投影不可见,侧面投影反映实形,另外两个投影与相应投影的中心线重合。

作图时,先画出确定球心位置的对称中心线的三面投影,再以球心为圆心画出三个与圆球直径相等的圆,如图 3.12(b)所示。

(2)圆球面上取点

圆球的三面投影均无积聚性,在圆球表面取点利用辅助纬圆,辅助圆可选用正平圆、水平圆或侧平圆。

【例 3.5】 如图 3.13(a)所示,已知球面上 M 点的正面投影,求作水平投影和侧面投影。

分析:由 M 点的正面投影 m' 的位置及可见性可知,M 点位于右、前、上圆球表面上,在圆球表面过 M 点作正平圆、水平圆或侧平圆。由于所作的纬圆与投影面平行,便可在作出纬圆

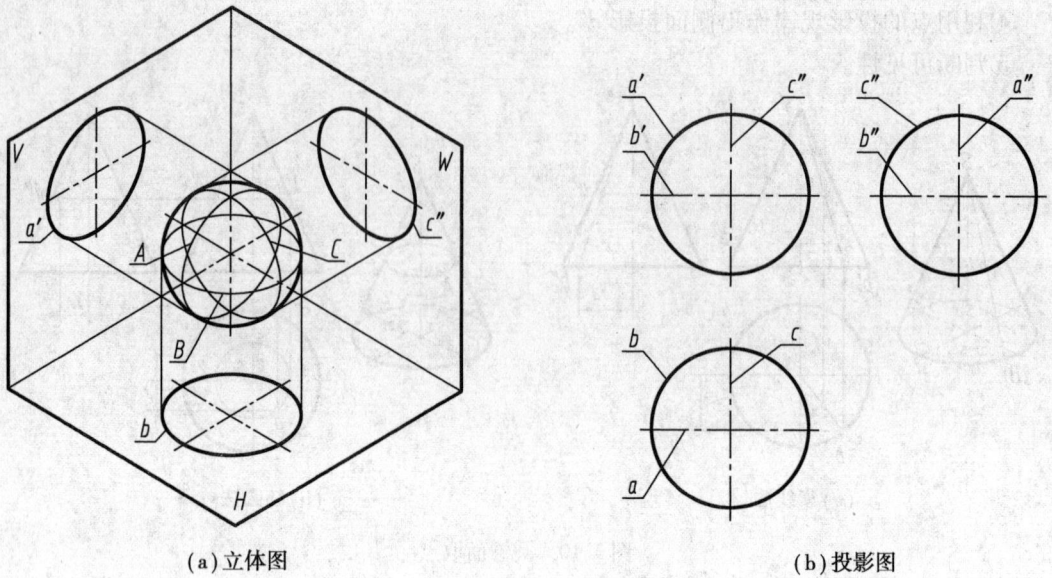

（a）立体图   （b）投影图

图 3.12　圆球的投影

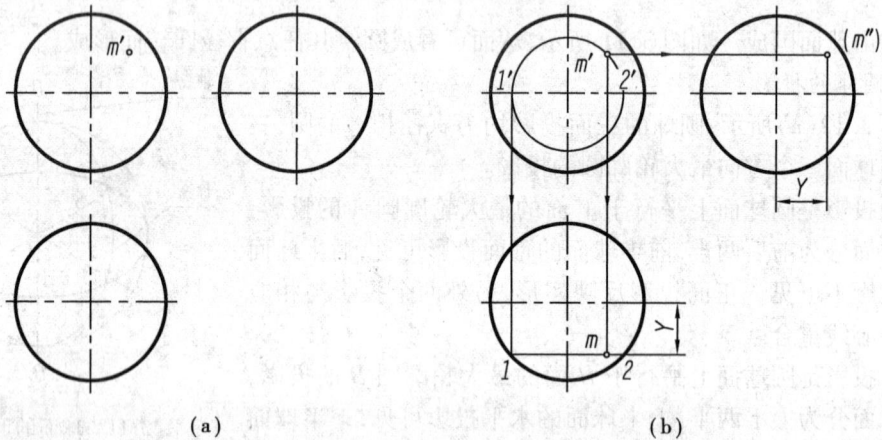

（a）　　　　　　　　　　　　　　　　（b）

图 3.13　球面上的点的投影

三面投影基础上，根据投影规律求出 M 点的其余两面投影。

作图：本题以正平圆为例，作图过程如图 3.13（b）所示。

①过 m' 作球面上正平圆的正面投影，根据正面投影圆的直径，作出圆的水平投影。

②由 m' 引铅垂投影连线，交辅助圆的水平投影于 m，M 点在上半圆球上，正面投影可见。

③按点的投影规律求出侧面投影 m''，M 点在球面的右半部分，侧面投影不可见。

过 M 点在圆球表面上作辅助水平圆和侧平圆的具体作法，请读者自行分析。

3.3　平面与立体相交

平面与立体表面的交线，称为截交线，该平面称为截平面。由截交线围成的平面图形，称为截断面。研究平面与立体相交，主要内容就是求截交线的投影。

如图 3.14 所示,截交线是截平面与立体表面的共有线,截交线上的点是截平面与立体表面的共有点。当立体为平面立体时,截交线是一个平面多边形;当立体表面为回转面时,截交线的形状取决于回转面的形状和截平面与回转面轴线的相对位置。

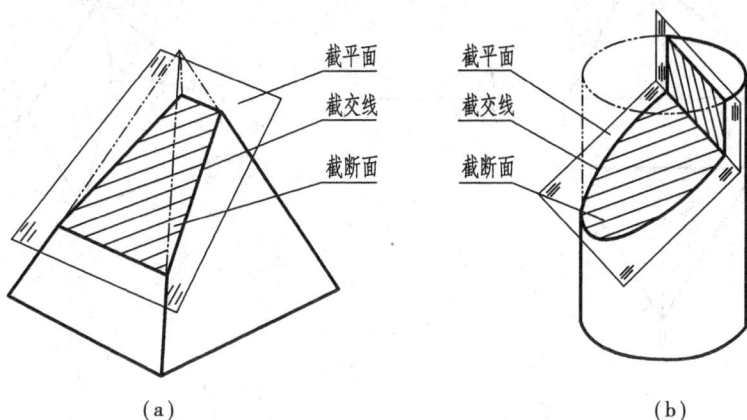

图 3.14 截平面与截交线

3.3.1 平面与平面立体相交

平面与平面立体相交的截交线是由直线段组成的封闭多边形,多边形的顶点是截平面与立体棱线(或底边)的交点,多边形的各边是截平面与立体棱面或底面的交线。因此,求平面立体的截交线可以归结为求两平面的交线和求棱线与截平面的交点的问题。

下面主要以特殊位置截平面为例来说明平面立体截交线的求解方法和步骤。

【例 3.6】 如图 3.15(a)所示,补全三棱锥被平面 P 截切后的投影。

分析:由图 3.15(a)知,正垂面 P 与三棱锥的侧面 SAB、SBC 和 SAC 分别相交于直线段 Ⅰ Ⅱ、Ⅱ Ⅲ 和 Ⅰ Ⅲ。另外,Ⅰ、Ⅱ、Ⅲ 点分别位于棱线 SA、SB 和 SC 上,可根据直线上点的投影特性求出其三面投影。

作图:具体作法如图 3.15(b)所示。

①直接求出 P 平面与三棱锥棱线交点的正面投影 $1'$、$2'$、$3'$。

②根据直线上点的投影规律,分别求出各点的水平投影 1、2、3 和侧面投影 $1''$、$2''$、$3''$。

③顺次连接各点的同面投影,判断可见性,即得截交线的投影。

④整理棱线,完成作图,如图 3.15(c)所示。

【例 3.7】 如图 3.16(a)所示,五棱柱被一正垂面 P 切割,求截交线及五棱柱被切割后的三面投影。

分析:由图 3.16(a)可知,截平面 P 与五棱柱的四个棱面和上底面相交,截交线为五边形。五边形的顶点 A、B、C、D、E 分别是两条底边、三条棱线与截平面 P 的交点。由于截平面 P 是正垂面,它的正面投影积聚为一条直线,截交线的正面投影积聚为直线段,可直接求出;然后根据 A、B、C、D、E 属于五棱柱的底边和棱线,求出侧面投影和水平投影;最后顺次连接各点,即可求得截交线。

作图:具体作法如图 3.16(b)所示。

①直接作出正面投影 a'、b'、c'、d'、e' 和水平投影 a、b、c、d、e。

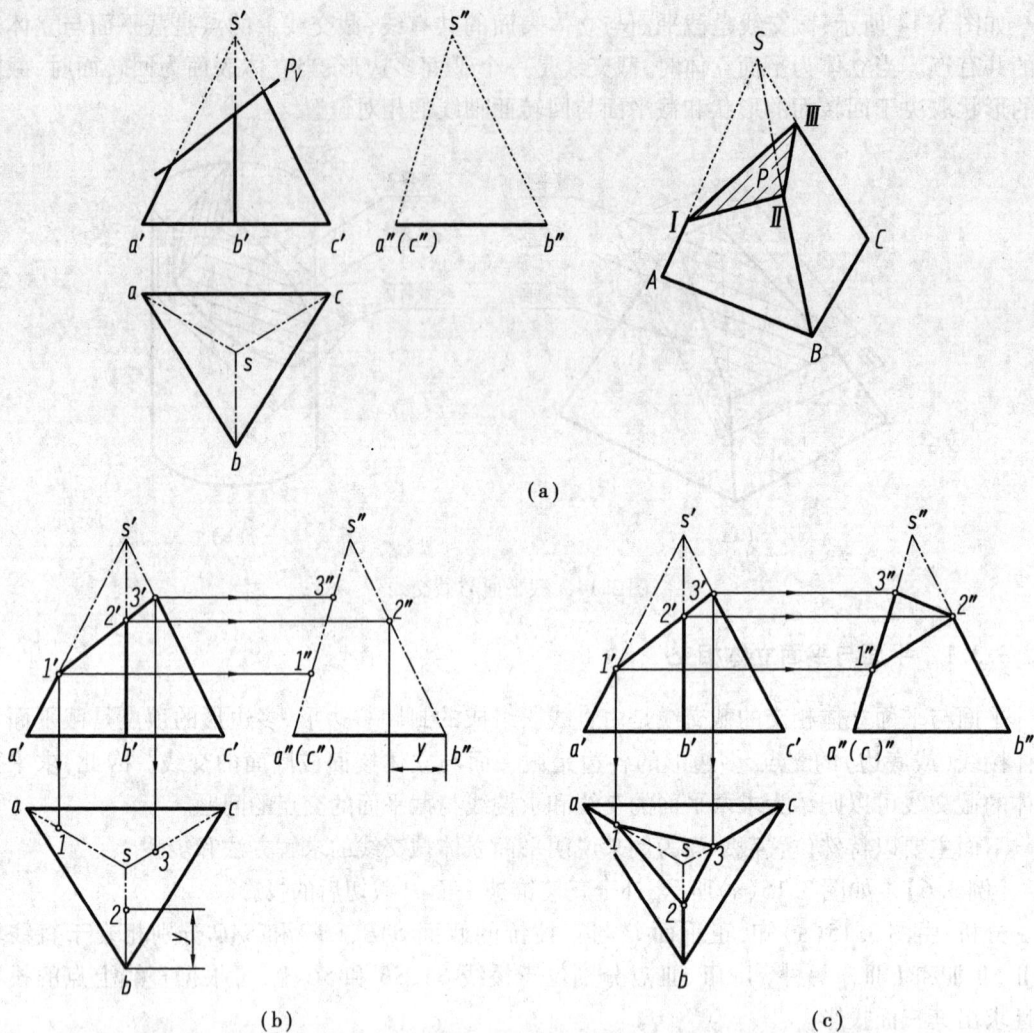

图 3.15　求棱锥的截交线

②根据直线上点的投影规律,求出各点的侧面投影 a''、b''、c''、d''、e''。

③依次连接五个交点的同面投影,并判断可见性。

④整理棱线,完成作图,如图 3.16(c)所示。

3.3.2　平面与回转体相交

平面与回转体表面相交,其截交线是由曲线,或曲线与直线段,或直线段所组成的封闭平面图形。求作平面与回转体的截交线基本方法:求出截平面与回转体表面上若干个共有点,如确定截交线形状和范围的特殊点(最大范围点、可见与不可见的分界点等),以及间距较大特殊点的中间点,然后依次连接各点,并判断可见性,最后整理轮廓线。

(1)平面与圆柱相交

根据截平面与圆柱轴线相对位置不同,平面截切圆柱后截交线分别是矩形、圆、椭圆,见表 3.1。

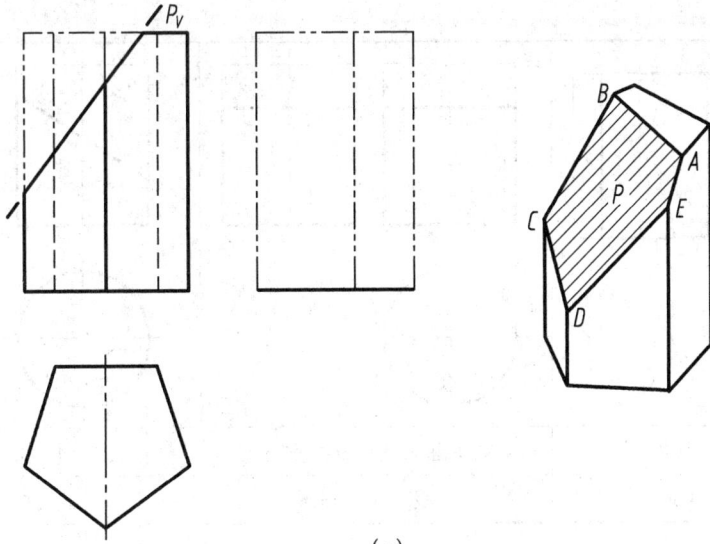

(a)

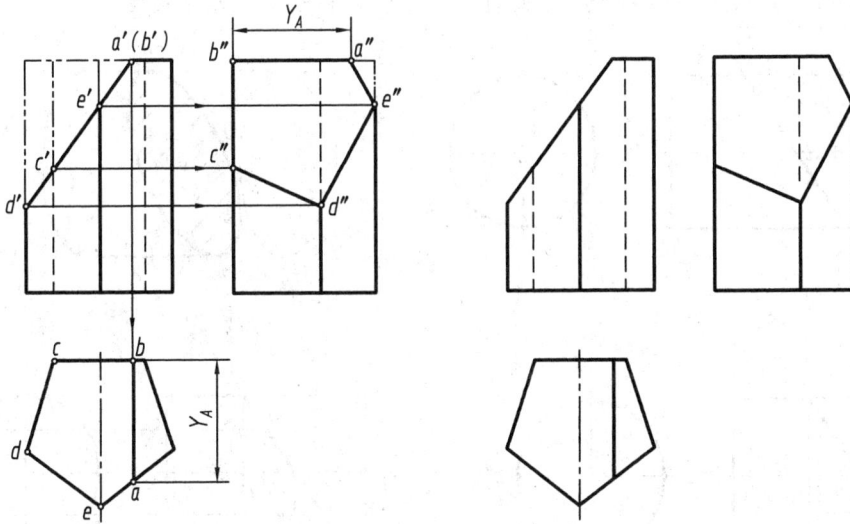

(b)　　　　　　　　　　　　(c)

图 3.16　求棱柱的截交线

表 3.1　平面与圆柱面相交

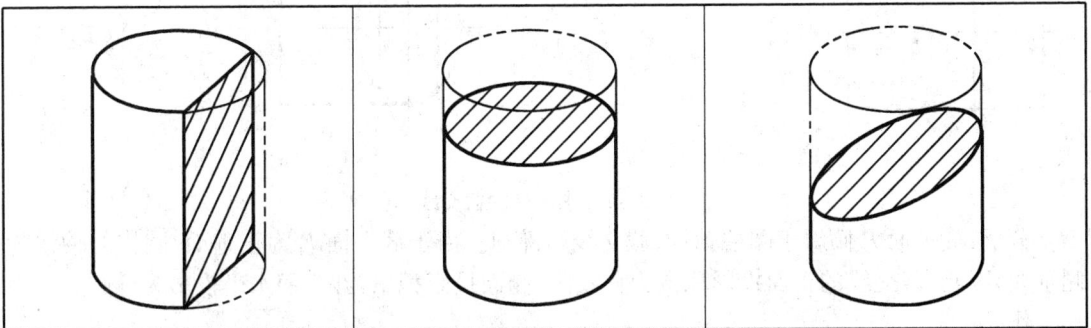

续表

截平面与圆柱轴线平行	截平面与圆柱轴线垂直	截平面与圆柱轴线倾斜
截交线为矩形	截交线为圆	截交线为椭圆

【例3.8】 如图3.17(a)所示,求圆柱被正垂面 P 截切后的水平投影。

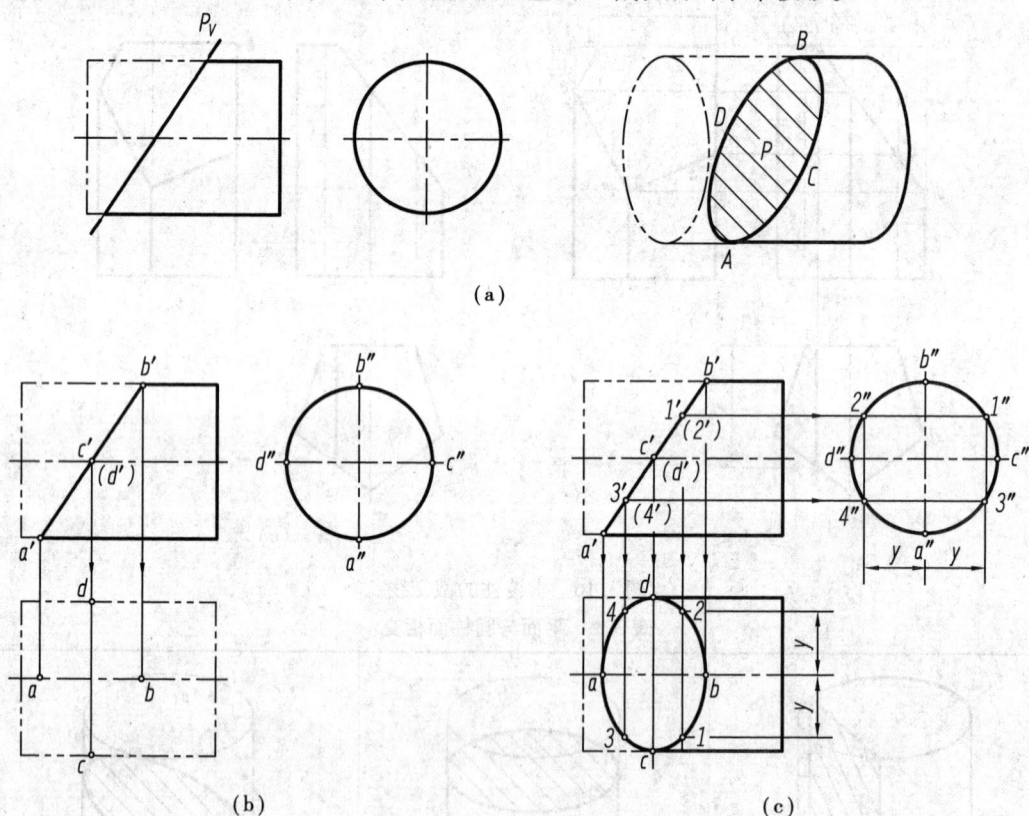

(a)

(b)　　　　　　　(c)

图3.17　求圆柱的截交线

分析:截平面 P 倾斜于圆柱轴线,截交线为椭圆。由于截平面 P 为正垂面,圆柱的轴线为侧垂线,因此,截交线的正面投影积聚为直线段,侧面投影积聚为圆,而水平投影为椭圆。

作图:

①作特殊点。A、B 和 C、D 是截交线上的最低(高)点和最前(后)点,也是截交线水平投

影椭圆的长轴、短轴端点。它们的正面投影 a'、b'、c'、d' 和侧面投影 a''、b''、c''、d'' 可直接作出,再根据投影规律作出水平投影 a、b、c、d,如图 3.17(b)所示。

②作中间点。为准确作图,在特殊点之间作出适当数量的中间点 Ⅰ、Ⅱ、Ⅲ、Ⅳ 的投影,如图 3.17(c)所示。

③连线并判断可见性,整理轮廓线,完成作图。

【例 3.9】　求作图 3.18(a)所示带切口圆柱的侧面投影。

分析:圆柱切口由两个侧平面和一个水平面截切圆柱中间部分而成。其中两个截平面截切圆柱后截交线的侧面投影为矩形,截交线的水平投影是两条平行直线;水平面截切圆柱后截交线的水平投影为圆弧,截交线的侧面投影是直线段。

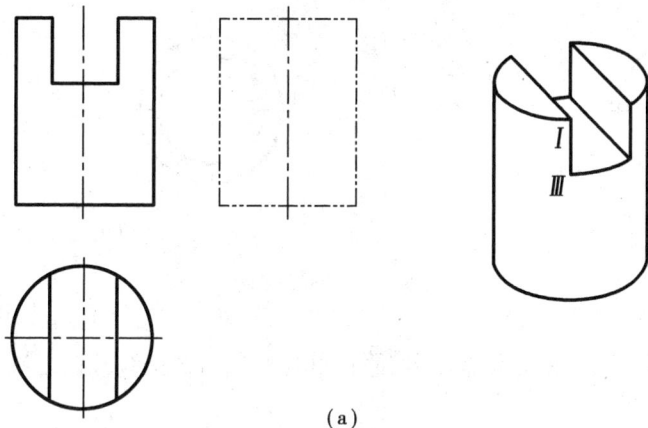

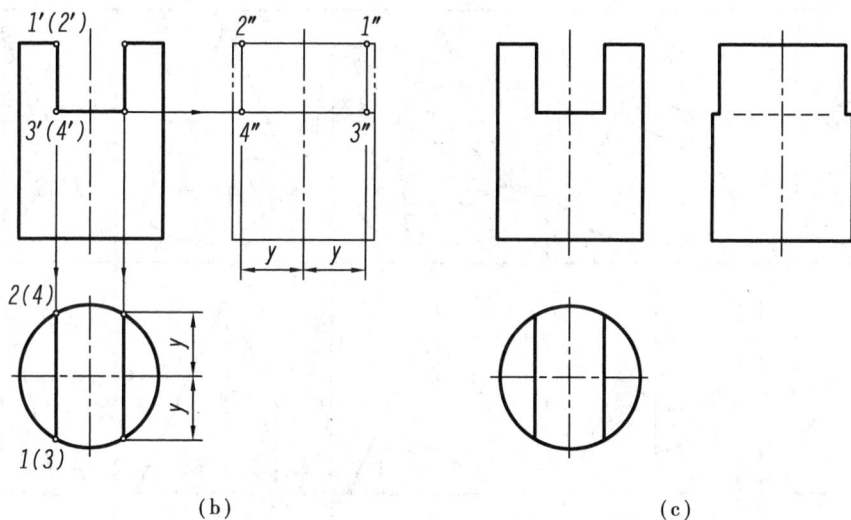

图 3.18　求带切口圆柱的侧面投影

作图:

①圆柱切口的两个侧平面对称于圆柱的轴线,故两截交线的侧面投影重合。由它们的正面投影 $1'$、$2'$、$3'$、$4'$ 和水平投影 1、2、3、4 求得侧面投影 $1''$、$2''$、$3''$、$4''$,如图 3.18(b)所示。

②水平面截切圆柱的前后两条圆弧的侧面投影分别积聚为 $3''$ 之前和 $4''$ 之后的两条直线段,$3''4''$ 为两截切平面交线的侧面投影。

③整理轮廓线。从正面投影可知,圆柱最前素线和最后素线被切掉,所以在侧面投影中,圆柱体的转向轮廓线由截交线 1″3″、2″4″代替,如图 3.18(c)所示。

图 3.19 为空心圆柱被截切的情况,截平面与圆柱内外表面都有交线,作图时注意判断。

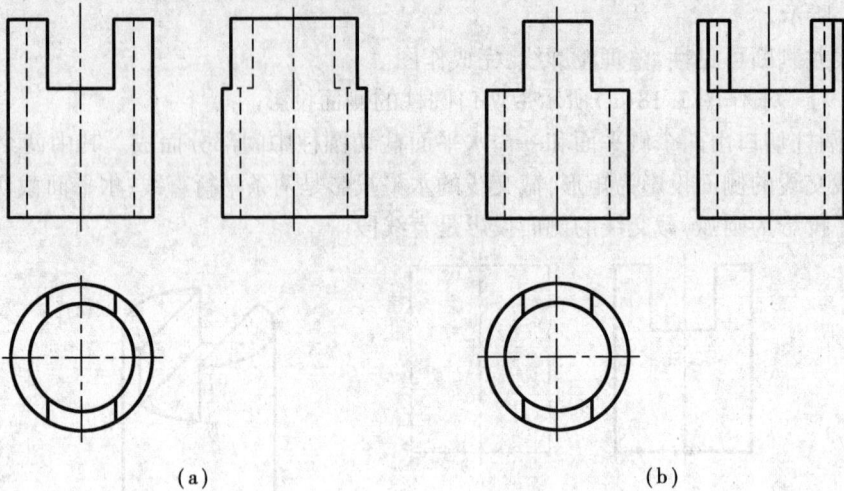

(a)　　　　　　　　　　　(b)

图 3.19　空心圆柱被截切

(2)平面与圆锥相交

根据截平面与圆锥轴线相对位置不同,平面截切圆锥后截交线分别是圆、椭圆、抛物线、双曲线、三角形,见表 3.2。

表 3.2　平面与圆锥面的交线

$\theta = 90°$	$\theta > \alpha$	$\theta = \alpha$	$\theta = 0°, \theta < \alpha$	P 面过锥顶
截交线为圆	截交线为椭圆	截交线为抛物线	截交线为双曲线	截交线为三角形

【例 3.10】　如图 3.20(a)所示,求圆锥被正垂面截切后的投影。

分析:截平面与圆锥轴线的倾角大于母线与轴线的倾角,截交线为椭圆。截交线的正面投影为直线,水平投影和侧面投影的特殊点根据点、线的从属关系直接求出,其余各点用辅助圆法求出。

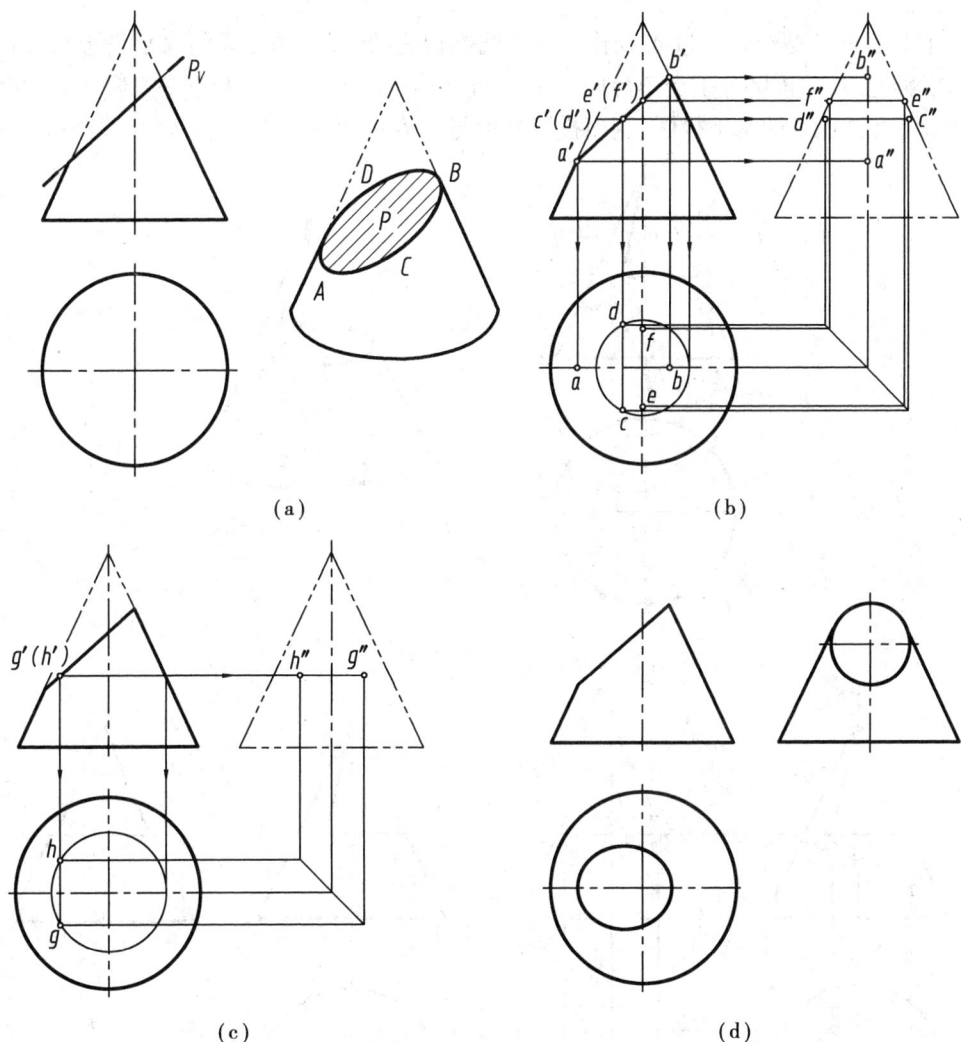

(a)

(b)

(c)

(d)

图 3.20　圆锥被正垂面截切

作图:

①求特殊点。椭圆长轴端点 A、B 是截交线上的最低、最高点,正面投影 a'、b' 可直接确定,水平投影 a、b 和侧面投影 a''、b'' 根据圆锥最左、最右轮廓线的投影来确定。椭圆短轴端点 C、D 是截交线上的最前、最后点,正面投影 c'、d' 重影在 $a'b'$ 的中点,利用纬圆法可求出水平投影 c、

d 和侧面投影 c''、d''。截交线上位于圆锥面最前、最后轮廓素线的点 E、F 也必须求出，正面投影 e'、f' 重影为一点，侧面投影 e''、f'' 位于圆锥面最前、最后轮廓线侧面投影上，水平投影 e、f 根据点的投影规律求出，如图 3.20(b) 所示。

②求中间点。用纬圆法作若干中间点，如 G、H，如图 3.20(c) 所示。

③依次连接各点的同面投影，并判断可见性，整理轮廓线，完成作图，如图 3.20(d) 所示。

【例 3.11】 补全图 3.21(a) 所示的圆锥被截切后的水平投影，并画出它的侧面投影。

分析: 圆锥被正垂面 Q 和水平面 P 截切，截平面 Q 通过锥顶，截交线为三角形；截平面 P 垂直于圆锥轴线，截交线是圆弧；截平面 Q 和 P 的交线是一条正垂线。

作图:

①作平面 Q 的截交线。过 A、B 作垂直于圆锥轴线的纬圆，作出它的水平投影圆；由 a'、b' 作铅垂投影连线，与该圆分别交前后两点 a、b，再根据正面投影 a'、b' 和水平投影 a、b 求得侧面投影 a''、b''；将锥顶 S 的水平投影、侧面投影分别与 A、B 的同面投影相连，如图 3.21(b) 所示。

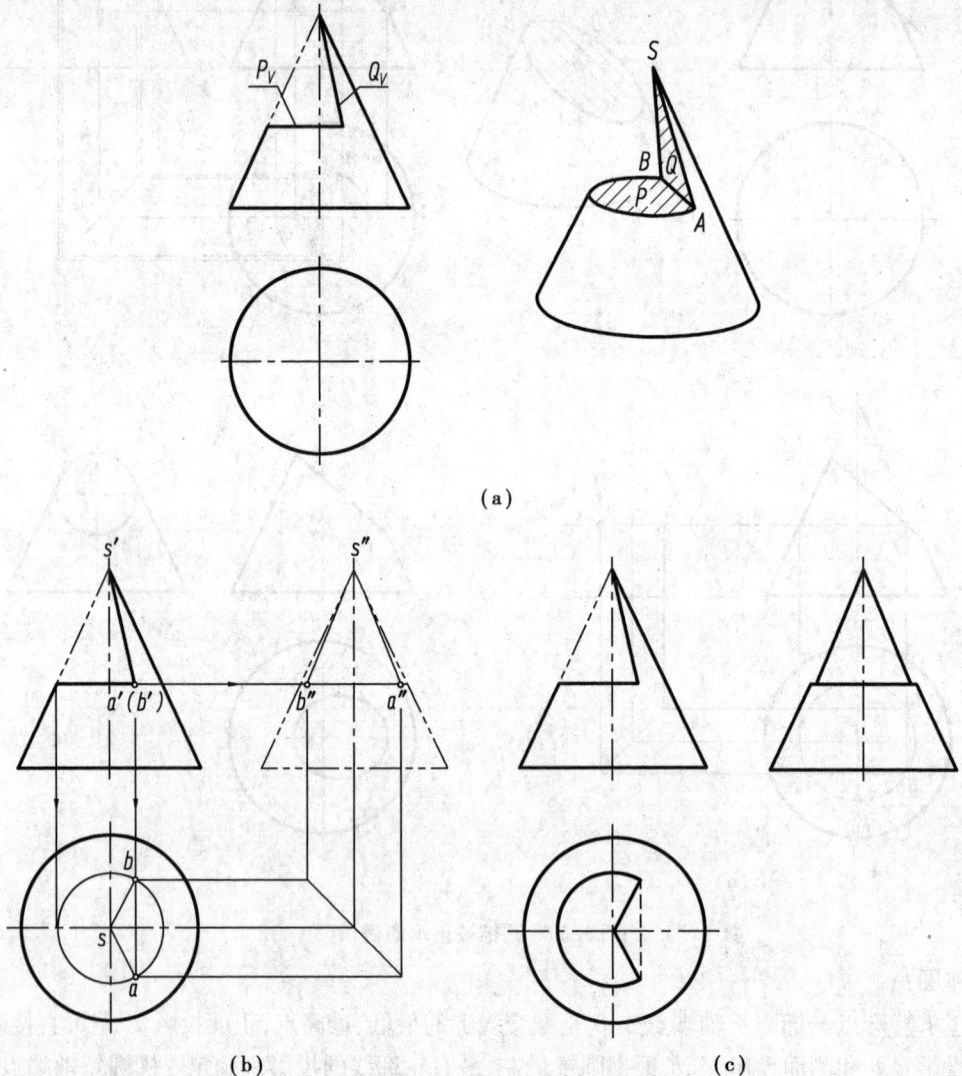

(a)

(b)

(c)

图 3.21　补全圆锥被平面截切后的投影

②作平面 P 的截交线。平面 P 的截交线位于过 A、B 作垂直于圆锥轴线的纬圆上,水平投影是该圆上 a、b 两点间左部分圆弧,侧面投影积聚为直线段。

③补画两截平面交线的投影,并判断可见性,整理轮廓线,完成作图,如图 3.21(c)所示。

(3)平面与圆球相交

平面与圆球相交,其截交线是圆。当截平面平行于投影面时,截交线在该投影面上的投影反映实形;当截平面垂直于投影面时,截交线在该投影面上的投影积聚为直线,直线的长度等于截交线圆的直径;当截平面倾斜于投影面时,截交线在该投影面上的投影为椭圆,见表 3.3。

表 3.3 平面与圆球面的交线

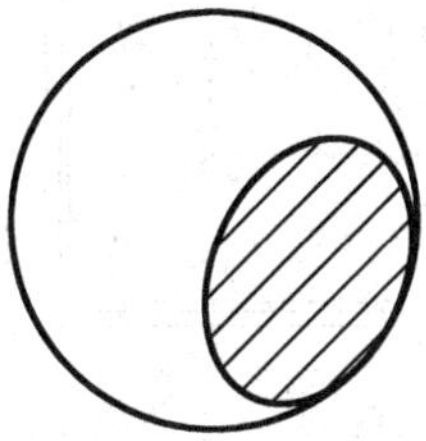

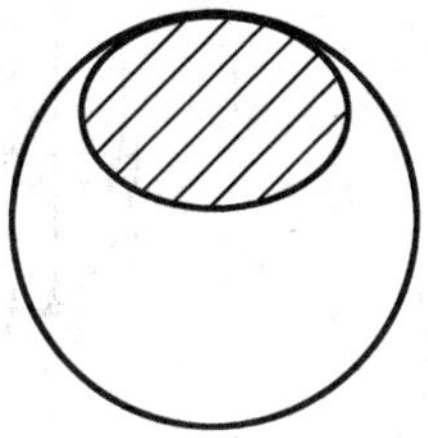

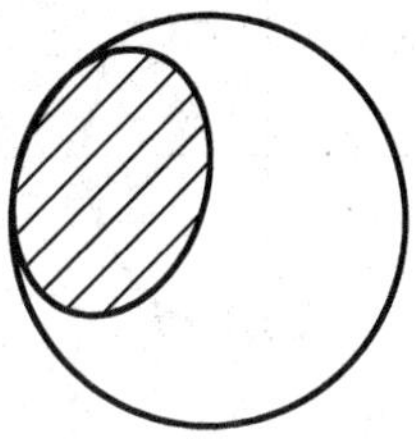

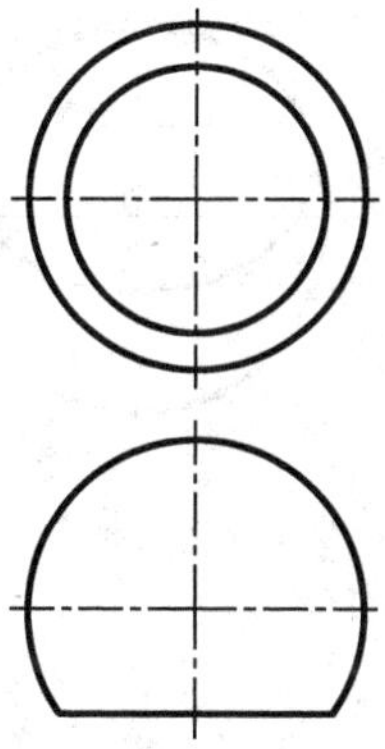

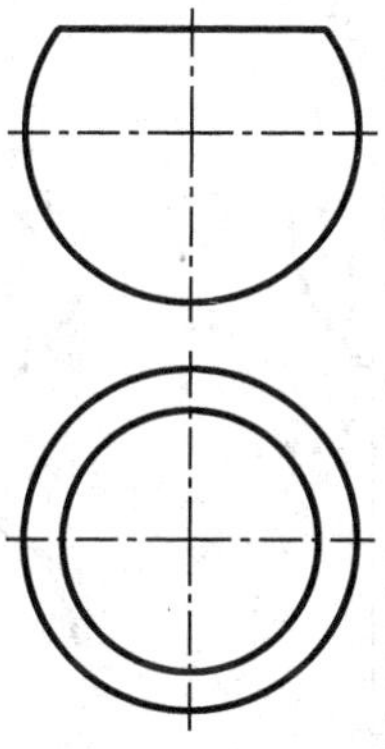

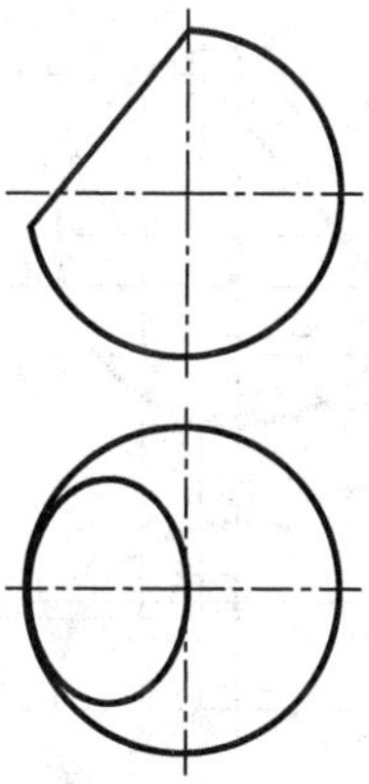

截平面为正平面	截平面为水平面	截平面为正垂面
正面投影为截交线圆的实形	水平投影为截交线圆的实形	截交线圆的水平投影为椭圆

【例 3.12】 如图 3.22(a)所示,求圆球被正垂面截切后的投影。

分析:圆球被正垂面截去左上角,截交线是一个正垂圆,其正面投影积聚为直线段,水平投影和侧面投影为椭圆。

作图:

①作特殊点。如图 3.22(b)所示,A、B 和 C、D 是截交线上的最左(低)、最右(高)点和最前、最后点,也是截交线水平和侧面投影椭圆的长轴、短轴端点。A、B 点的三面投影可直接求出,C、D 点的水平投影和侧面投影用纬圆法求得;此外 E、F、G、H 是圆球最大水平圆和最大侧平圆上的点,三面投影根据投影关系直接求出。

②作中间点。用纬圆法在以上特殊点之间求作若干中间点,如点 Ⅰ、Ⅱ、Ⅲ、Ⅳ,如图 3.22(c)所示。

③依次连接各点的水平投影和侧面投影,并判断可见性、整理轮廓线,完成作图,作图结果如图3.22(d)所示。

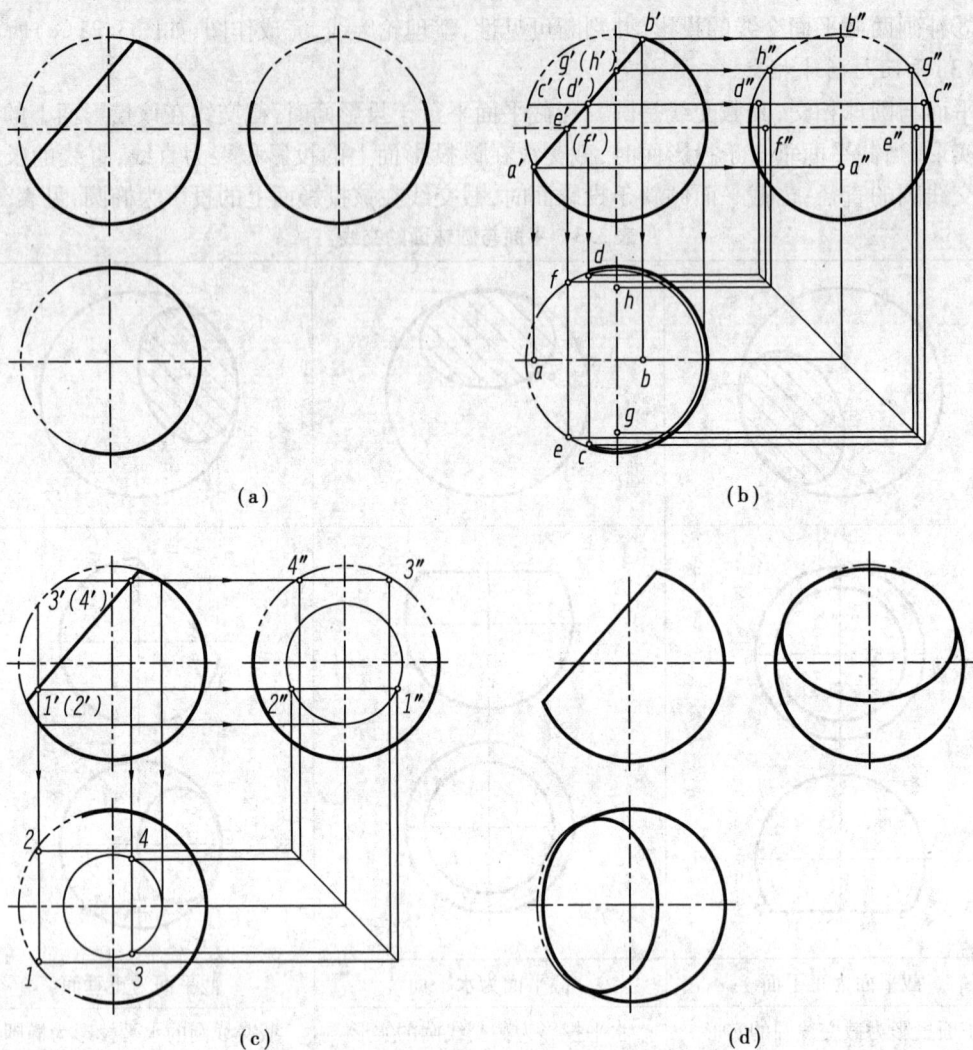

图3.22　圆球被正垂面截切

【例3.13】 求图3.23(a)所示的半圆球被切槽后的投影。

分析: 该立体是在半球上部被两个侧平面 R、Q 和一个水平面 P 截切。平面 R、Q 对称分布于半圆球左右两侧,截交线的侧面投影重合为一反映实形的圆弧,水平投影积聚为两条平行直线;平面 P 截切后的截交线为一水平圆弧,水平投影反映实形,侧面投影积聚为直线。

作图:

①延长 P_V 交半圆球最大正平圆的正面投影于 $1'$,求出水平投影 1,过 1 作截平面 P 与半圆球截交线的水平投影圆,过 $b'(c')$ 作投影连线,交圆于 b、c,如图3.23(b)所示。

②求出 a'',作截平面 R、Q 与半圆球截交线的侧面投影 $b''a''c''$ 圆弧。

③判断可见性,并整理轮廓线,完成作图,作图结果如图3.23(c)所示。

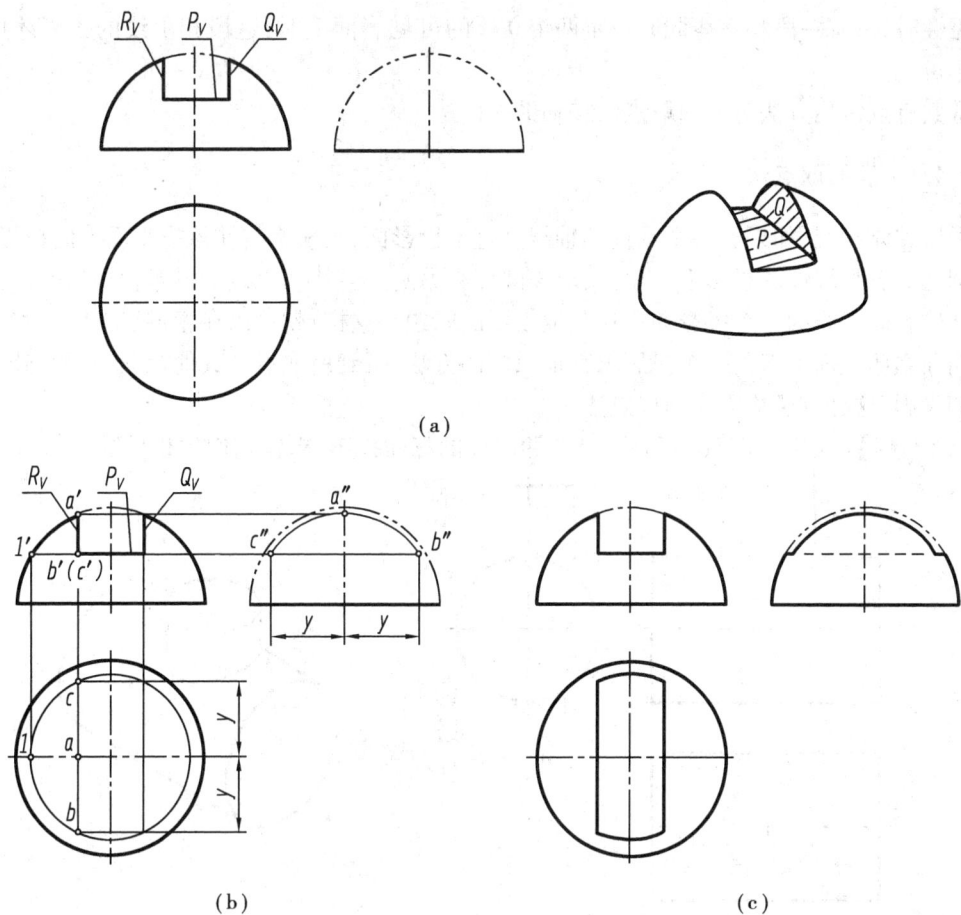

图 3.23　半球被平面截切

3.4　两回转体表面相交

两立体相交称为相贯,相贯时表面形成的交线称为相贯线,如图 3.24 所示。

相贯线的形状和数量与相贯两立体的形状、大小和相对位置有关。一般情况下,两回转体的相贯线是闭合的空间曲线,在特殊情况下,可能不闭合,也可能是平面曲线或直线。

两回转体的相贯线是两立体表面的共有线,相贯线上的点是两立体表面的共有点。因此,求相贯线的实质是求两立体表面的一系列共有点,判断可见性后依次光滑连接。

在求相贯线上的点应在可能和方便的情况下,先作出相贯

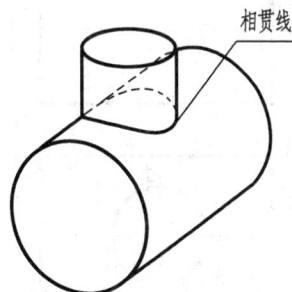

图 3.24　相贯线

线上的一些特殊点,即能够确定相贯线的形状和范围的点,如立体投影的转向轮廓线上的点、对称的相贯线在其对称平面上的点,以及最高、最低、最左、最右、最前、最后点等,然后按需要再求相贯线上的一些一般点,从而较准确地画出相贯线的投影,并判断可见性。在判断相贯线

的可见性时,只有一段相贯线同时位于两个立体的可见表面上时,这段相贯线的投影才可见,否则不可见。

求共有点常用方法有表面取点法和辅助平面法。

3.4.1 表面取点法

两回转体相交,如果有一个圆柱的轴线垂直于投影面,则相贯线在该投影面上的投影就积聚在圆柱面有积聚性的投影上。于是,求该圆柱和另一回转体相贯线的投影,可以看成已知另一回转体表面上线的一个投影而求作其他投影的问题。这样,就可以在相贯线上取一些点,按已知曲面立体表面上点的一个投影求其他投影的方法,得到所取点的其他投影,并相连即得相贯线的投影,这种方法称为表面取点法。

【例3.14】 如图3.25(a)所示,已知两圆柱的三面投影,求作它们的相贯线。

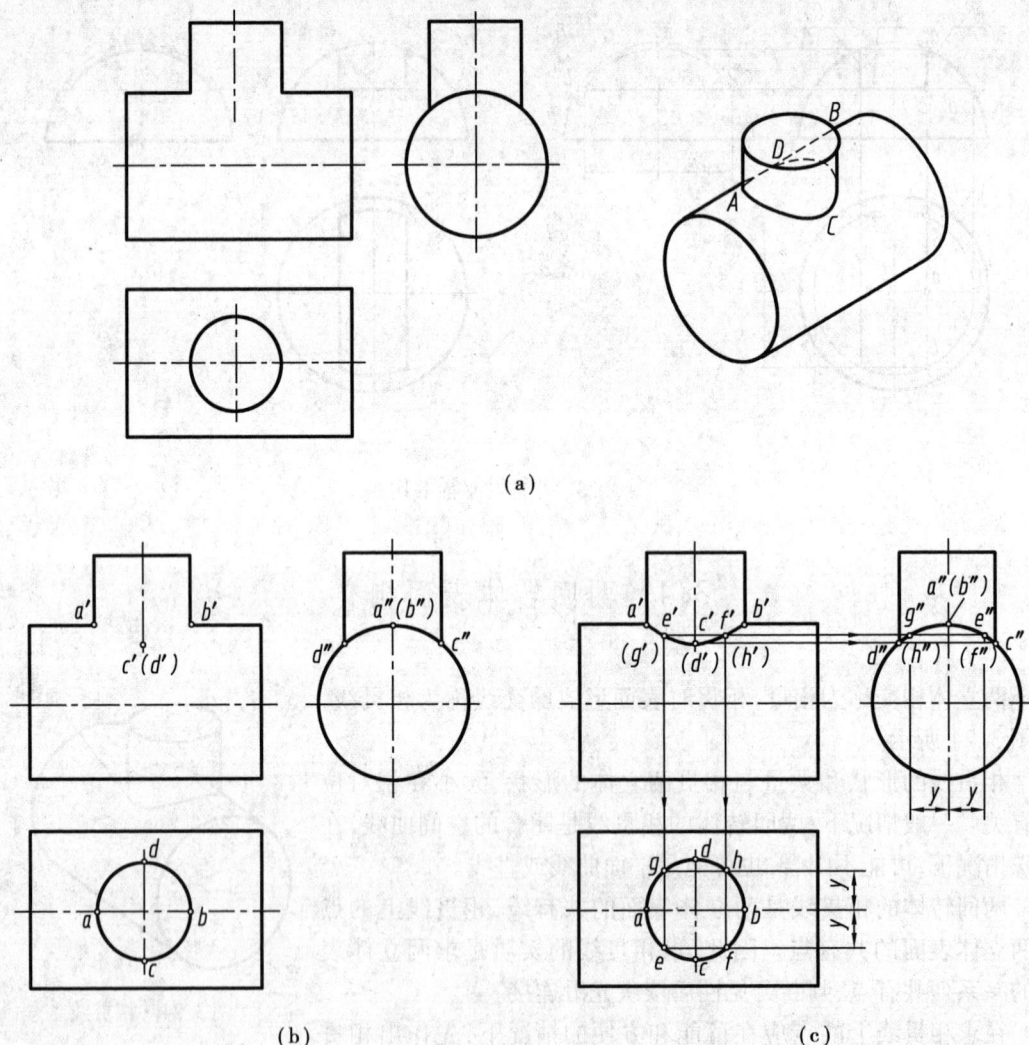

(a)

(b)   (c)

图3.25 补全两圆柱相贯线的投影

分析:从已知条件可知,两圆柱的轴线垂直相交,有共同的前后对称面和左右对称面,小圆柱全部贯穿大圆柱。因此,相贯线是一条封闭的空间曲线,并且前后、左右对称。

由于小圆柱面的水平投影积聚为圆,相贯线的水平投影便重合在该圆上;同理,大圆柱面的侧面投影积聚为圆,相贯线的侧面投影也是重合在该圆上,并且在小圆柱穿进处的一段圆弧上,且左半和右半相贯线的侧面投影互相重合。于是,问题就可归结为已知相贯线的水平投影和侧面投影,求作它的正面投影。

作图:

①求特殊点。先在相贯线的水平投影上定出最左、最右、最前、最后点 A、B、C、D 的投影 a、b、c、d,再在相贯线的侧面投影上作出 a''、b''、c''、d'',由点的投影规律即可作出正面投影 a'、b'、c'、d',如图 3.25(b)所示。

②求一般点。在相贯线水平投影的适当位置定出左右、前后对称的四个点 E、F、G、H 的投影 e、f、g、h,根据"宽相等"作出其侧面投影 e''、f''、g''、h'',便可作出它们的正面投影 e'、f'、g'、h',如图 3.25(c)所示。

③连线并判断可见性,整理轮廓线。

(1)两圆柱相交的三种形式

相贯的立体可能是外表面,也可能是内表面。图 3.26 所示为轴线垂直相交的内、外圆柱相贯的三种形式,即两外表面相交、外表面与内表面相交和两内表面相交。

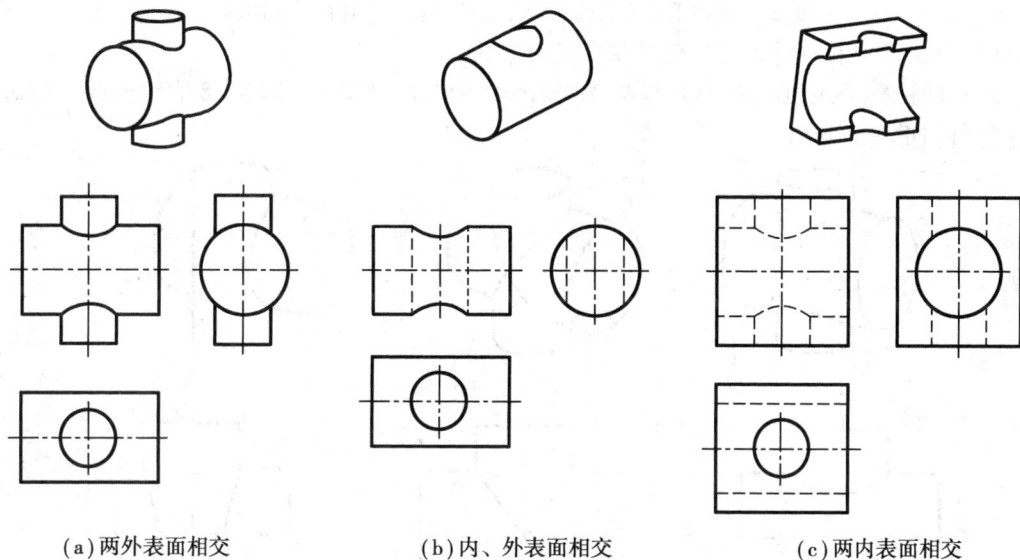

(a)两外表面相交　　　　　　　(b)内、外表面相交　　　　　　　(c)两内表面相交

图 3.26　两圆柱面相交的三种形式

上述三种情况所示的相贯线,具有相同的形状和作图方法,不同的是在判断可见性时,要加以区别。

(2)相交两圆柱直径变化对相贯线的影响

两圆柱相交时,相贯线的形状与两圆柱直径的大小有关,图 3.27 表示两圆柱直径大小变化对相贯线的影响。当轴线相交的两圆柱直径相等,即公切于一个球面时,相贯线是椭圆,且椭圆所在的平面垂直于两条轴线所决定的平面。若两轴线所确定的平面平行于某一投影面时,则相贯线在该投影面上积聚为直线段。

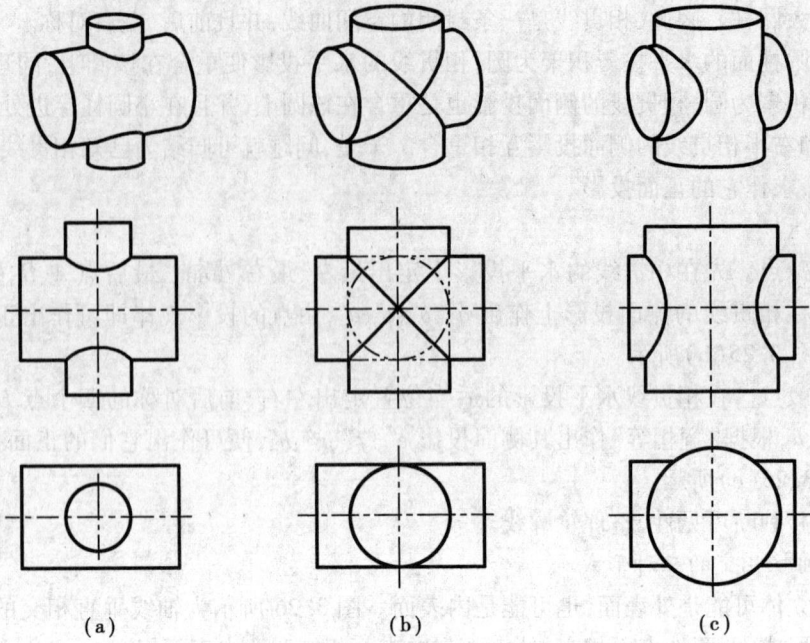

图 3.27　轴线垂直相交的两圆柱直径相对变化对相贯线的影响

（3）相交两圆柱相对位置变化对相贯线的影响

两圆柱相交时，相贯线的形状与两圆柱轴线的相对位置有关。图 3.28 表示两圆柱相对位置变化对相贯线的影响。

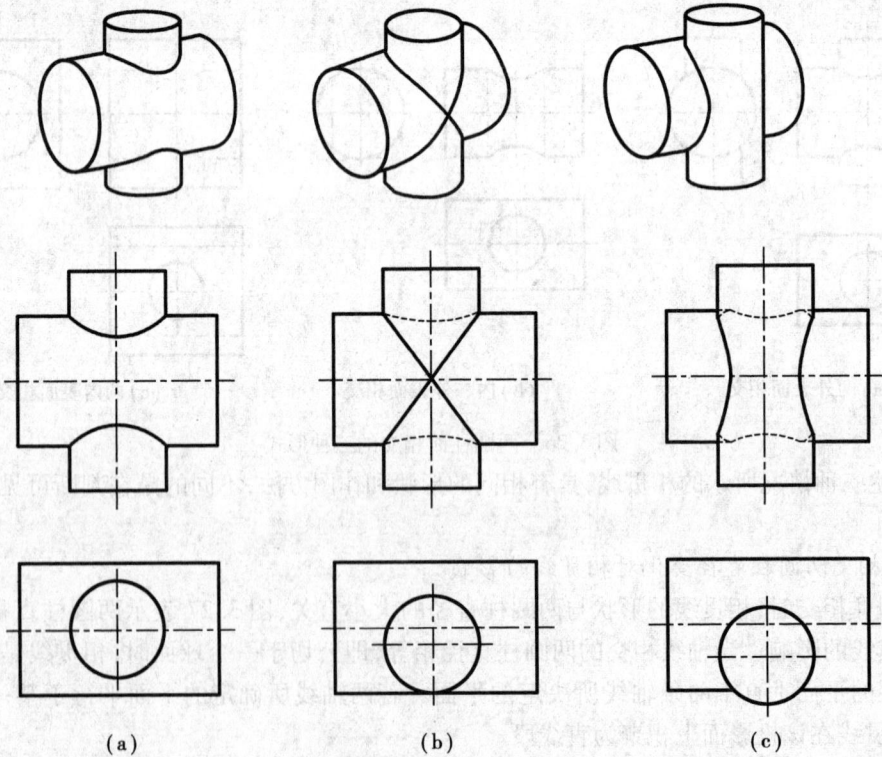

图 3.28　圆柱相对位置变化对相贯线的影响

3.4.2 辅助平面法

如果两回转体表面都无积聚性,作两立体相贯线的方法是辅助平面法。其原理是选用一辅助平面,同时截切两回转体得两条截交线,两条截交线的交点,即为相贯线上的点。

辅助平面的选取应以作图简便、准确为原则。如图 3.29 所示,求作两圆柱的相贯线,可以作平行于两圆柱轴线的辅助平面 P,分别与两圆柱面交得一对直线,它们的交点就是相贯线上的点;也可作平行于其中一个圆柱轴线和垂直于另一个圆柱轴线的辅助平面 Q,与这两个圆柱面分别交得一对直线和一个水平圆,它们的交点同样也是相贯线上的点。采用相互平行的若干辅助平面,就可得到相贯线上的一系列点,连接各点即为相贯线。

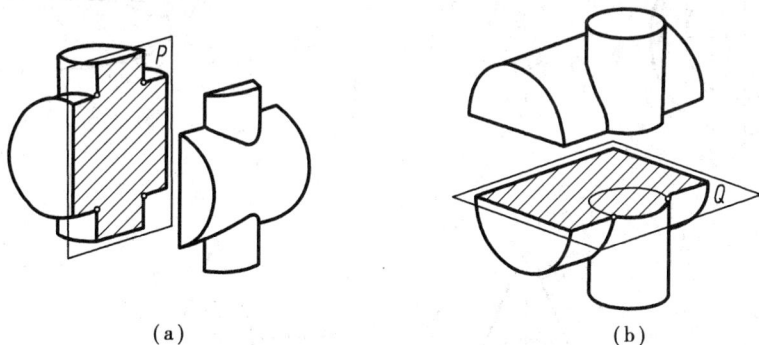

(a)   (b)

图 3.29 辅助平面法求相贯线示例

【例 3.15】 如图 3.30(a)所示,求圆柱与圆锥的相贯线。

分析:圆柱与圆锥的轴线垂直相交,相贯线为一条前后对称、封闭的空间曲线。由于圆柱面的侧面投影有积聚性,所以相贯线的侧面投影积聚为一圆,只需求相贯线的正面及水平投影,可用表面取点法,也可用辅助平面法求解。

采用辅助平面法时,为了使辅助平面与圆柱面、圆锥面相交的交线是直线或是平行于投影面的圆,对圆柱面而言,辅助平面应平行或垂直于圆柱的轴线;对圆锥面而言,辅助平面应垂直于圆锥的轴线或过圆锥的锥顶。本例采用一系列垂直于圆锥轴线的辅助平面求解相贯线。

作图:

①作相贯线上的特殊点。因为相贯线的侧面投影有积聚性,所以可直接定出相贯线上的最高、最低、最前和最后点 A、B、C、D 的侧面投影 a″、b″、c″、d″,这四个点既在圆柱面上又在圆锥面上。用过圆柱前后素线且垂直于圆锥轴线的水平面作辅助面,截圆柱面的截交线是前后素线,截圆锥面的截交线是一水平圆,两截交线同在截平面上,其交点即为相贯线上的点,如图 3.30(a)所示。

②作相贯线上的一般点。在相贯线侧面投影的适当位置取四个一般点 E、F、G、H,分别过 E、F 和 G、H 作垂直于圆锥轴线的辅助面,截圆柱面的截交线是平行于圆柱轴线的四条素线,截圆锥面的截交线是平行于水平面的两个圆,在同一截平面上截交线的交点即为相贯线上的点,如图 3.30(b)所示。

③依次光滑地连接各点,并判断可见性。由于两立体轴线相交,前后对称,故相贯线的正面投影重影,用实线画出。水平投影中,圆柱面的上半部分可见,因此点 c、e、a、f、d 可见,连成实线,其余各点不可见,连成虚线。

(a)

(b)

(c)

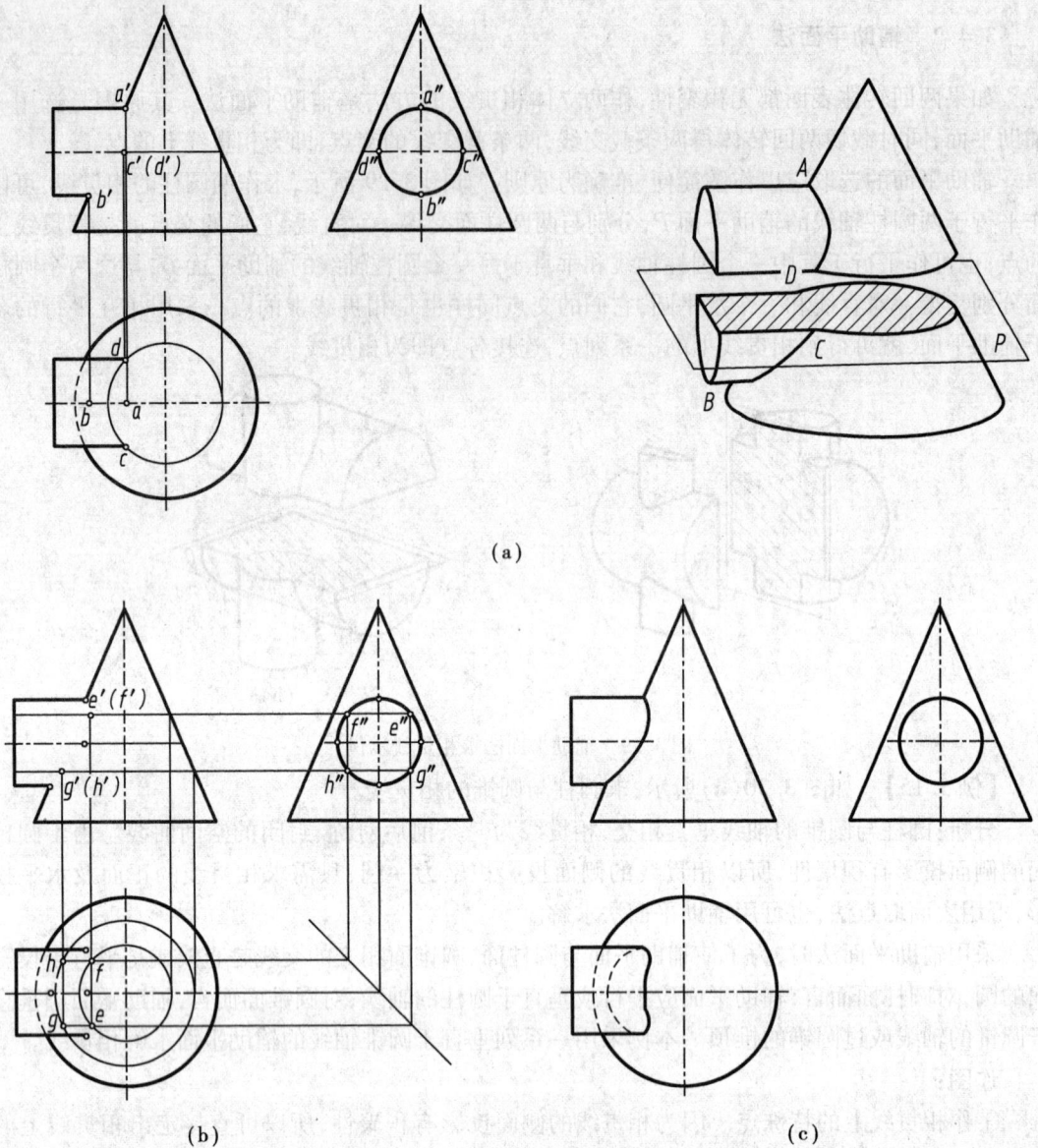

图 3.30　圆柱与圆锥相交

④整理轮廓线,结果如图 3.30(c)所示。

小结:当相贯的两个立体中只有一个立体表面的投影有积聚性或两个立体的表面的投影都有积聚性时,相贯线的投影必在该立体表面积聚性的投影上,可利用积聚性在曲面立体表面上取点的方法作出两立体表面上的共有点;当相贯的两个立体中只有一个立体表面的投影有积聚性或两个立体的表面的投影都没有积聚性时,可利用辅助平面法求这些共有点,即求出辅助面与这两个立体表面的三面共点,就是相贯线上的点。

3.4.3　相贯线的特殊情况

(1)相贯线为平面曲线

两同轴回转体相交,相贯线一定是垂直于轴线的圆,而且当回转体的轴线平行于某投影面

62

时,圆在该投影面上的投影积聚为一直线段(轮廓线交点的连线)。利用这个特性,相贯线的作图变得十分简单,如图 3.31 所示。

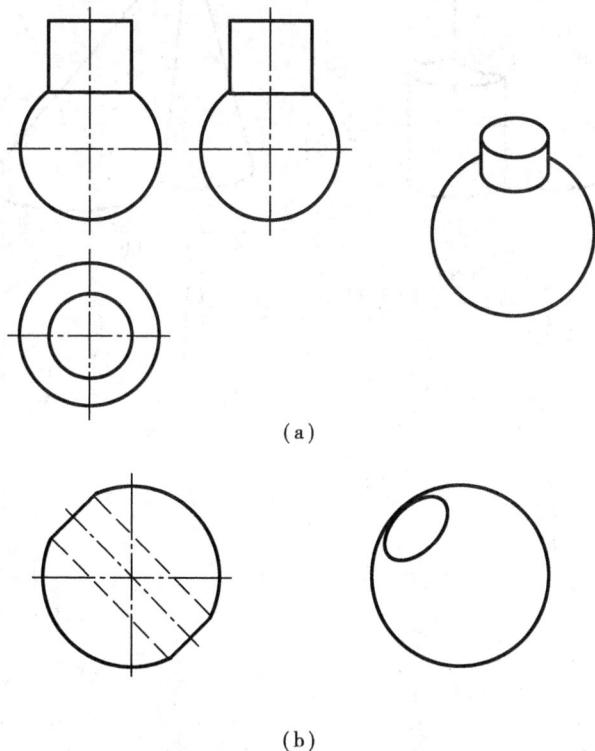

(a)

(b)

图 3.31　相贯线为圆

(2)相贯线为直线

两个轴线平行的圆柱面相贯时,相贯线为一对平行直线(公共素线);共锥顶两圆锥相贯时,相贯线为一对相交直线,如图 3.32 所示。

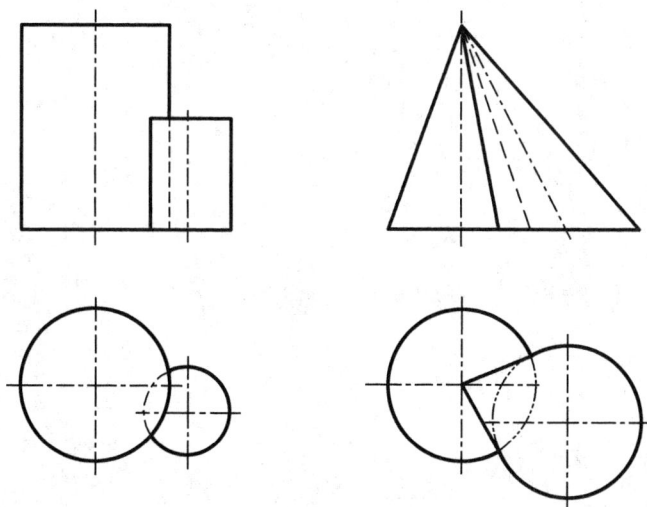

(a)　　　　　　　　　(b)

图 3.32　相贯线为直线

第 **4** 章

组合体的视图及尺寸标注

任何复杂形体,从几何形体的角度来分析,都可看成由基本形体通过叠加、切割或穿孔等方式组合而成的,故称为组合体。

本章将学习如何应用正投影理论解决组合体画图、读图以及尺寸标注等问题。

4.1 三视图的形成及其投影规律

4.1.1 三视图的形成

物体向投影面作正投影所得的图形称为视图。如图 4.1(a)所示,在三投影面体系中,将物体由前向后投影所得的图形(正面投影)称为主视图,它通常反映物体的主要特征;将物体由上向下投影所得的图形(水平投影)称为俯视图;将物体由左向右投影所得的图形(侧面投影)称为左视图。

为了使三个视图能画在一张图纸上,需要将三个投影面展开(如图 4.1(b)所示),展开的方法与第 2 章中投影面的展开方法相同,展开后的三视图如图 4.1(c)所示。为简化画图,在三视图中不画投影面的边框线,视图之间的距离可根据具体情况确定,视图的名称也不必标出,如图 4.1(d)所示。

4.1.2 三视图的投影规律

根据三个投影面的相对位置及其展开规定,三视图的位置关系为:以主视图为准,俯视图在主视图的正下方,左视图在主视图的正右方。通常将物体左右方向的尺寸称为长,前后方向的尺寸称为宽,上下方向的尺寸称为高,那么,主视图和俯视图都反映了物体的长度,主视图和左视图都反映了物体的高度,俯视图和左视图都反映了物体的宽度。因而三视图之间存在如下的投影规律:

①主视图与俯视图——长对正;

②主视图与左视图——高平齐;

③俯视图与左视图——宽相等。

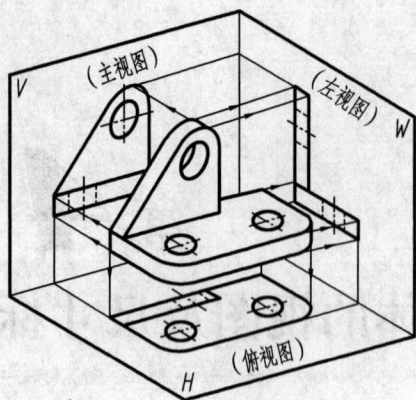

（a）物体在三投影面体系中的投影 （b）三投影面的展开方法

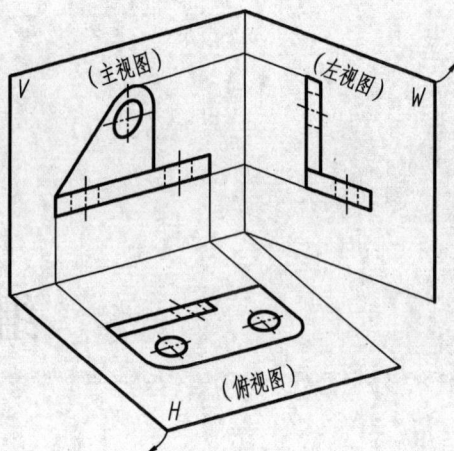

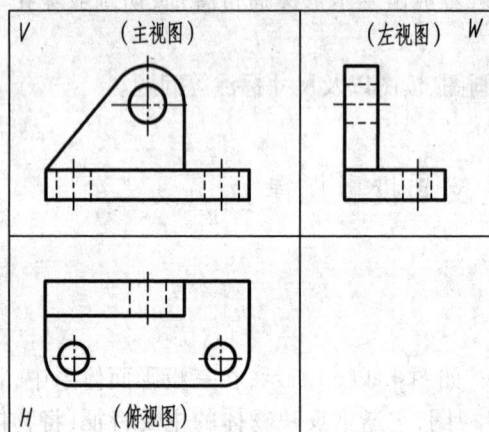

（c）展开后的三视图 （d）物体的三视图

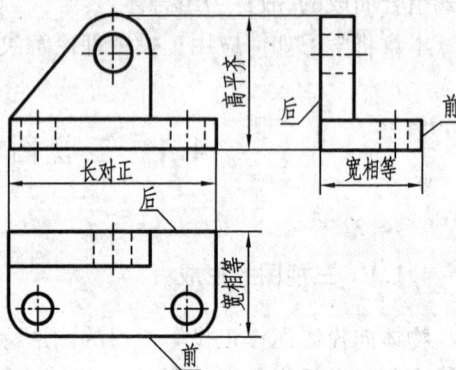

图4.1 三视图的形成及投影规律

这就是三视图的投影规律，它不仅适用于整个物体的投影，也适用于物体任一局部的投影。应特别注意，俯视图和左视图除了反映"宽相等"之外，还反映了物体前后位置的对应关系，即：靠近主视图的一侧反映物体的后面，远离主视图的一侧反映物体的前面，如图4.1（d）所示。根据"宽相等"作图时，不仅要注意量取尺寸的起点，而且要注意量取尺寸的方向。

4.2 组合体的形体分析

4.2.1 组合体的组合方式

组合体按其形成方式，可分为叠加式和切割式（包含穿孔）两类。叠加式组合体是由若干基本形体叠加而形成，切割式组合体是由基本形体经过切割或穿孔而形成，多数组合体则是叠加式和切割式综合而成。

如图 4.2(a)所示的组合体是一个叠加式组合体,它可看成由圆筒Ⅰ、凸耳Ⅱ(为棱柱体切割而成)、圆柱凸台Ⅲ、底板Ⅳ(为棱柱体切割而成)和肋板Ⅴ五个简单形体通过叠加而形成。如图 4.2(b)所示的组合体是一个切割式组合体,它可看成由一个长方体经过三次切割和一次穿孔而形成。

将组合体分解为若干基本形体的叠加或切割,弄清各部分的形状,并分析它们的组合方式和相对位置,从而产生对整个组合体形状的完整概念,这种分析方法称为形体分析法。形体分析法将复杂问题化为简单问题来进行处理,是组合体画图、看图和尺寸标注的基本方法。

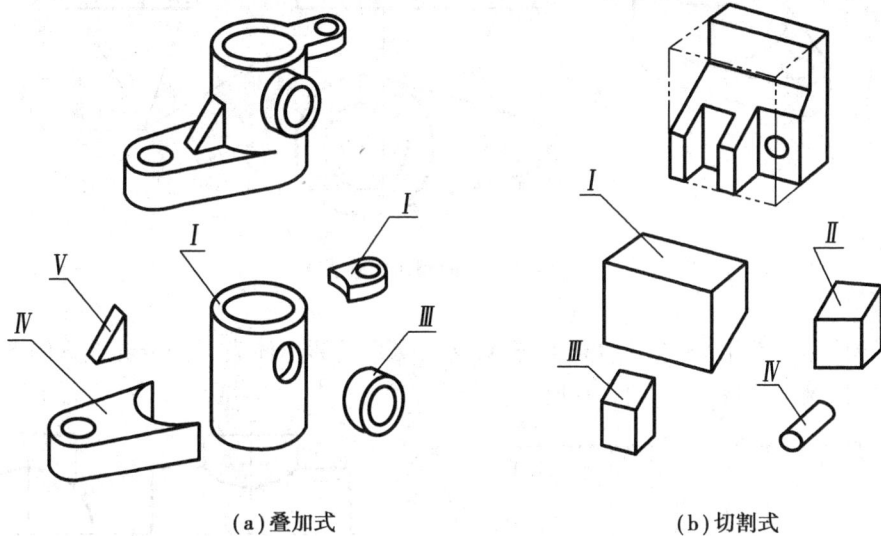

| (a)叠加式 | (b)切割式 |

图 4.2　组合体的组合方式

4.2.2　组合体相邻表面之间的连接关系

组合体各组成形体之间的表面连接关系可分为四种:相错、平齐(共面)、相切和相交。画图时,必须注意这些关系,才能不多线,不漏线。

(1)相错

当两形体的表面相错(不平齐)时,视图中两个形体之间有分界线,如图 4.3 所示。

(2)平齐

当两形体的表面平齐(共面)时,它们之间无分界线,如图 4.4 所示。

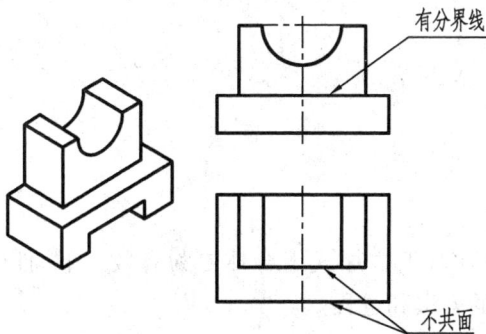

图 4.3　表面相错的画法　　　　　图 4.4　表面平齐的画法

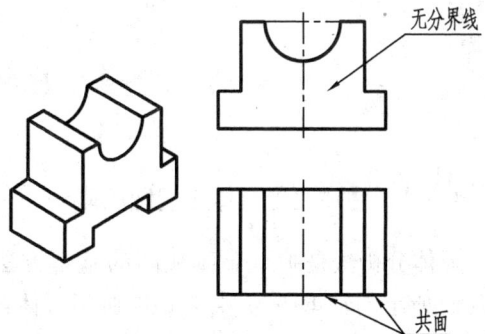

（3）相切

当两形体的表面相切时，两个表面（平面与曲面或曲面与曲面）光滑过渡，在相切处不应画出切线，相应的图线画到切点为止，如图4.5所示。

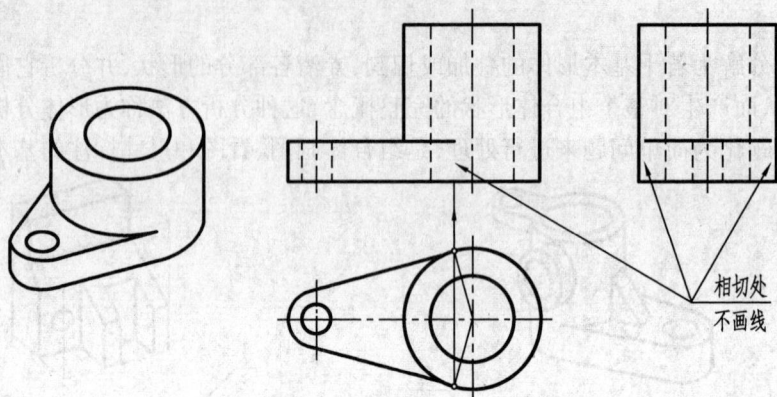

相切处
不画线

图4.5　表面相切的画法

（4）相交

当两形体的表面相交时，必然产生交线，这条交线是两形体表面的分界线。画图时，应按投影关系画出交线的投影，如图4.6所示。

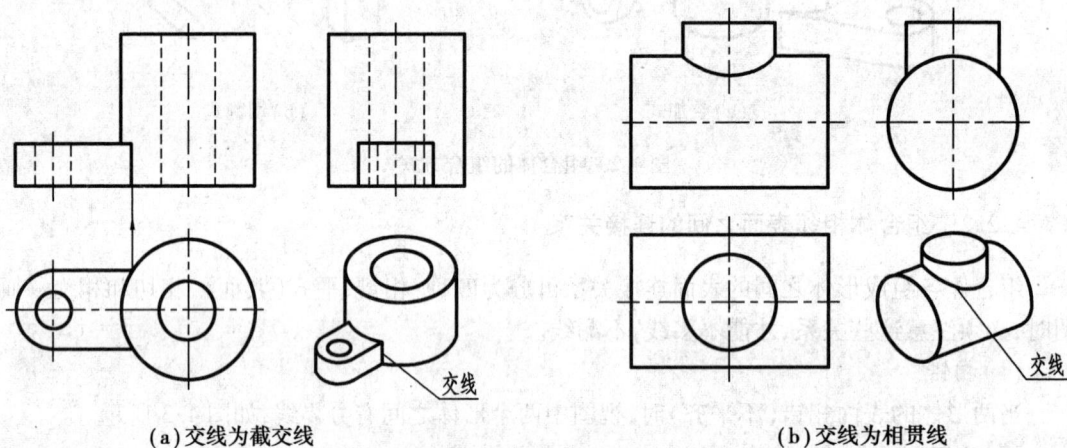

交线

交线

（a）交线为截交线　　　　　　　　　　**（b）交线为相贯线**

图4.6　表面相交的画法

4.3　画组合体的视图

4.3.1　叠加式组合体三视图的画法

形体分析法是画组合体视图的基本方法，尤其对于叠加式组合体更为有效。下面以图4.7（a）所示的轴承座为例，来说明画组合体视图的方法和过程。

（1）分析形体

如图4.7（a）所示的轴承座，可分解为圆筒Ⅰ、支撑板Ⅱ、底板Ⅲ、肋板Ⅳ及凸台Ⅴ五个组成部分,如图4.7(b)所示。凸台Ⅴ与圆筒Ⅰ是两个轴线正交的圆柱筒,其内外表面均有相贯线;支撑板Ⅱ、底板Ⅲ和肋板Ⅳ均由棱柱体变形而来,支撑板Ⅱ的左右两侧面与圆筒Ⅰ的外圆柱面相切,肋板Ⅳ的左右两侧面与圆筒Ⅰ的外圆柱面相交,支撑板Ⅱ和肋板Ⅳ叠加在底板Ⅲ之上。

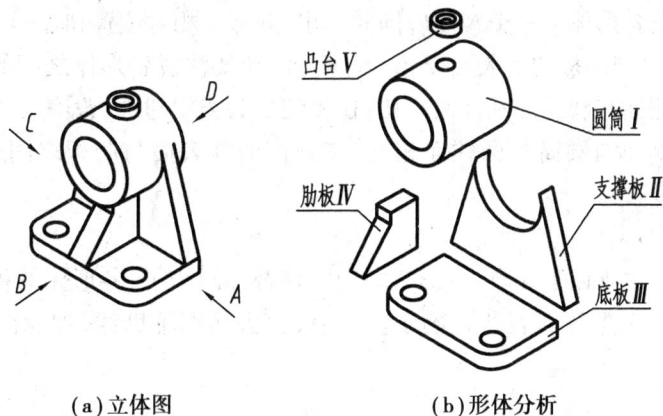

（a）立体图　　　　　　　　（b）形体分析

图4.7　轴承座

（2）主视图选择

在三个视图中,主视图是最主要的视图,应尽量反映组合体的形状特征,并使其他视图中的不可见轮廓线最少,画图、看图方便。选择主视图时,首先应考虑组合体的放置位置,一般按照自然放置,并使组合体的主要表面平行于投影面,主要轴线垂直于投影面;其次选择投射方向,以能反映形状特征为主,并使图中不可见结构尽可能少。

图4.7(a)所示的轴承座,按自然位置,使其底板水平放置,对A、B、C、D四个方向投射所得视图进行比较,确定主视图,如图4.8所示。显然,B方向作为主视图投射方向最好,因为组成组合体的各基本形体及其相对位置关系在此方向上表达最为清晰,并且视图中的不可见轮廓线最少。主视图确定后,俯视图和左视图也就随之确定了。

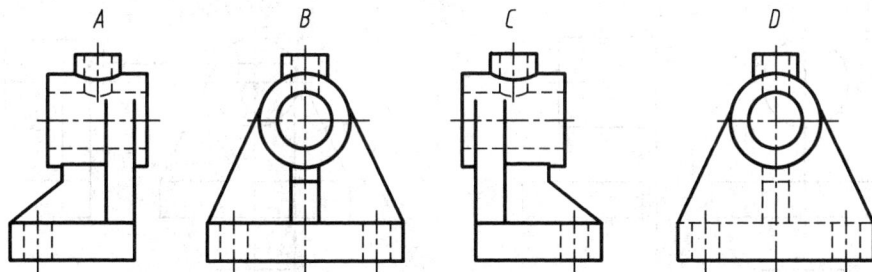

图4.8　选择主视图的投射方向

（3）画图步骤

1)选比例,定图幅

根据组合体的复杂程度选择适当的比例,确定图纸幅面,一般优先选用1:1的比例。

2)布置视图

固定好图纸后,根据各视图的大小,布置视图位置,画出各视图的绘图基准线。一般以对称线、轴线、底平面和端面作为基准线。布置视图时要求匀称美观,各视图既不分散、又不拥挤,如图 4.9(a)所示。

3)画底稿

按形体分析分解的各个基本形体及其相对位置,逐个画出它们的视图。画图步骤:先画主要部分,后画次要部分;先画整体结构,后画局部细节结构,如图 4.9(b)至(g)所示。

画图时应注意:各形体的三个视图应同时画出,并保持相对位置和投影关系正确。如在绘制图 4.9(c)时,圆筒与底板的后表面要错开。此外,还要注意各形体之间的表面连接关系要正确,如支撑板两侧面与圆筒外圆柱面相切,在相切处为光滑过渡,没有分界线,如图 4.9(d)所示;肋板左右两侧面与圆筒外圆柱面相交,在圆筒的外表面与肋板之间应画出交线,如图 4.9(e)所示。

4)检查、加深

底稿完成后,应检查以下几点:各形体的投影是否都画全了;各形体的相对位置是否都画对了,各表面连接关系是否都表达正确了。最后,擦去作图辅助线,加深图线,如图 4.9(h)所示。

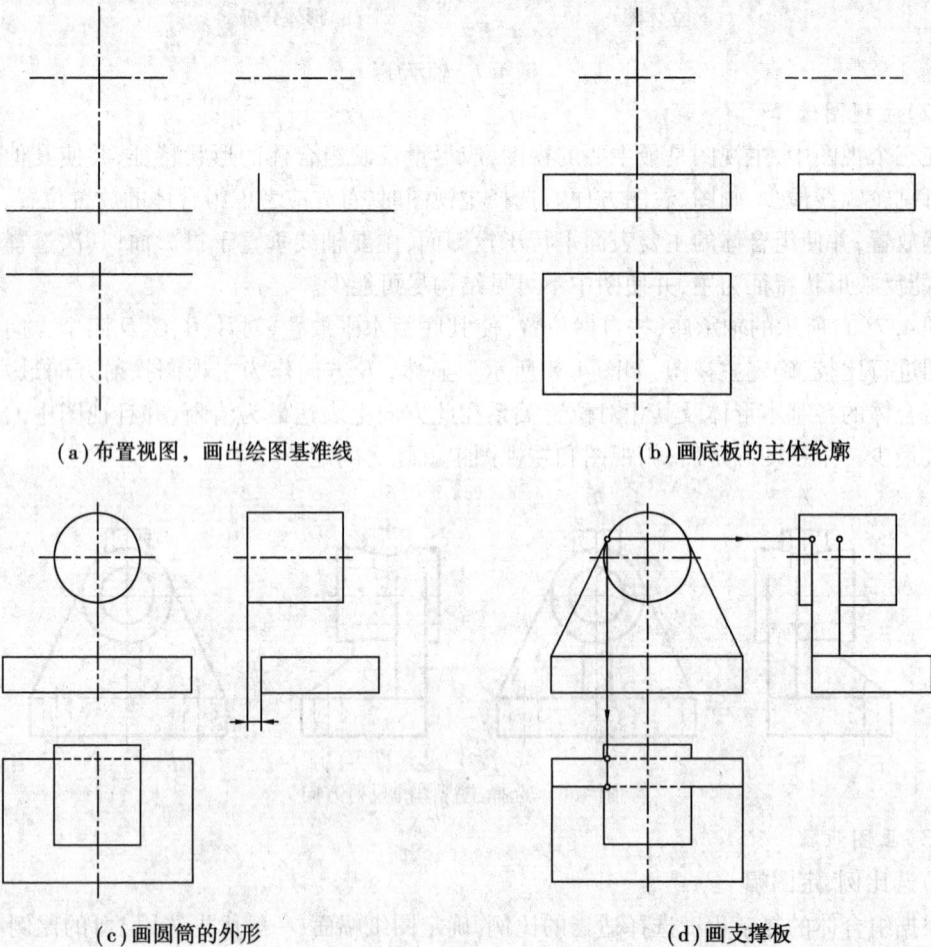

(a)布置视图,画出绘图基准线   (b)画底板的主体轮廓

(c)画圆筒的外形   (d)画支撑板

(e)画肋板

(f)画凸台外形

(g)画局部结构

(h)检查,加深图线

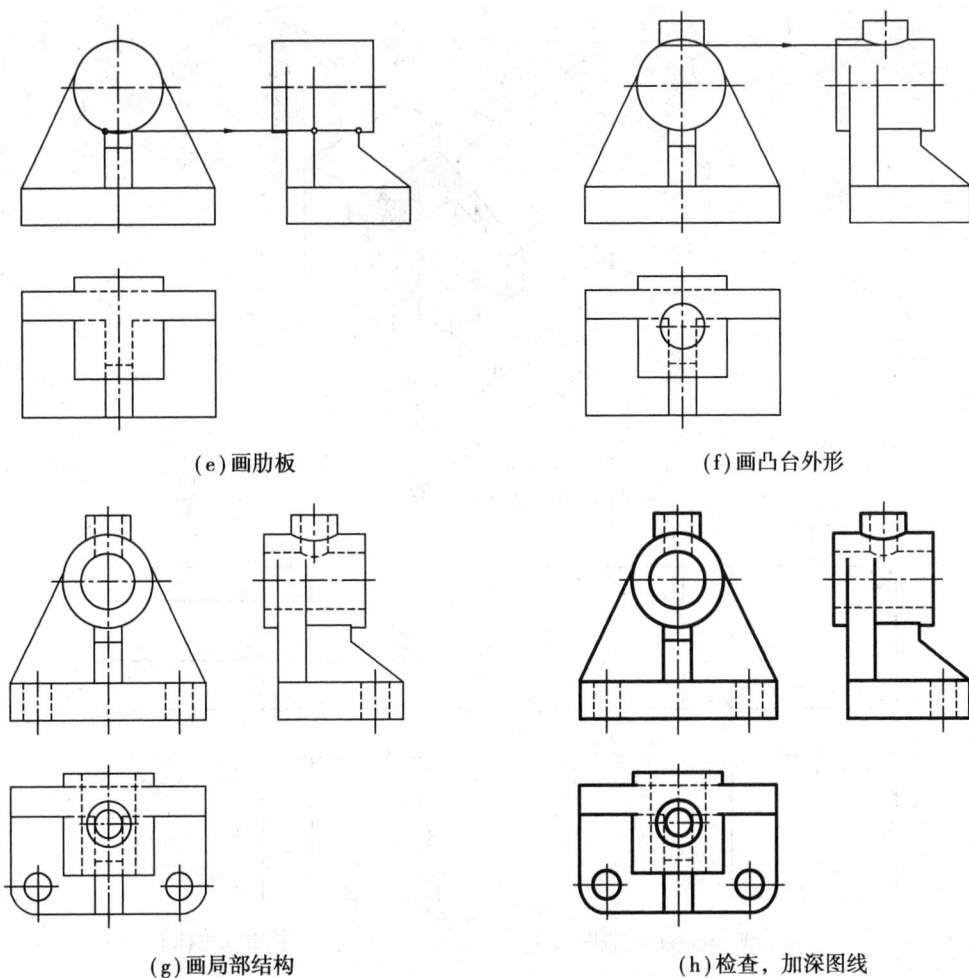

图 4.9 轴承座的画图过程

4.3.2 切割式组合体的视图画法

切割式组合体表面的交线较多,形体不完整,一般在形体分析的基础上,对某些重要的线、面作投影分析,从而完成切割式组合体的三视图绘制。下面以图 4.10 所示导向块为例来说明画图步骤。

(1)形体分析

图 4.10 所示的导向块,可看成由四棱柱(长方体)切去简单形体 Ⅰ 、Ⅱ 、Ⅲ 、Ⅳ 而形成,它的形体分析方法与前述轴承座的分析方法基本相同,只是各简单形体是切割下来的,而不是叠加上去的。

(2)主视图选择

选择原则如前面叠加式组合体主视图所述,应选择箭头所示 A 向为主视图方向。

(3)画图步骤

画切割式组合体三视图时,通常先画出未被切割前的基本形体的投影,再逐次画出每次切割后的形体。具体画图过程如图 4.11 所示。

71

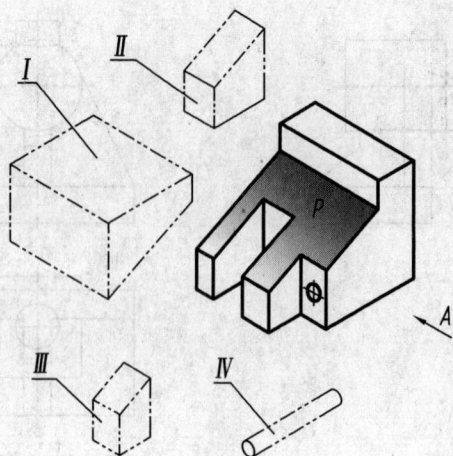

图 4. 10　导向块的形体分析

(a)画四棱柱的三视图

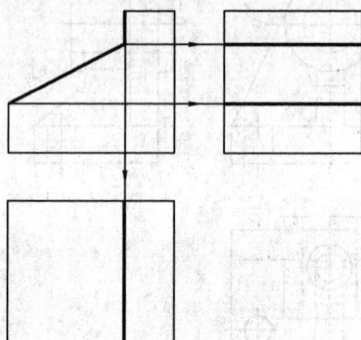

(b)切去形体 I

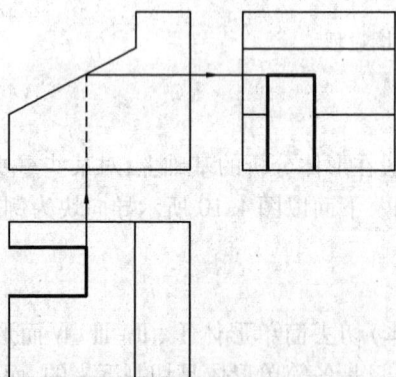

(c)切去形体 II

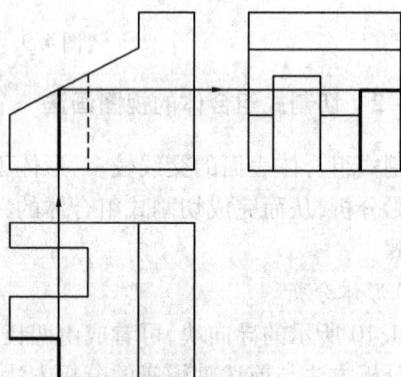

(d)切去形体 III

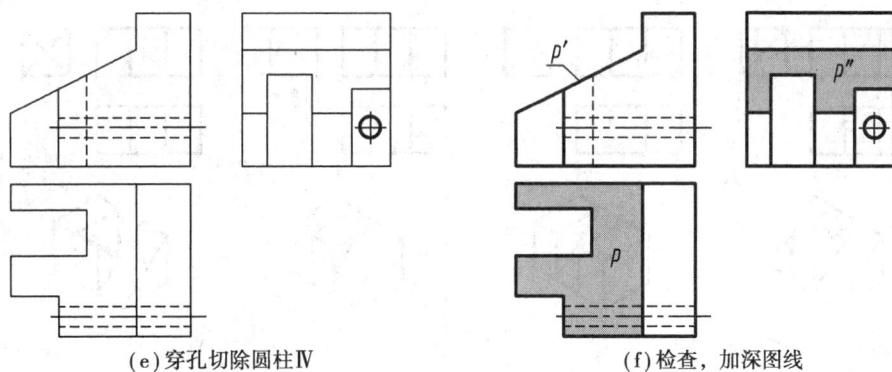

(e)穿孔切除圆柱Ⅳ   (f)检查，加深图线

图 4.11 导向块三视图的画图过程

画切割式组合体三视图应注意以下几点：

①画每个切割形体的投影时，应先从最能反映其形状特征且具有积聚性的投影画起，再按照投影关系画出其他视图。例如，切去形体 Ⅰ 时，应先画出主视图，再画出俯、左视图，如图 4.11(b)所示；切去形体 Ⅱ、Ⅲ 时，应先画出俯视图，再画出主、左视图，如图 4.11(c)、(d)所示。

②注意切口截面投影的类似性。导向块上的 P 平面为正垂面，其主视图积聚为直线，俯视图和左视图上为其类似形，如图 4.11(f)所示。

4.4 读组合体的视图

画图与读图是学习本课程的两个主要环节。画图是将空间形体用正投影的方法表达在平面上，而读图是根据正投影的规律和特性想象出空间形体的形状和结构。要正确、迅速读懂组合体视图，必须掌握读图的基本要领和基本方法，培养空间想象能力和形体构思能力，通过不断实践，逐步提高读图能力。

4.4.1 读图的基本要领

(1)将几个视图联系起来看

由投影规律可知，单独一个视图，有时两个视图也不能确定物体的形状。因此，读组合体视图时，必须将几个视图联系起来进行分析、构思，才能想象出物体的形状。

如图 4.12 所示，主视图相同，但却对应不同的形体；又如图 4.13 所示，主、俯视图均相同，也对应不同的形体。

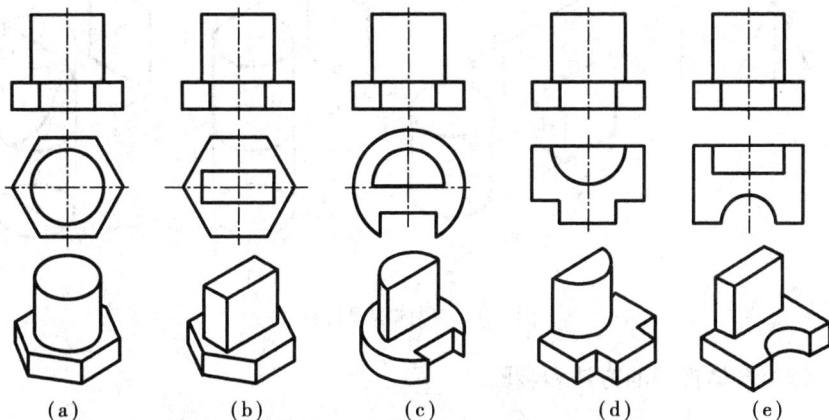

(a)   (b)   (c)   (d)   (e)

图 4.12 一个视图不能确定物体的形状

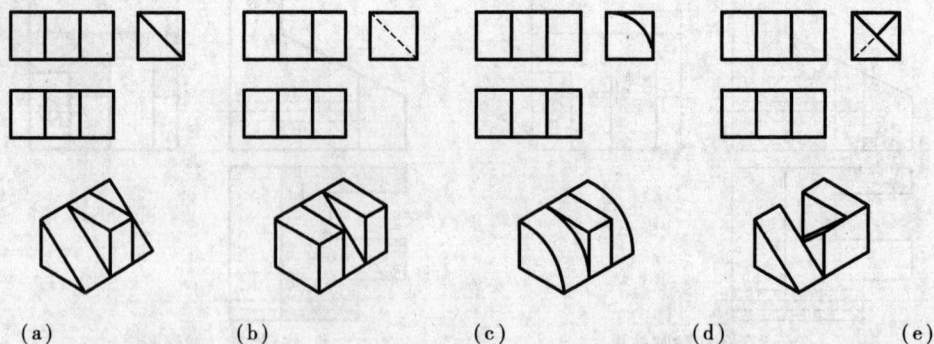

图 4.13　两个视图不能确定物体的形状

（2）弄清视图中图线和线框的含义

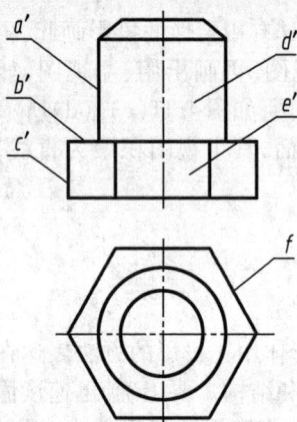

视图中每条图线可能是平面或曲面的投影,也可能是线的投影。在图 4.14 中,"b'"表示六棱柱上顶面的积聚性投影;"a'"表示圆柱转向轮廓线的投影;"c'"表示六棱柱棱线的投影。视图中每个封闭线框通常表示物体上一个面(平面或曲面)或基本体的投影。在图 4.14 中,"d'"表示圆柱面的投影;"e'"表示六棱柱前表面的投影;"f"表示六棱柱的投影。因此,必须将几个视图联系起来对照分析,明确视图中的图线和线框的含义,将视图中的图线、线框与物体上的某个表面或某条轮廓线联系起来,从而想象出物体的形状。

（3）要善于构思形体

在构思形体时,要充分发挥空间想象能力。从最能反映组合体形状特征的视图(通常是主视图)入手,来构思组合体

图 4.14　图线和封闭线框的含义

的可能结构形状;然后再结合另外的几个视图,来弥补和修正前面所构思出来的组合体的未定结构形状,直至与视图完全对应。

图 4.15 是由已知三视图构思空间形体的实例。首先从主视图入手,其外轮廓为一矩形,对应的空间形体可以是四棱柱、圆柱等,如图 4.15(b)所示;再结合俯视图外轮廓为圆,则此空间形体必定是圆柱体,如图 4.15(c)所示;最后再根据左视图轮廓和俯视图中的直线可以想象出:空间形体应是用两个侧垂面切去圆柱体前后两块后形成的切割体,如图 4.15(d)所示。

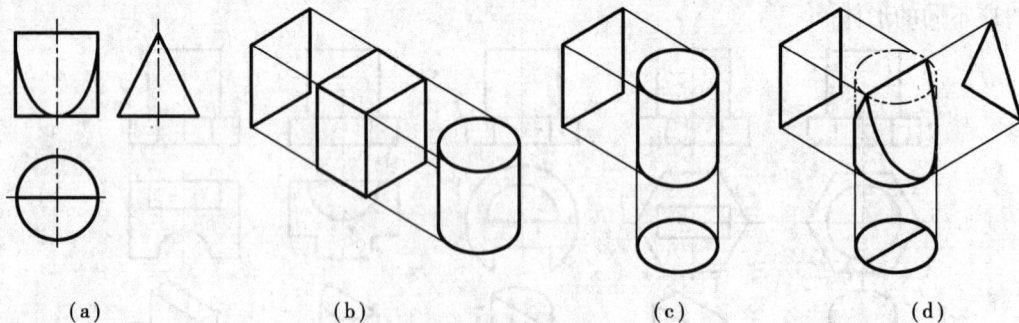

（a）　　　　　（b）　　　　　（c）　　　　　（d）

图 4.15　形体构思过程

4.4.2　读组合体视图的方法和步骤

读组合体视图与画图一样,主要运用形体分析法,对于形状比较复杂的组合体,还需辅助

以线面分析法来帮助想象和读懂不易看明白的局部结构。

（1）形体分析法

形体分析法的基本思想是将组合体看成由若干基本形体所组成。一般先从主视图入手，按照三视图的投影规律，划分线框；然后对照投影想象出各基本形体的形状；最后确定它们的组合形式、相对位置及表面连接关系，综合起来想象出该组合体的整体形状。

下面以图4.16所示的组合体为例，说明形体分析法读图的步骤。

1）分析视图、划分线框

从主视图入手，并结合其他视图的特征结构进行分析，将主视图分成Ⅰ、Ⅱ、Ⅲ三个封闭线框，如图4.16所示。

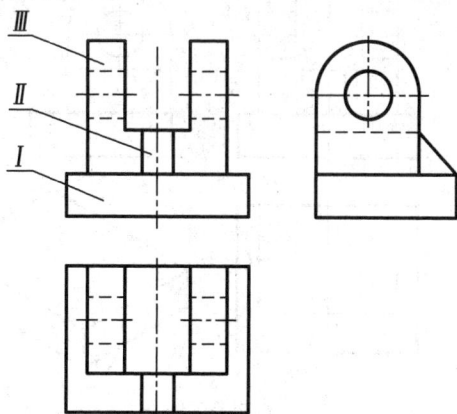

图4.16 形体分析法读图举例

2）对照投影，辨识形体

根据投影关系，找出每个线框的其余投影，并想象出各组成形体的形状，如图4.17（a）、（b）、（c）所示。

3）综合起来想整体

在读懂各组成形体的基础上，根据组合体的三视图，进一步分析它们之间的相对位置和表面连接关系，综合起来想象出组合体的形状。由4.16所示的组合体视图可以看出，形体Ⅲ位于形体Ⅰ的上方，左右对称，后表面平齐；形体Ⅱ位于形体Ⅰ上方、形体Ⅲ前方，左右对称，这样便构思出图4.17（d）所示的组合体。

（2）线面分析法

对于切割式组合体，视图中的图线及线框比较复杂，读图比较困难。因此，读图时需要在形体分析的基础上，辅以线面分析。所谓线面分析法，就是利用线、面的投影规律来分析确定组合体上的线、面的形状和相对位置，从而想象出形体的形状。下面以图4.18（a）所示的组合体为例，说明其读图过程。

1）形体分析

从三个视图的外轮廓看，该形体是由四棱柱（长方体）经过切割而形成。

从主视图的形状可以看出，长方体的左上方被一个平面切去一角；从俯视图的形状看出，其左前、左后侧被两个平面各切去一角。

2）线面分析

通过形体分析，该形体的轮廓形状已初步形成，但切割面是什么类型的面，其投影是什么？切割后形成什么样的形状，都需要进一步分析。

主视图左上方缺一角，应是长方体被一正垂面 P 切割所致，根据投影关系，其主视图上的投影积聚为直线段 p'，俯视图、左视图中对应的投影是矩形线框 p 和 p''，如图4.18（b）所示；再观察俯视图，形体应是在前述切角基础上被铅垂面 Q 从左前、左后侧各切去一角，根据投影关系，铅垂面 Q 在俯视图上积聚为直线段 q，其主视图和左视图上的投影是四边形线框 q' 和 q''，如图4.18（c）所示。

3）综合起来想整体

综合以上分析，可以想象出组合体形状如图4.18（d）所示。

(a)想象形体Ⅰ

(b)想象形体Ⅱ

(c)想象形体Ⅲ

(d)综合起来想象出整体

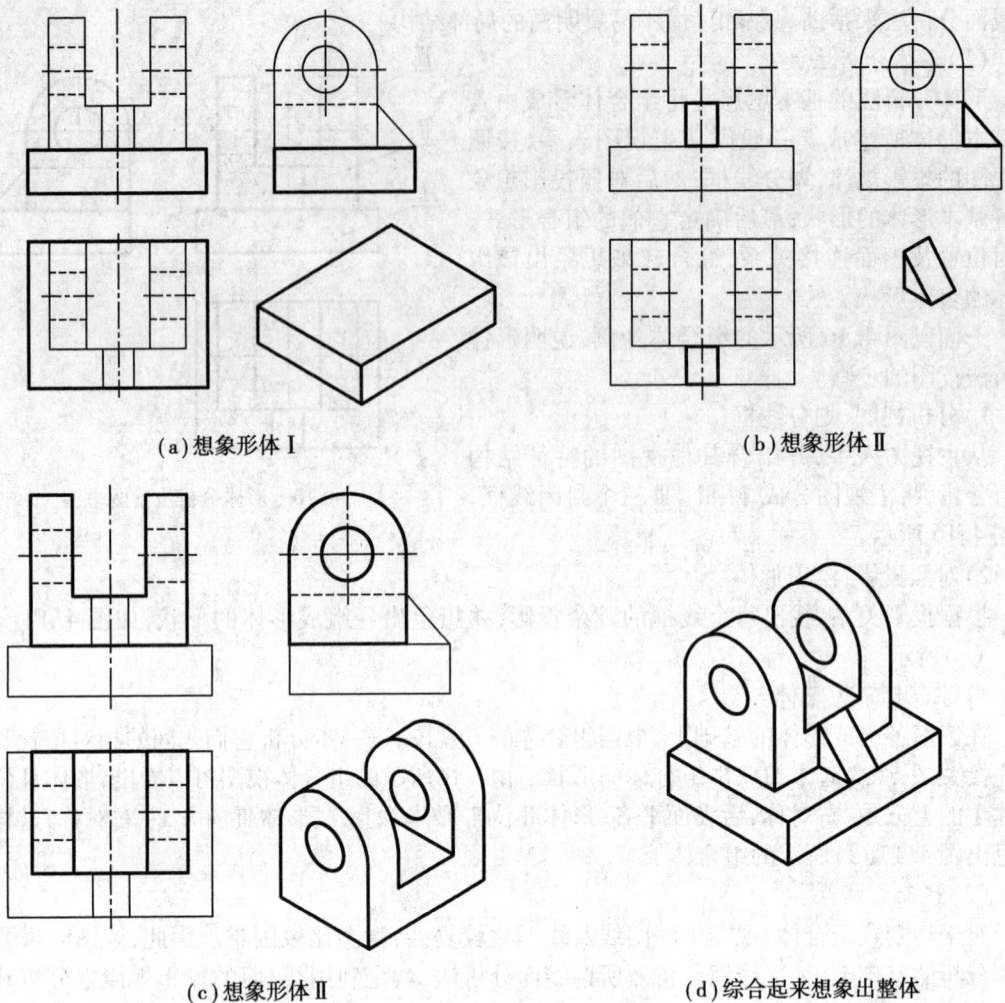

图 4.17　形体分析法读图过程

(3)由已知两视图补画第三视图

由已知两视图补画第三视图,是训练看图能力、培养空间想象能力的重要手段。补画视图实际上是读图和画图的综合训练,一般可分两个步骤进行:首先,根据已知视图按前述方法将视图读懂,并想象出物体的形状;其次,在想象出物体形状的基础上,应根据已知的两个视图,按各自组成部分逐个地作出第三视图,进而完成整个物体的第三视图。

如图 4.19(a)所示,已知架体的主、俯视图,想象出其形状,补画左视图。

1)分析

根据图 4.19(a)给出的主、俯视图,可初步判定这是一个长方体经切割形成的组合体。

主视图中有三个封闭线框 a'、b'、c',对照俯视图可以看出,它们分别表示三个不同位置的正平面:A 面位于最前方,B 面处于中间,C 面在后方。

从实体角度分析,这个组合体分前、中、后三层,前层切出一直径较小的半圆柱槽,中层切出一直径较大的半圆柱槽,直径与架体的长度相等,后层也切出一半圆柱通槽,直径与前层切出的半圆柱槽相等。

另外,在中、后层还切出一圆柱形通孔。通过以上分析,可想象出架体的轴测图如图 4.19 (b)所示。

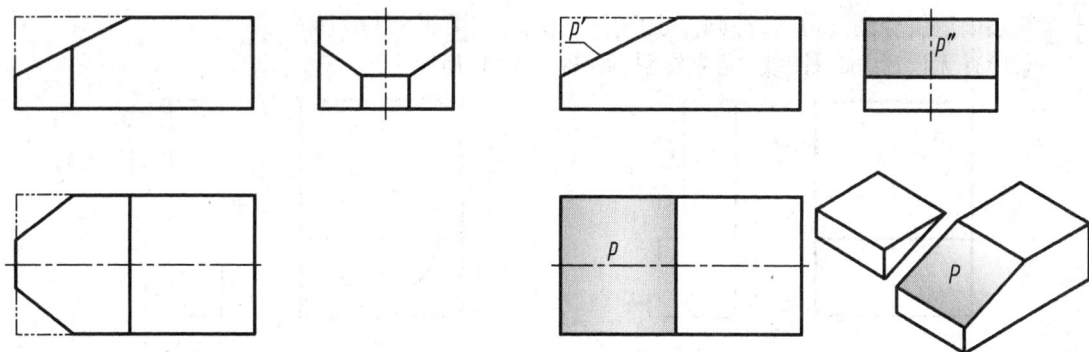

(a)题图   (b)分析左上方切角

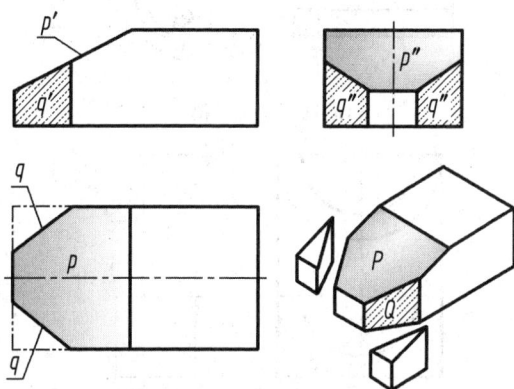

(c)分析左前、左后侧切角   (d)想象出的组合体形状

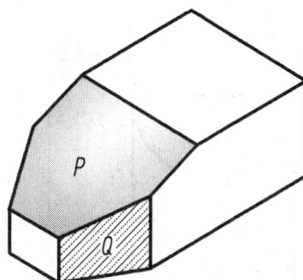

图 4.18 线面分析法读图举例

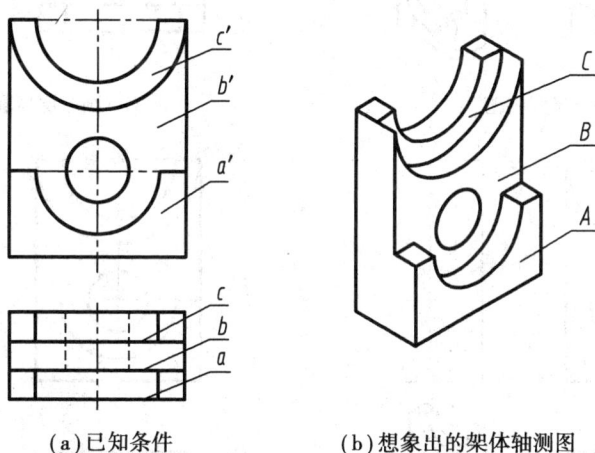

(a)已知条件   (b)想象出的架体轴测图

图 4.19 由架体主、俯视图补画左视图分析

2)作图过程

①根据主、俯视图,画出左视图轮廓,分出架体的前后、高低层次,如图 4.20(a)所示。

②在前层切出半圆柱槽,补画左视图中的虚线,如图 4.20(b)所示。

③在中层切出半圆柱槽,补画左视图中的虚线,如图 4.20(c)所示。

④在后层切出半圆柱槽,补画左视图中的虚线,如图 4.20(d)所示。

⑤在中后层穿圆柱通孔,补画左视图中的虚线,如图4.20(e)所示。

⑥检查无误后,加深图线,完成作图,如图4.20(f)所示。

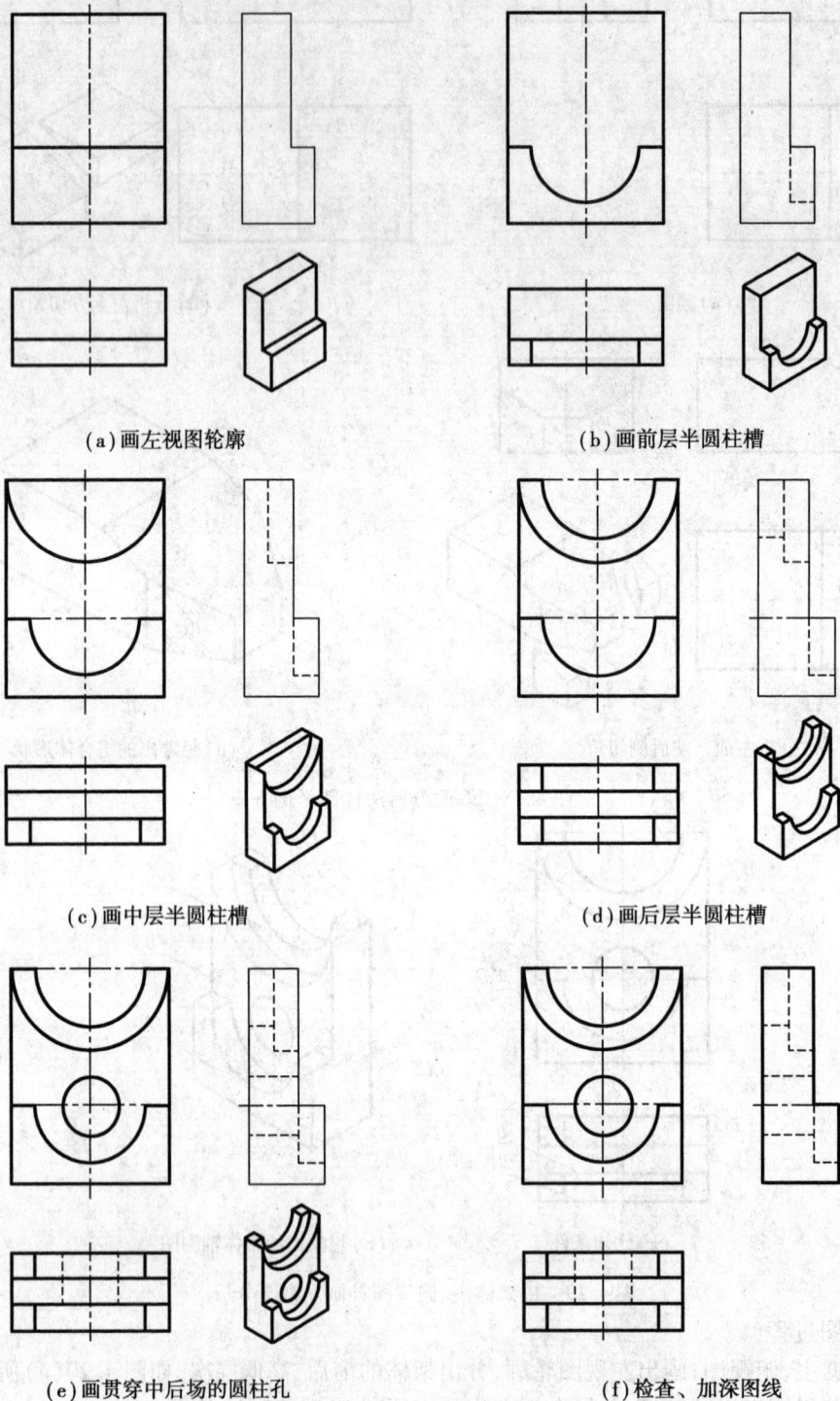

(a)画左视图轮廓

(b)画前层半圆柱槽

(c)画中层半圆柱槽

(d)画后层半圆柱槽

(e)画贯穿中后场的圆柱孔

(f)检查、加深图线

图4.20 补画架体左视图的作图过程

4.5 组合体的尺寸标注

视图只能表达组合体的结构形状,而各组成部分实际形状的大小及其相对位置需要通过尺寸才能确定。

组合体尺寸标注的基本要求为:

①正确。尺寸标注要严格遵守国家标准《机械制图》的有关规定,具体规则和方法参见第1章相关内容。

②完整。所标注的尺寸必须齐全,能完全确定组合体各组成部分的大小及相对位置,不重复,不遗漏。

③清晰。尺寸在图中布置要整齐、清楚,便于读图。

4.5.1 简单形体的尺寸标注

(1)常见基本体的尺寸标注

对于基本体,一般应注出其长、宽、高三个方向的尺寸。

棱柱、棱锥和棱台,除了标注确定其底面和顶面形状的尺寸外,还要标注高度尺寸。为便于读图,确定底面和顶面形状大小的尺寸宜标注在反映其实形的视图上,如图4.21所示。标注正方形尺寸时,在正方形边长尺寸数字前加注正方形符号"□",如图4.21(c)所示。圆柱、圆锥和圆台,应标注圆的直径尺寸和高度尺寸,并在直径数字前加注直径符号"ϕ",如图4.21

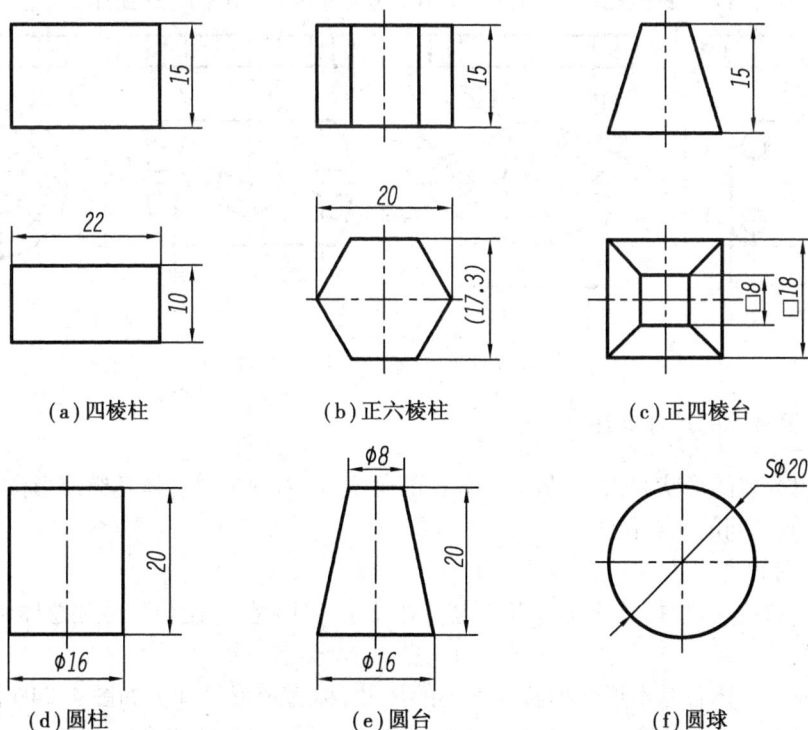

(a)四棱柱　　　　(b)正六棱柱　　　　(c)正四棱台

(d)圆柱　　　　(e)圆台　　　　(f)圆球

图4.21　常见基本体的尺寸标注

（d）、（e）所示。标注圆球尺寸时，应在直径数字前加注球直径符号"$S\phi$"或球半径符号"SR"，如图4.21（f）所示。直径尺寸一般标注在投影为非圆视图上，这样，一个视图即可表达清楚其形状和大小。

（2）带切口几何形体的尺寸标注

对于带切口的几何形体，除了标注基本几何形体的尺寸外，还要标注出确定截平面位置的尺寸。需要注意的是：当形体与截平面的相对位置确定后，切口的交线即可完全确定。因此，不能直接标注交线的尺寸。常见带切口几何形体的尺寸标注如图4.22所示。

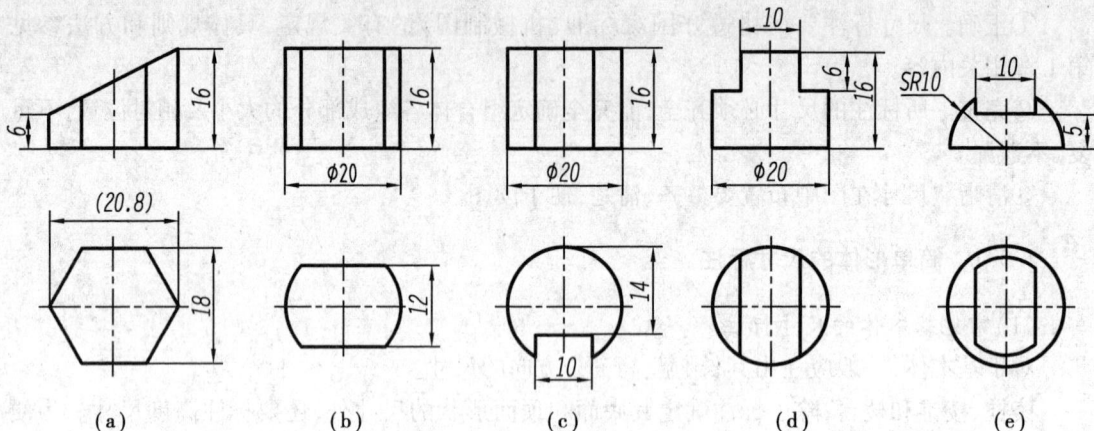

图4.22　带切口几何形体的尺寸标注

（3）常见薄板结构的尺寸标注

薄板结构是机件中底板和法兰的常见形式，其尺寸注法如图4.23所示。

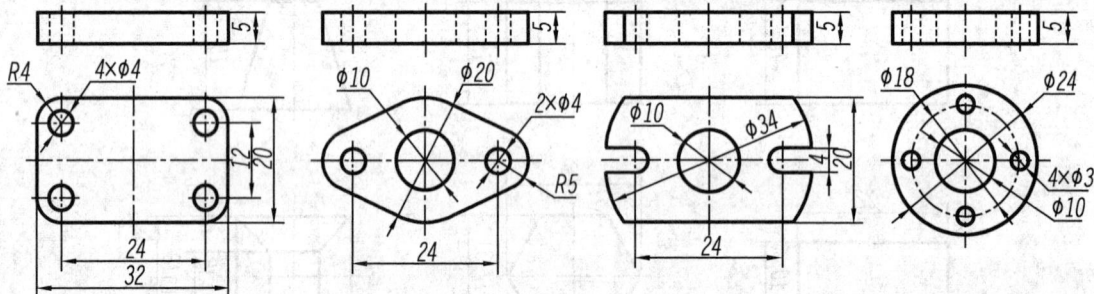

图4.23　常见薄板结构的尺寸标注

4.5.2　组合体的尺寸标注

要确定组合体的形状和大小，从形体分析的角度看，需确定组合体各组成形体的形状和大小，并确定它们之间的相对位置。

（1）尺寸的种类

组合体中的尺寸，根据其作用可以分为三类尺寸：定形尺寸、定位尺寸和总体尺寸。

1）定形尺寸

确定组成组合体各基本形体形状和大小的尺寸，称为定形尺寸。如图4.24所示，按形体分析法将该组合体分解为底板、立板和肋板三个简单形体，它们的定形尺寸有：

①底板:80 mm、48 mm、12 mm、$R10$ mm、$4 \times \phi 10$ mm;

②立板:$R20$ mm、12 mm、$\phi 22$ mm;

③肋板:28 mm、20 mm、10 mm。

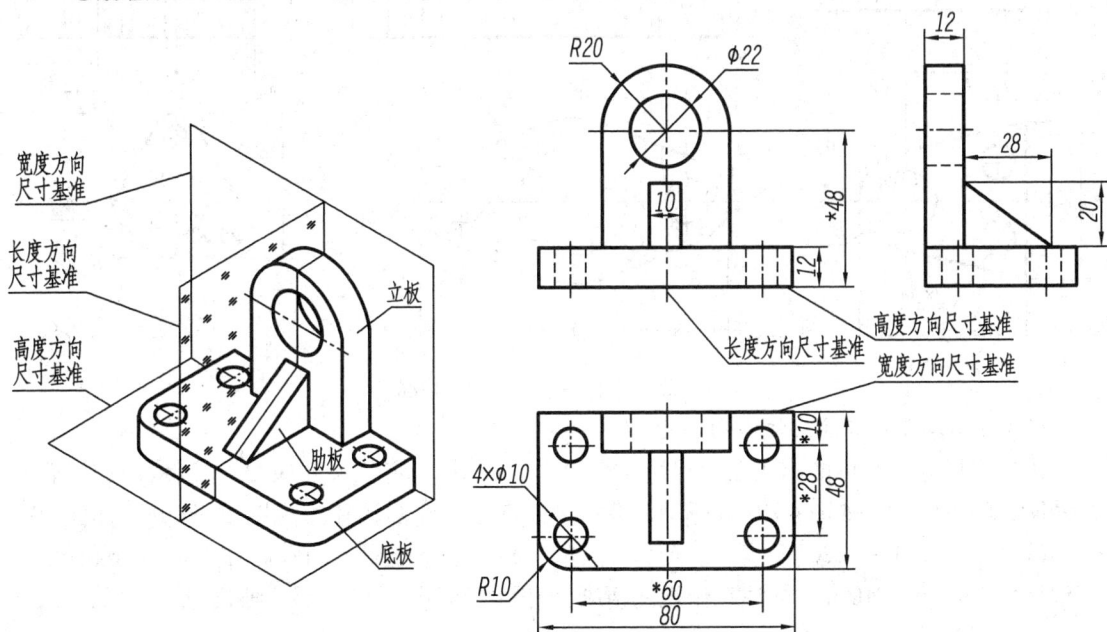

图 4.24　组合体的三类尺寸

2)定位尺寸

确定构成组合体的各基本形体之间(包括孔、槽等)相对位置的尺寸,称为定位尺寸。如图 4.24 中加注有" * "的尺寸 48 mm、60 mm、10 mm 和 28 mm。

标注定位尺寸时,需要确定尺寸标注的起始位置,通常是组合体上的点、线或面,称为尺寸基准。组合体在长、宽、高三个方向上均需确定一个尺寸基准。一般选取组合体的对称面、底面、端面及主要轴线作为尺寸基准。如图 4.24 所示的组合体,它在长度方向有对称面,在高度方向具有安装固定的底面,在宽度方向上底板和立板的后表面平齐。因此,选取左右对称面为长度方向的尺寸基准,底面为高度方向的尺寸基准,平齐的后表面为宽度方向的尺寸基准。

3)总体尺寸

确定组合体总长、总高和总宽尺寸,称为总体尺寸。总体尺寸有时在标注定形尺寸和定位尺寸时已经得到,就不再标注。如图 4.24 所示,总长尺寸就是底板长度方向的定形尺寸 80 mm,总宽尺寸就是底板宽度方向的定形尺寸 48 mm,总高尺寸可由定位尺寸 48 mm 和定形尺寸 $R20$ mm 间接得到。

需要注意的是:组合体的定形、定位尺寸标注完整后,若再加注总体尺寸,就会出现多余尺寸或重复尺寸,这时就要对已标注的定形和定位尺寸作适当调整。此外,当组合体在某个方向上的外轮廓为回转面时,通常不标注该方向的总体尺寸,如图 4.25 中标为" × "的总体尺寸就不应标出。

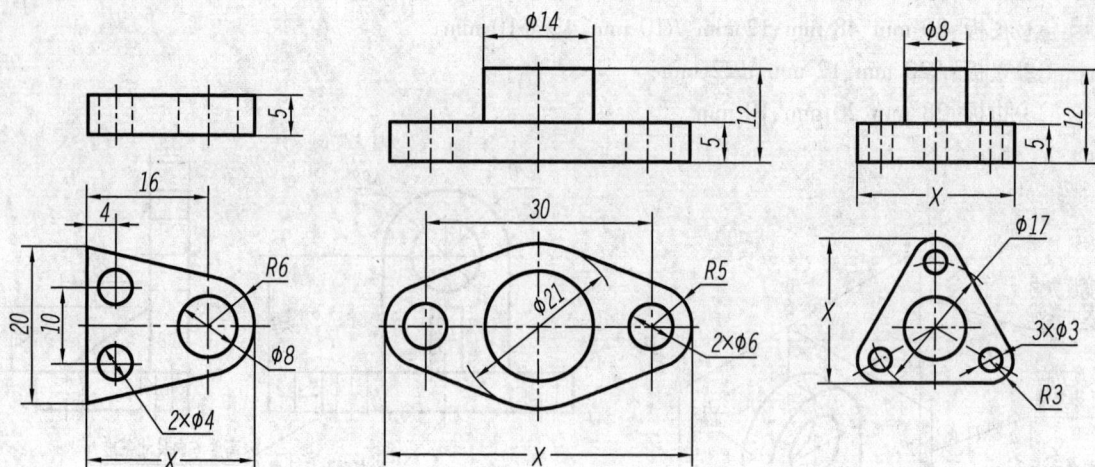

图 4.25　不标注总体尺寸的情况

（2）组合体尺寸标注应注意的问题

①定形尺寸应尽可能标注在形状特征最明显的视图上,定位尺寸应尽可能标注在位置特征最明显的视图上。如图 4.26(a)所示,将六棱柱定形尺寸标注在主视图上,比分开标注(图 4.26(b))要好;如图 4.26(c)所示,半径尺寸 $R5$ mm 标注在俯视图正确,两个 $\phi5$ mm 圆孔的定位尺寸 13 mm 和 10 mm 标注在俯视图清晰,而图 4.26(d)的标注不清晰,也是错误的。

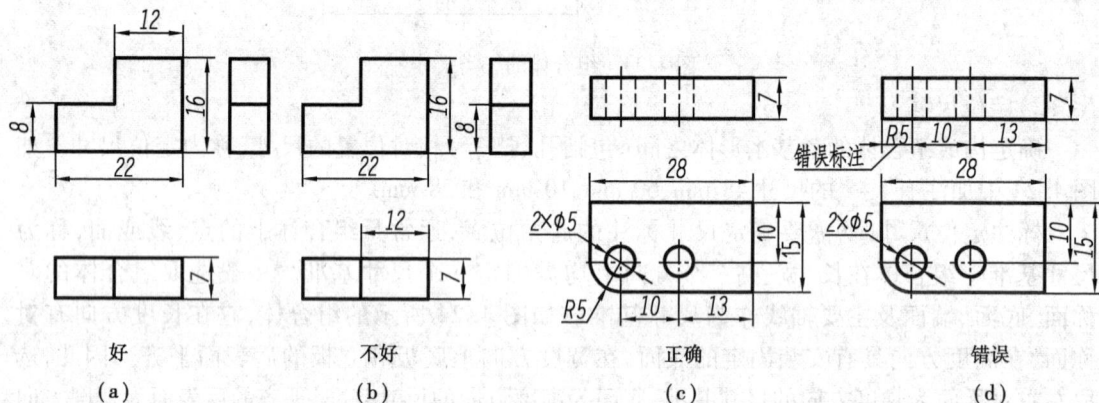

| 好 | 不好 | 正确 | 错误 |
| (a) | (b) | (c) | (d) |

图 4.26　尺寸应标注在反映形状或位置特征明显的视图上

②同一形体的定形、定位尺寸尽量集中标注。如图 4.27(a)所示,底板的长度 30 mm、宽度 18 mm、两个圆孔的直径 $2 \times \phi5$ mm、圆角半径 $R5$ mm、两圆孔的定位尺寸 20 mm、13 mm,都应集中标注在俯视图上,便于看图时查找,而按如图 4.27(b)所示分开标注就不好。

③直径尺寸尽量标注在投影为非圆的视图上,圆弧的半径尺寸应标注在投影为圆弧的视图上。如图 4.28 所示,圆的直径尺寸 $\phi24$ mm、$\phi16$ mm 应标注在主视图上,半径尺寸 $R15$ mm 只能标注在投影为圆弧的左视图上,而不允许标注在主视图上。

④为保证视图清晰,应尽量将尺寸标注在视图之外;并行排列的尺寸,大尺寸标注在外,小尺寸标注在内,以避免尺寸线与尺寸界线相交。如图 4.28(a)所示,8 mm 和 10 mm 两个尺寸应标注在尺寸 28 mm 的里面,而按如图 4.28(b)所示的方式标注则是错误的。

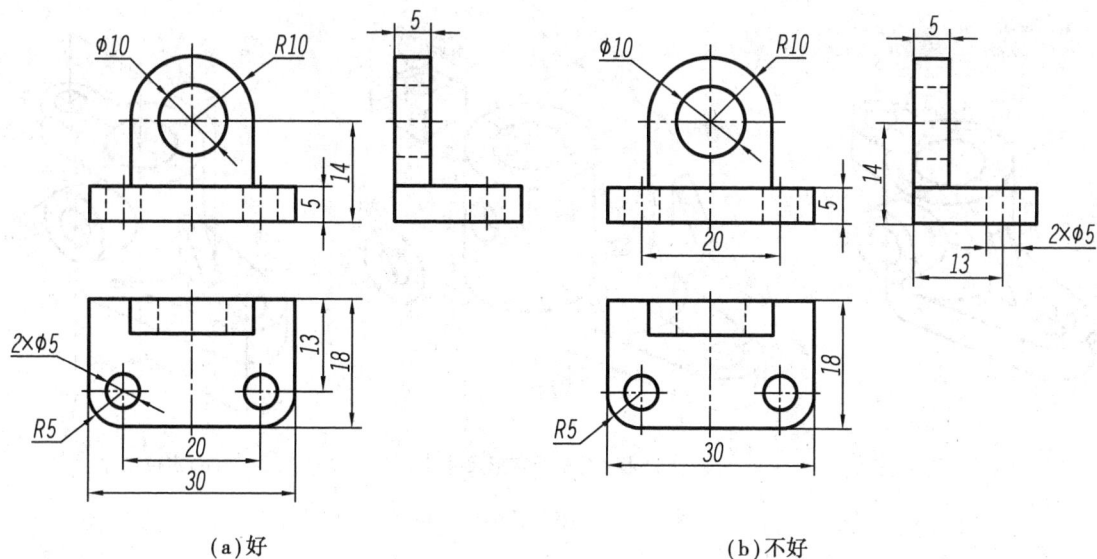

（a）好　　　　　　　　　　　　　　　　（b）不好

图 4.27　同一形体的定形、定位尺寸尽量集中标注

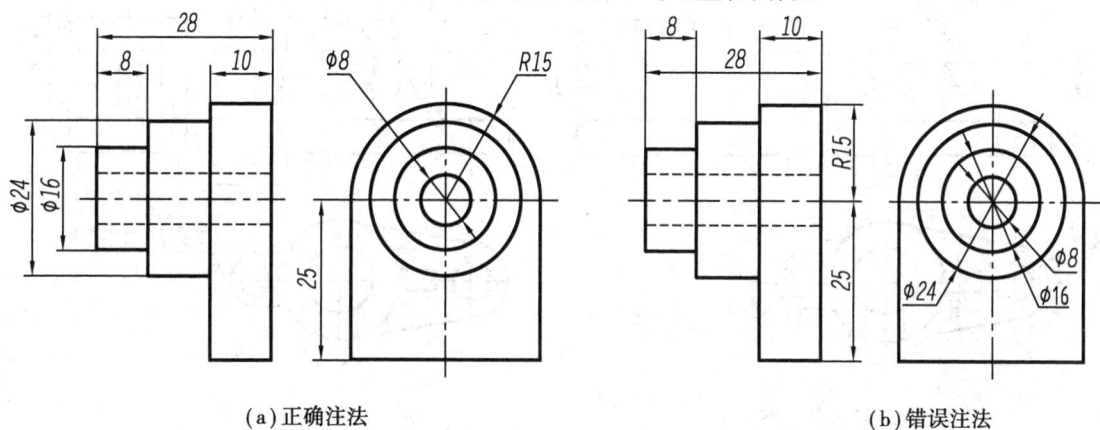

（a）正确注法　　　　　　　　　　　　　（b）错误注法

图 4.28　直径与半径尺寸、大尺寸与小尺寸的注法

4.5.3　组合体尺寸标注示例

如前所述,组合体是由若干基本形体按一定的组合方式组合而成的。因此,标注组合体尺寸时,首先应按照形体分析法将组合体分解为若干基本形体;然后分别标注出各基本形体的定形尺寸和各形体之间的定位尺寸;最后在根据需要标注出组合体长、宽、高三个方向的总体尺寸。

下面以图 4.29（a）所示的支座为例,说明组合体尺寸标注的步骤和方法。

（1）形体分析

对支座进行形体分析,可将其分解为五个基本形体,各基本形体的定形、定位尺寸如图 4.29（b）、（c）所示。

（2）逐个标注各基本形体的定形尺寸

按照前述形体分析结果,分别标注出各基本形体的定形尺寸,如图 4.30（a）所示。

83

（a）支座　　　　　　　　（b）形体分析及定形尺寸　　　　　　（c）定位尺寸

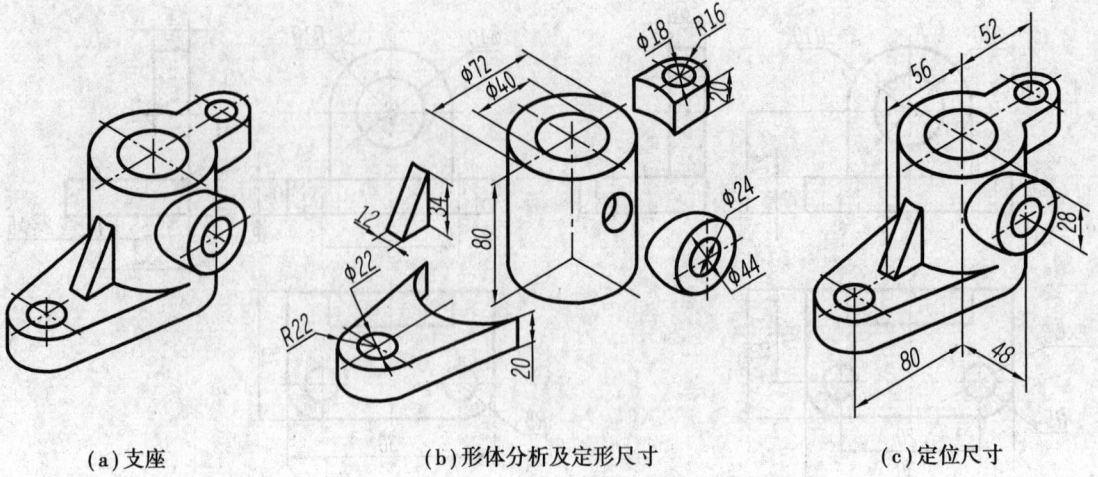

图 4.29　支座及其形体分析

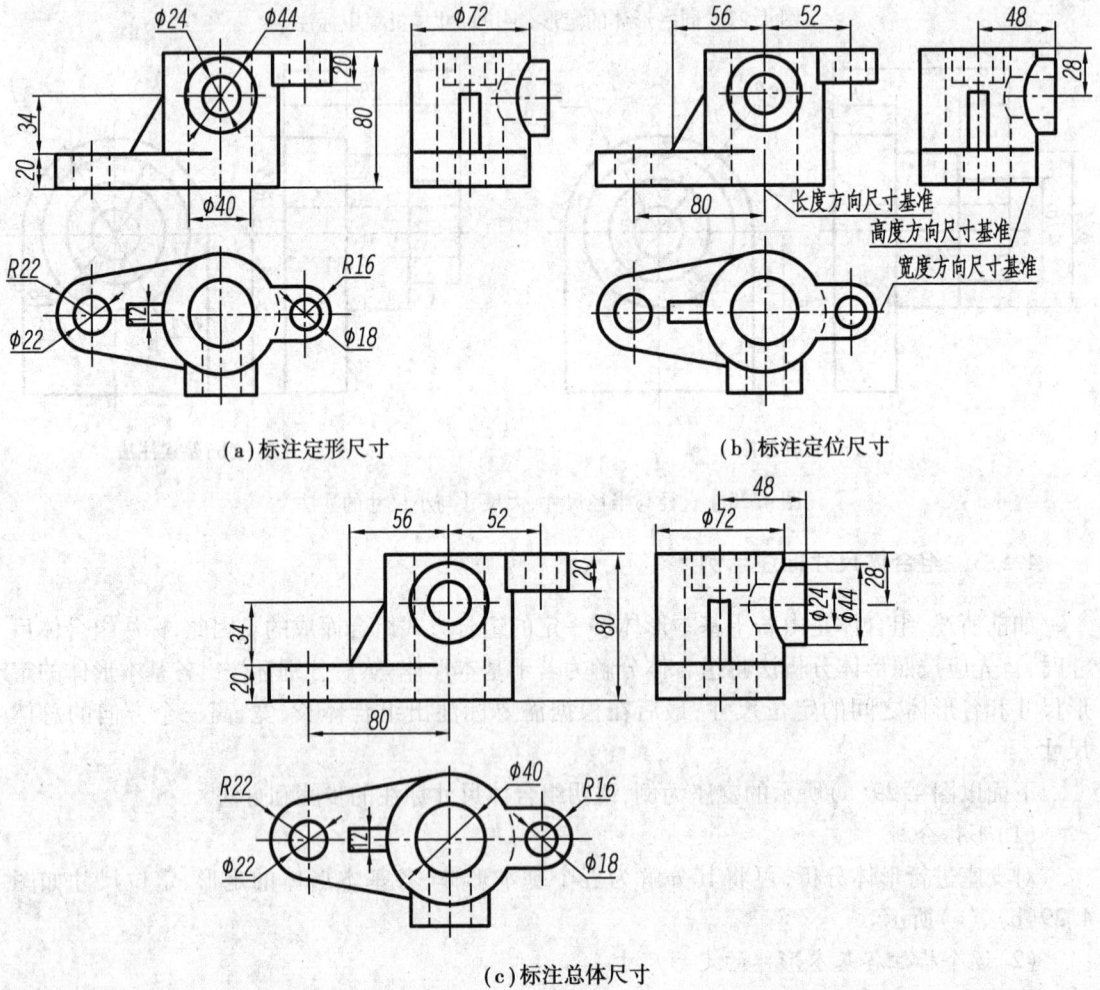

（a）标注定形尺寸　　　　　　　　　　　（b）标注定位尺寸

（c）标注总体尺寸

图 4.30　支座的尺寸标注

（3）选定尺寸基准，标注定位尺寸

从支座的结构特征考虑，中间的圆柱筒是主体结构，其轴线可作为长度方向的尺寸基准；底板的底面是支座的安装面，底面可作为高度方向的尺寸基准；支座前后对称，其前后对称面可作为宽度方向的尺寸基准。

尺寸基准选定后，按各部分的相对位置标注出它们的定位尺寸，如图 4.30（b）所示。

（4）标注总体尺寸

如图 4.30（c）所示，圆柱筒的高度尺寸 80 为支座总高尺寸（与定形尺寸重合，不另行注出）；总长尺寸由定位尺寸 52 mm、80 mm 以及定形尺寸 $R16$ mm、$R22$ mm 所确定；总宽尺寸由定位尺寸 48 mm 加上圆柱筒的半径 $R20$ mm 确定。

按上述步骤标注出三类尺寸后，还要按形体逐个检查有无重复或遗漏，进行修正和调整。

第**5**章
轴测图

在工程上常用的多面正投影图能完整、准确地表达出零件的各部分结构形状,并且作图方便,如图 5.1(a)所示。但这种图样缺乏立体感,需要对照几个视图运用正投影原理进行阅读,才能想象出物体的形状,因此,只有具备一定的读图能力才能读懂。为了帮助看图,工程上还常采用轴测投影图来表达形体,如图 5.1(b)所示。它是一种能同时反映物体三维空间形状的单面投影图。这种投影图富有立体感,比正投影图直观,但作图复杂,度量性差。因此,它在工程上仅作为一种辅助图样,用来说明产品的结构和使用方法,在设计测绘中可帮助进行空间构思及分析。

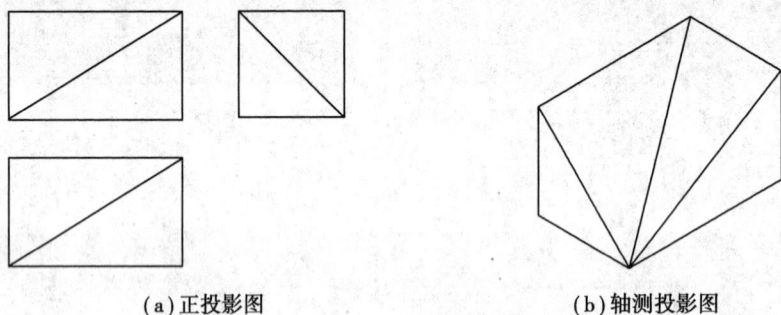

(a)正投影图   (b)轴测投影图

图 5.1 正投影图与轴测投影图的比较

5.1 轴测图的基础知识

5.1.1 轴测图的形成

将空间物体连同参考直角坐标系,沿不平行于任意坐标平面的方向 S,用平行投影法投射到单一投影面 P 上,所得到的图形称为轴测投影图,简称轴测图,如图 5.2 所示。这种投影图可同时反映物体三个方向的尺寸和形状,具有很好的直观性。

在这里,单一投影面 P 称为轴测投影面,空间直角坐标轴 OX、OY、OZ 在轴测投影面 P 上的投影 O_1X_1、O_1Y_1、O_1Z_1 称为轴测投影轴,简称轴测轴。

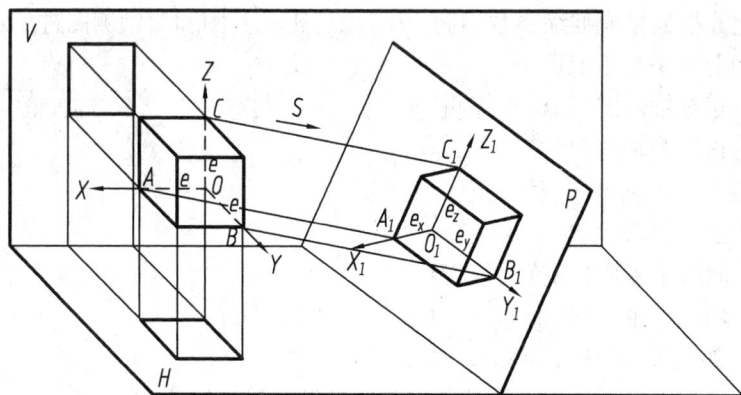

图 5.2　轴测图的形成

5.1.2　轴间角和轴向伸缩系数

轴测轴之间的夹角 $\angle X_1O_1Y_1$、$\angle X_1O_1Z_1$ 和 $\angle Y_1O_1Z_1$ 称为轴间角。轴测轴上的单位长度与空间坐标轴上的单位长度之比,称为轴向伸缩系数,如图 5.2 所示。

如在空间三坐标轴 OX、OY 和 OZ 上截取单位长度 e 的线段,使 $OA = OB = OC = e$,投影到轴测投影面上后在轴测轴 O_1X_1、O_1Y_1 和 O_1Z_1 上的投影长度分别为 $O_1A_1 = e_x$,$O_1B_1 = e_y$,$O_1C_1 = e_z$,它们与单位长度 e 的比值:

$$\frac{O_1A_1}{OA} = \frac{e_x}{e} = p \quad （沿 OX 轴的轴向伸缩系数）$$

$$\frac{O_1B_1}{OB} = \frac{e_y}{e} = q \quad （沿 OY 轴的轴向伸缩系数）$$

$$\frac{O_1C_1}{OC} = \frac{e_z}{e} = r \quad （沿 OZ 轴的轴向伸缩系数）$$

5.1.3　轴测图的基本性质

轴测图是利用平行投影法形成的,因此,轴测图具有平行投影的投影特性。

①平行性:物体上相互平行的线段,在轴测图上仍然相互平行。

②定比性:物体上平行于坐标轴的线段,在轴测图上与相应的轴测轴平行,并且其轴向伸缩系数也与相应轴的轴向伸缩系数相同。

由以上特性可知:画轴测图时,物体上凡是平行于各坐标轴的线段,其轴测投影的长度等于空间实长乘以轴向伸缩系数,直接沿轴测轴的方向量取轴测投影的长度,以此作出该线段的轴测投影。因此,"轴测"二字即为"沿轴测轴方向直接测量作图"的意思。

应该特别注意的是:如果物体上的线段不与坐标轴平行,其轴测投影的长度与原长之比并不等于轴向伸缩系数,因而不能直接测量和绘图。

5.1.4　轴测图的分类

根据投射方向与轴测投影面夹角不同,轴测图分为正轴测图和斜轴测图。

改变物体上直角坐标系坐标轴与轴测投影面的夹角,轴测图的轴间角及轴向伸缩系数就

会随着发生变化。根据轴向伸缩系数不同,又可以将正轴测图和斜轴测图进一步划分为:

(1)正轴测图(S 垂直于 P)

$p=q=r$ 时:正等轴测图(简称正等测)

$p=q\neq r$ 时:正二等轴测图(简称正二测)

$p\neq q\neq r$ 时:正三等轴测图(简称正三测)

(2)斜轴测图(S 倾斜于 P)

$p=q=r$ 时:斜等轴测图(简称斜等测)

$p=q\neq r$ 时:斜二等轴测图(简称斜二测)

$p\neq q\neq r$ 时:斜三等轴测图(简称斜三测)

本章仅介绍工程中常用的正等测和斜二测两种轴测投影图的画法。

画物体的轴测图时,应首先选择画哪一种轴测图,从而确定各轴向伸缩系数和轴间角。轴测轴根据已确定的轴间角,按表达清晰和作图方便来安排,一般将 Z 轴铅垂放置,且只画出轴测轴的方向而省去箭头和标记。在轴测图中,用粗实线画出物体的可见轮廓,不可见轮廓通常不画。

5.1.5 基本的作图方法——坐标法

画轴测图时,首先要确定轴测轴的位置(即确定轴间角)及各轴向伸缩系数,然后根据点的坐标画出其轴测投影。

如图 5.3 所示,已知轴测轴 O_1X_1、O_1Y_1、O_1Z_1 及相应的轴向伸缩系数 p、q、r,求作点 $B(5,7,9)$ 的轴测投影。

作图过程:

①沿 O_1X_1 截取 $O_1b_x=5p$;

②过 b_x 作 $b_xb /\!/ O_1Y_1$,截取 $b_xb=7q$;

③过 b 作 $bB /\!/ O_1Z_1$,截取 $Bb=9r$。

即得点 B 的轴测投影。

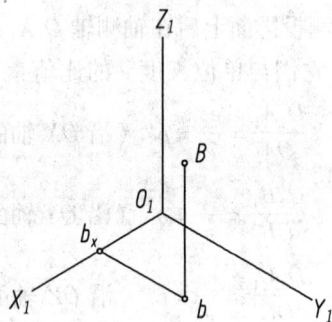

图 5.3 点的轴测投影画法

5.2 正等轴测图

5.2.1 轴间角及轴向伸缩系数

当坐标轴 OX、OY、OZ 处于对轴测投影面的倾角相等时,所得到的轴测图就是正等轴测图。

正等轴测图的轴间角 $\angle X_1O_1Y_1 = \angle X_1O_1Z_1 = \angle Y_1O_1Z_1 = 120°$,如图 5.4 所示。根据理论分析,轴向伸缩系数 $p=q=r\approx 0.82$,按轴向伸缩系数作图时,需要将每个轴向尺寸乘以轴向伸缩系数,但在实际画图时,很不方便。因此,一般将轴向伸缩系数简化为 1,即 $p=q=r=1$。如图 5.5 所示,为同一长方体采用理论轴向伸缩系数和简化轴向伸缩系数画出的正等轴测图。不难看出,采用简化伸缩系数画出的轴测图尺寸被放大了 $1/0.82\approx 1.22$ 倍,但图形的形状并未改变,作图过程却简化多了。

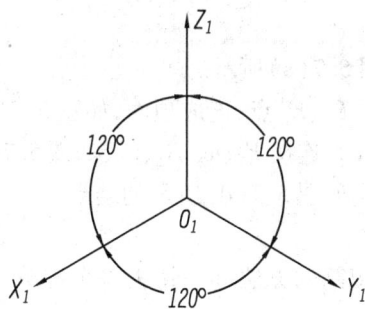

图 5.4　正等测的轴间角

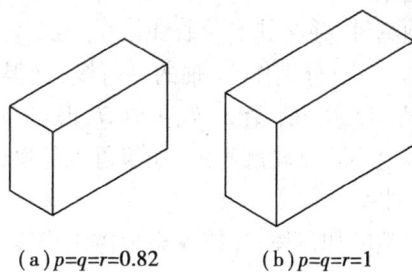

（a）p=q=r=0.82　　（b）p=q=r=1

图 5.5　长方体的正等轴测图

5.2.2　平面立体的正等轴测图画法

正等轴测图常用的作图方法有坐标法、叠加法和切割法。其中,坐标法是最基本的作图方法。

（1）坐标法

坐标法是根据平面立体上各顶点坐标,分别画出其轴测投影,然后依次连接各顶点,从而完成立体的轴测图。

【例 5.1】　作出如图 5.6 正六棱柱的正等轴测图。

分析: 首先,在形体的投影图上建立坐标系（O-XYZ）,使形体上的棱线（棱面）尽量与轴测轴（轴测坐标面）平行;再运用平行投影特性求出形体上各顶点、棱线、棱面的轴测投影;最后判断可见性,去掉不可见的虚线,即得形体的轴测图。

如图 5.6 所示的正六棱柱上下底面都为水平面（平行于 XOY）,且为对称图形,棱线为铅垂线（平行于 OZ 轴）,因此,选择直角坐标系时,直角坐标轴可按对称位置选取,坐标原点设在上底面中心,则六棱柱上底面的顶点 A、D 在 OX 轴上,边线 BC、EF 平行于 OX 轴,各棱线平行于 OZ 轴。

画正六棱柱的正等轴测图时,根据轴测投影特性,先确定 A_1、D_1 点,B_1C_1、E_1F_1 边,再画出各棱线,最后连接下底面各可见顶点。

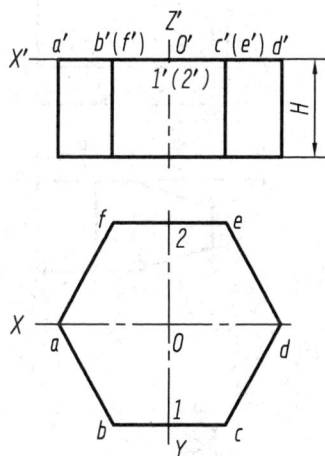

图 5.6　正六棱柱的三视图

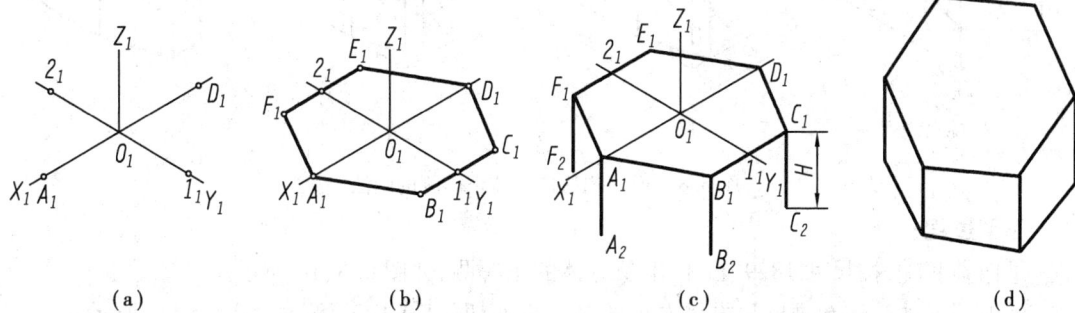

（a）　　　　　　（b）　　　　　　（c）　　　　　　（d）

图 5.7　正六棱柱的正等测的画法

89

作图过程:

①作轴测轴,并在其上量取 A_1、D_1、1_1、2_1 点,如图 5.7(a)所示。

②过 1_1、2_1 点分别作 X_1 轴的平行线,量得 B_1、C_1、E_1、F_1 点,连成顶面,如图 5.7(b)所示。

③由 F_1、A_1、B_1、C_1 沿 Z_1 轴量取 H,得 F_2、A_2、B_2、C_2,连接 F_2、A_2、B_2、C_2,如图 5.7(c)所示。

④物体上不可见轮廓不画,加粗可见轮廓线,得到如图 5.7(d)所示的结果。

（2）切割法

对不完整的切口体,先按完整形体画出,然后用切割的方法逐一切去多余部分,画出剩余的不完整部分,称为切割法。

【例 5.2】 如图 5.8(a)所示,根据不完整切口体的三视图,画出它的正等轴测图。

分析:该物体可采用坐标法结合切割法作图,即将该物体看成由一个长方体切割而成。左上角被一个正垂面切割,左方的前后分别被一个铅垂面切割掉一个三棱柱。铅垂面截切后与正垂面相交产生与三根坐标轴均不平行的线段,在轴测图上不能直接从正投影图中量取,必须按坐标求出其端点,然后连接各点。

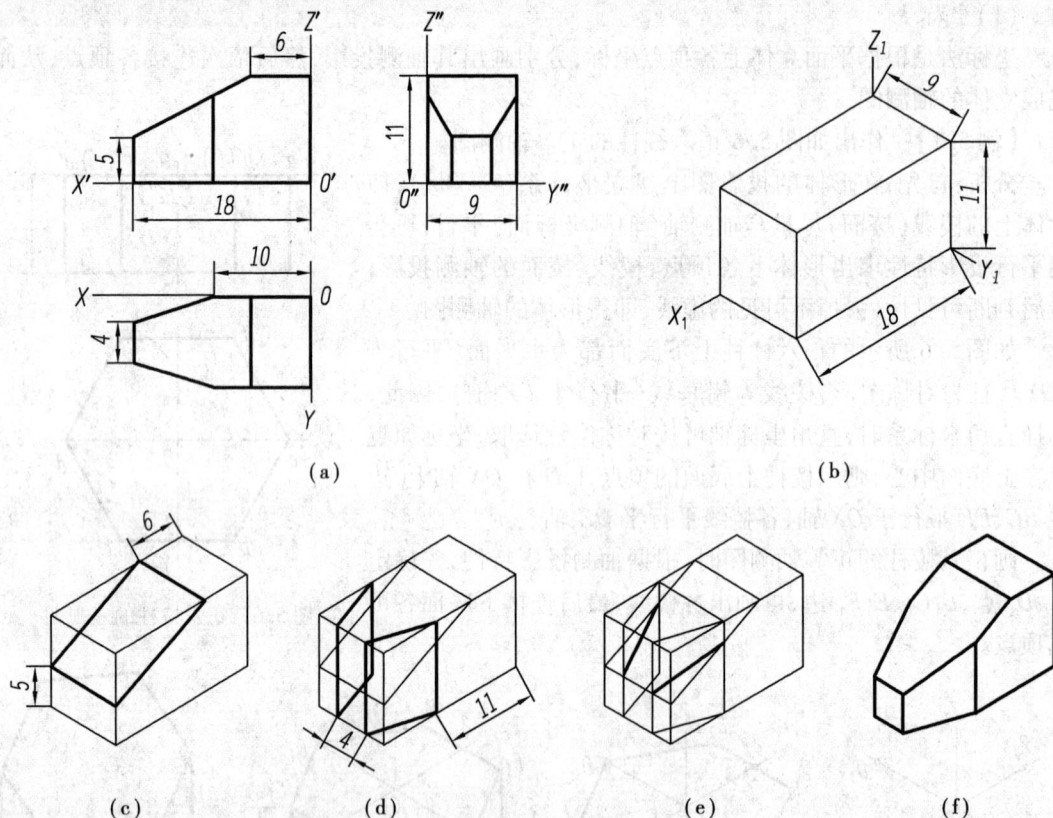

(a)　　　　　　　　　　　　　　(b)

(c)　　　　　　(d)　　　　　　(e)　　　　　　(f)

图 5.8　用切割法作立体正等测的画法

作图过程:

①作轴测轴,按尺寸 18、9、11 作出长方体的正等测,如图 5.8(b)所示。

②根据尺寸 5 和 6 画出长方体左上角被正垂面切割后的正等测,如图 5.8(c)所示。

③再根据尺寸 4 和 11 画出长方体左方的前后分别被一个铅垂面切割掉一个三棱柱后的正等测,如图 5.8(d)所示。

④画出铅垂面与正垂面相交产生的交线。与三根坐标轴均不平行,在轴测图上不能直接从三视图中量取,必须按坐标求出其交点,然后连接两端点,如图 5.8(e)所示。

⑤擦去作图线,加深,得到如图 5.8(f)所示的结果。

5.2.3　回转体的正等轴测画法

(1)平行坐标面的圆的正等轴测图画法

属于(或平行于)坐标面的圆的正等测投影为椭圆,其长轴方向垂直于不属于此坐标面的第三根轴的轴测投影,短轴平行于这条轴测轴。图 5.9 所示为属于坐标面内的圆的正等轴测图。

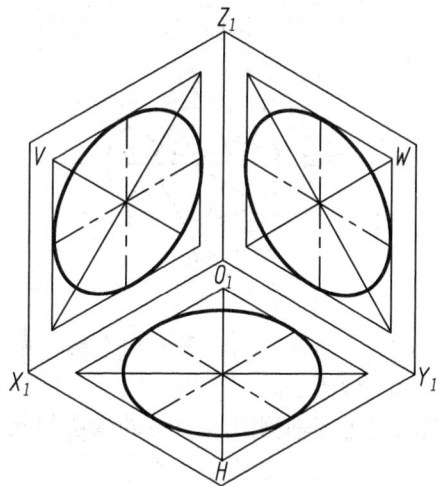

图 5.9　坐标面上圆的正等轴测图

属于(或平行于)$X_1O_1Y_1$ 平面的圆,其轴测投影椭圆的长轴垂直于 O_1Z_1,短轴平行于 O_1Z_1;

属于(或平行于)$X_1O_1Z_1$ 平面的圆,其轴测投影椭圆的长轴垂直于 O_1Y_1,短轴平行于 O_1Y_1;

属于(或平行于)$Y_1O_1Z_1$ 平面的圆,其轴测投影椭圆的长轴垂直于 O_1X_1,短轴平行于 O_1X_1。

为简化作图,上述椭圆常采用四段圆弧连接的近似画法,称为"四心法"。图 5.10 以水平位置圆的正等轴测图为例,说明椭圆的近似画法。

作图过程:

①将坐标系原点设在圆心,作出圆的外切正方形,并使正方形的边与坐标轴平行,切点为 A、B、C、D,如图 5.10(a)所示。

②作轴测轴,从原点 O_1 沿 X_1、Y_1 轴的正、反方向分别量取半径 $d/2$,在轴测轴上得点 A_1、B_1、C_1、D_1,作出椭圆的外切菱形 $E_1F_1G_1H_1$,菱形的边分别平行于 X_1 轴、Y_1 轴,并作菱形的对角线,如图 5.10(b)所示。

③分别连接点 F_1 和 A_1、H_1 和 B_1,两直线交于 1 点;再分别连接点 F_1 和 D_1、H_1 和 C_1,两直线交于 2 点。点 F_1、H_1、1、2 四个点即为"四心法"画椭圆四段圆弧的圆心。F_1、H_1 为短对角线的顶点,1、2 在长对角线上,如图 5.10(c)所示。

④分别以 F_1、H_1 为圆心,以 H_1B_1(或 H_1C_1)、F_1D_1(或 F_1A_1)为半径画大圆弧 $\overset{\frown}{C_1B_1}$ 和 $\overset{\frown}{D_1A_1}$,

如图 5.10(d) 所示。分别以 1、2 为圆心，以 $1B_1$(或 $1A_1$)、$2C_1$(或 $2D_1$)为半径画小圆弧 $\overset{\frown}{B_1A_1}$ 和 $\overset{\frown}{C_1D_1}$，如图 5.10(e) 所示。四段圆弧在接点处相切，围成一个近似的椭圆。

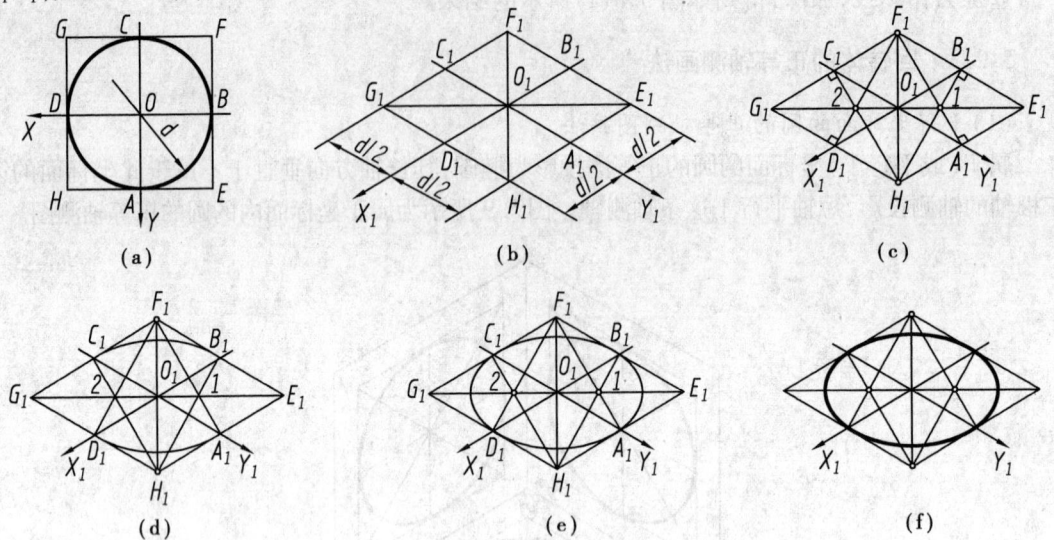

图 5.10 "四心法"画水平圆的正等测的画法

⑤加深，完成作图，如图 5.10(f) 所示。

平行于 XOZ、YOZ 坐标面圆的正等轴测图(椭圆)的画法与此相同，应注意椭圆长、短轴方向不同，如图 5.11 所示。

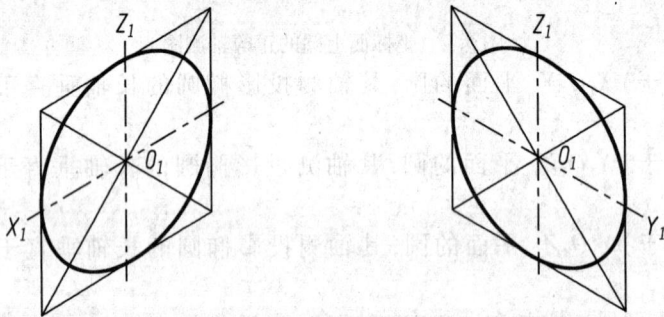

图 5.11 XOZ、YOZ 坐标面的圆的正等轴测图(近似椭圆)

(2)回转体的正等轴测画法

【例 5.3】 如图 5.12(a) 所示，根据圆柱的投影图画出它的正等轴测图。

分析：图 5.12(a) 所示圆柱的轴线为铅垂线，顶面和底面都是水平面。因此，取顶面圆的圆心为原点，确定如图 5.12(a) 所示的坐标系。

作图过程：

①按图 5.12(a) 所示，将坐标原点选在顶圆上，Z 轴与圆柱的轴线重合。

②按图 5.10 的四心法作出上底面椭圆，将上底面椭圆的中心向下平移 H，画出下底面上 X 轴、Y 轴以及椭圆的长短轴；然后将上底面椭圆的四段圆弧的圆心也向下平移 H，即可得到下底面椭圆圆弧的圆心，半径同上底面圆弧的半径，只作可见部分，如图 5.12(b) 所示。

③画出两椭圆的两条公切线(平行于 Z 轴)，作为圆柱表面的轮廓线，擦去不可见的线，并将可见的线加深，如图 5.12(c) 所示。

（a）　　　　　　　　　　　（b）　　　　　　　　　　　（c）

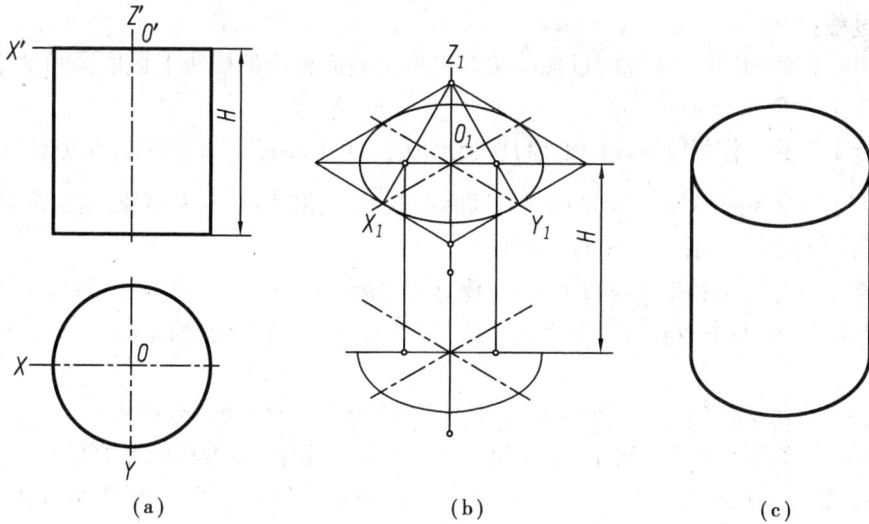

图 5.12　圆柱的正等轴测图画法

5.2.4　组合体的正等轴测画法

圆角是组合体上的常见结构,要画组合体的正等轴测图,必须掌握圆角的正等轴测图的画法。

如图 5.13(a)所示,根据投影图求作圆角的正等轴测图。

分析:平行于坐标面的圆角,实际上是平行于坐标面圆的一部分。因此,常见的 1/4 圆的圆角正等轴测图是近似椭圆的四段圆弧中相应的一段。从图 5.10 所示椭圆的近似画法可以看出:菱形的钝角与大圆弧相对,锐角与小圆弧相对,菱形相邻两条边中垂线的交点就是圆心,中垂线的长度就是半径。

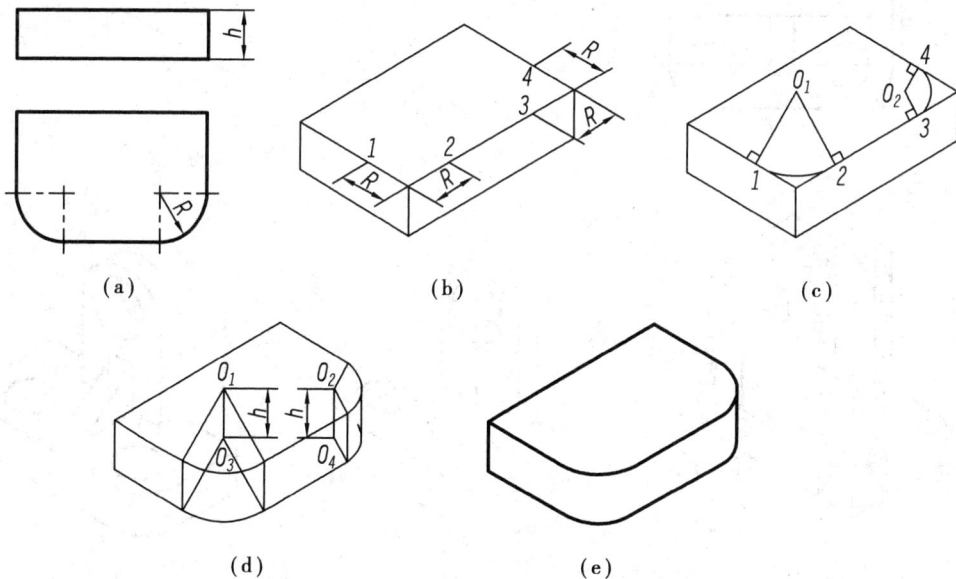

（a）　　　　　　　　　　　（b）　　　　　　　　　　　（c）

（d）　　　　　　　　　　　（e）

图 5.13　圆角的正等轴测图画法

作图过程:

①画出平板的轴测图,按椭圆近似画法在平板上底面相应的棱线上截取圆角的半径 R 得点 1、2 和 3、4,如图 5.13(b)所示。

②过点 1、2 分别作相应棱线的垂线,得交点 O_1。同样,过点 3、4 分别作相应棱线的垂线,得交点 O_2。以 O_1 为圆心,$O_1 1$ 为半径,画 $\overset{\frown}{12}$ 圆弧;以 O_2 为圆心,$O_2 3$ 为半径,画 $\overset{\frown}{34}$ 圆弧,得平板上表面圆角的轴测图,如图 5.13(c)所示。

③将圆心 O_1、O_2 下移平板厚度 h,得平板下表面圆角的圆心 O_3、O_4,再以与上面相同半径分别画出两段圆弧,在平板右端作上下圆弧的公切线,即得平板下面圆角的轴测图,如图 5.13(d)所示。

④擦去多余作图线,描深,完成平板圆角的正等轴测图,如图 5.13(e)所示。

【例 5.4】 如图 5.14(a)所示,根据组合体的三面投影图,画出其正等轴测图。

分析: 画组合体的正等轴测图时,首先要对组合体进行形体分析,然后将组合体的形体从上到下、从前至后按它们的相对位置逐个画出,最后擦去各形体多余的图线及不可见的图线。

如图 5.14 所示的组合体由上下两块板组成。上面一块竖板的顶部是圆柱面,中间有一个圆柱通孔,下面是一块带圆角的长方形底板,底板的左右两边都有圆柱通孔。作图时,先作未

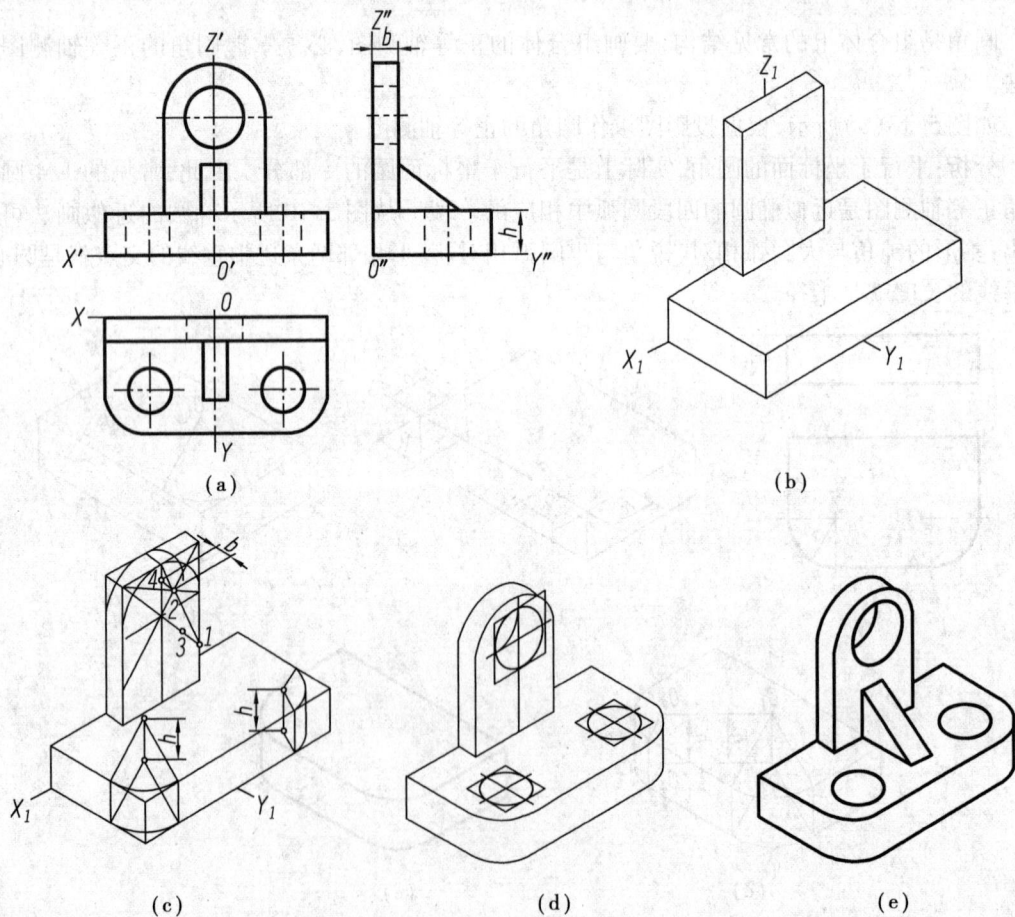

(a)

(b)

(c)

(d)

(e)

图 5.14 组合体的三视图及正等轴测图画法

切割圆角的长方形底板,再按顺序作竖板,穿孔,切割圆角、圆孔。因该组合体左右对称,可取后底边的中点为原点,如图 5.14(a)所示。

作图过程:

①作轴测轴,画底板的轮廓和竖板的初始轮廓,如图 5.14(b)所示。

②画出竖板顶部圆柱面的正等测椭圆(画圆角的方法),再作底板上的圆角,如图 5.14(c)所示。

③作竖板上的小圆孔,完成竖板的正等测。确定底板顶面上两个圆孔的圆心位置,作出这两个孔的正等测近似椭圆,完成底板的正等测,如图 5.14(d)所示。

④擦去作图线,加深,作图结果如图 5.14(e)所示。

5.3　斜二等轴测图

将坐标轴 OZ 置于铅垂位置,坐标面 XOZ 平行于轴测投影面,且投影方向与三个坐标轴都不平行时形成正面斜轴测图。在正面斜二等轴测图中,轴向伸缩系数 $p = r = 1$、$q = 0.5$,轴间角 $\angle X_1 O_1 Z_1 = 90°$、$\angle X_1 O_1 Y_1 = \angle Y_1 O_1 Z_1 = 135°$,如图 5.15 所示。

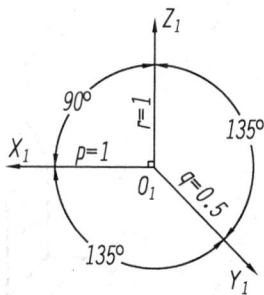

图 5.15　斜二测轴间角和轴向伸缩系数

正面斜二等轴测图的正面形状能反映形体正面的真实形状。特别当形体正面有圆和圆弧时,画图简单方便,这是它的最大优点。但平行于 XOY、YOZ 两坐标面的圆的斜二等轴测图为椭圆,而椭圆的长、短轴不再具有正等轴测图椭圆的长、短轴与轴测轴垂直和平行的规律,且作图较繁。加之斜二等轴测图的立体感较正等轴测图稍差。因此,正面斜二等轴测图只适于正面上多圆或圆弧的形体。

下面举例说明正面斜二等轴测图的画法。

【例 5.5】　已知组合体的两面投影图,如图 5.16(a)所示,试画出该组合体的斜二等轴测图。

分析: 该组合体由上下两部分组成,前后共面。下面是一个长方体,上面叠加一个 U 形柱。长方体下方中间切掉一个燕尾槽,前后通槽;U 形柱里前后贯穿一个圆孔。作图时,正面圆的斜二测,仍反映圆的实形。因该组合体左右对称,可取前方表面圆的圆心为原点,如图5.16(a)所示。

作图过程:

①作前方平面,如图 5.16(b)所示。

②画出长方体的后方平面,向后平移 $L/2$,在下方切掉一个燕尾槽,如图 5.16(c)所示。

③画 U 形柱,圆心向后平移 $L/2$,作两圆弧的切线,再画圆柱通孔,如图 5.16(d)所示。

④整理轮廓,后方平面上的圆弧透过前方可见的画,不可见的不画,如图 5.16(e)所示。

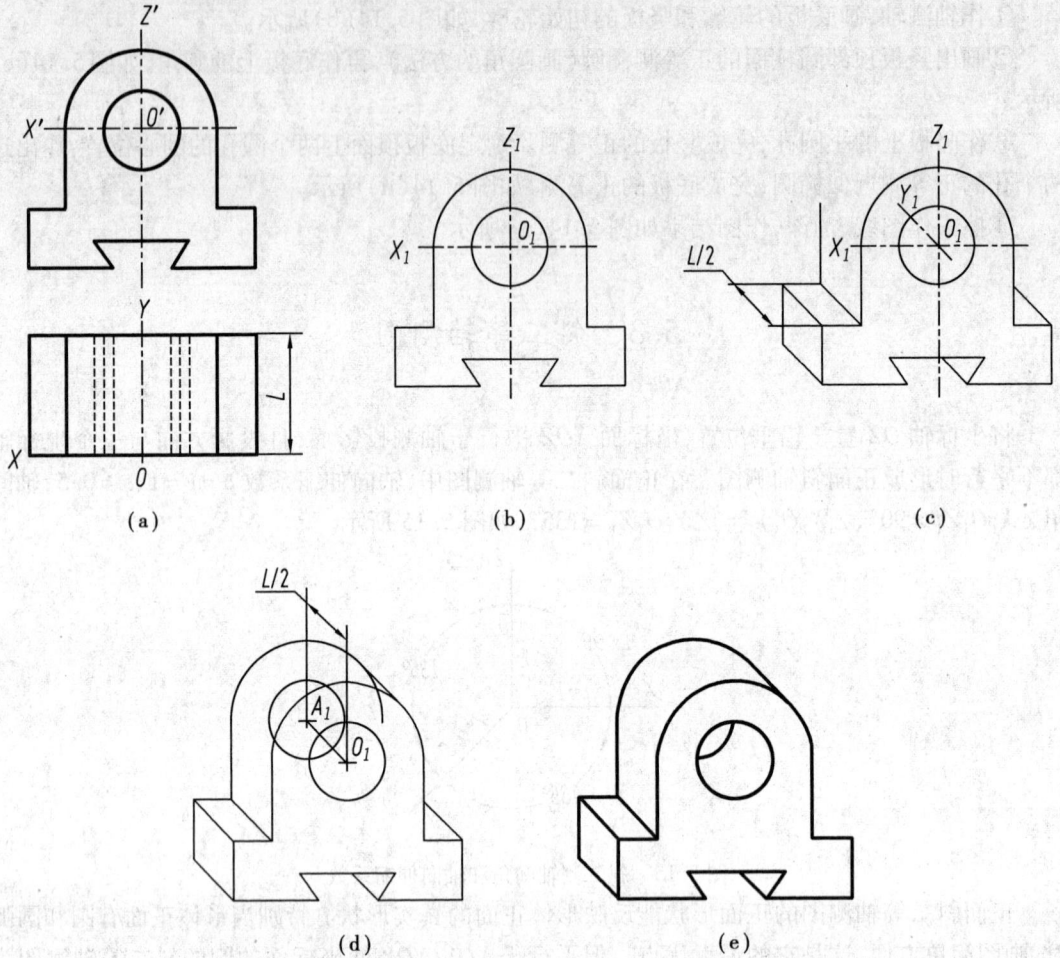

图 5.16 组合体的两面投影图及正面斜二等轴测图画法

【例 5.6】 已知组合体的两面投影图,如图 5.17(a)所示,试画出其斜二等轴测图。

分析: 该组合体由上下两部分组成。下面是一个长方体,上面叠加一个半圆柱。长方体的前面中间切掉一个半圆形的槽,然后前后贯穿一个圆孔。作图时,正面圆的斜二测,仍是反映实形的圆。因该组合体左右对称,可取长方体上表面后边的中点为原点,如图 5.17(a)所示。

作图过程:

①作未切割半圆槽的长方体,然后在其上表面中间叠加一个半圆柱,后方共面,如图 5.17(b)所示。

②画出长方体上面前方切掉一个半圆形的槽,半径与上面叠加圆柱的半径相同,如图 5.17(c)所示。

③最后再穿圆柱通孔,后方是圆柱孔,前方是半圆形槽,半径相同,如图 5.17(d)所示。

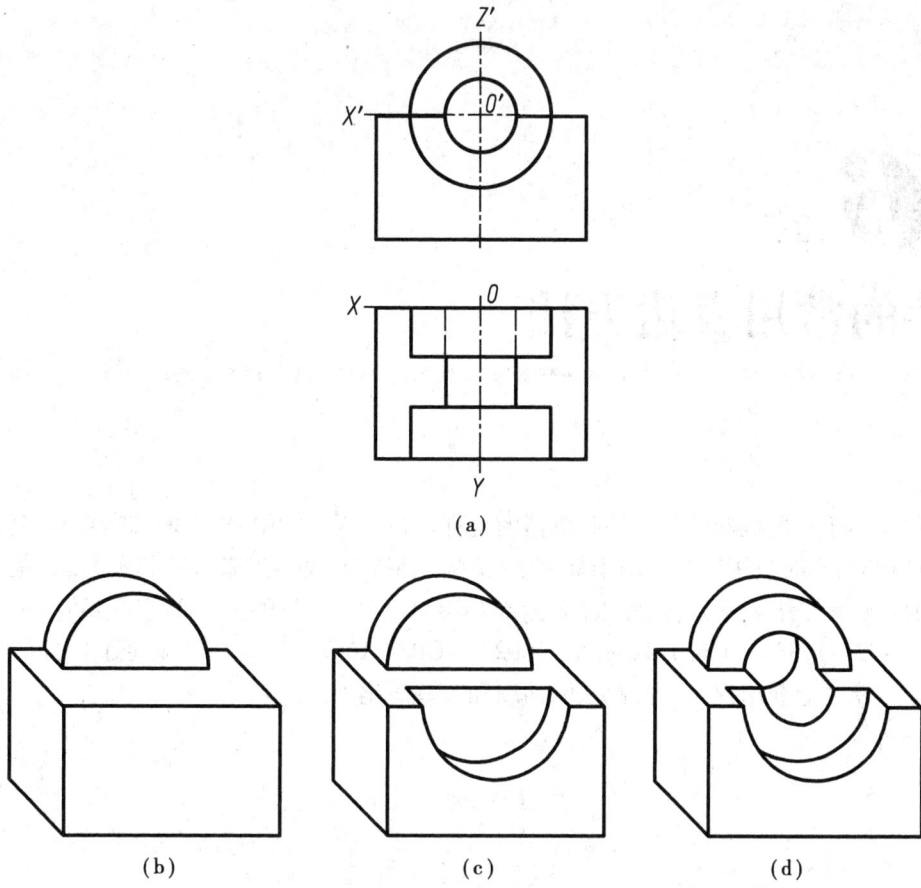

图 5.17　组合体的正面斜二等轴测图画法

第 **6** 章
机件的常用表达方法

꧁꧂꧁꧂꧁꧂꧁꧂꧁꧂꧁꧂꧁꧂꧁꧂꧁꧂꧁꧂꧁꧂꧁꧂꧁꧂꧁꧂꧁꧂꧁꧂

机件指用于装配机器的零部件和机器的统称。在工程实际中,机件的结构形状多种多样,表达其结构时,有时只用三个视图不能完整、清晰地将它们表达出来,还需要增设其他方向视图,或用剖视等方法表示。为此,国家标准(GB/T 17451—1998)、(GB/T 4458.1—2002)、(GB/T 17452—1998)、(GB/T 4458.6—2002)、(GB/T 16675.1—2012)规定了机件的各种表达方法。本章主要介绍视图、剖视图、断面图和一些简化画法。

6.1 视 图

机件向投影面投影所得的图形,称为视图。视图主要用来表达机件的外部结构形状,包括基本视图、向视图、局部视图和斜视图。

6.1.1 基本视图

将机件向各基本投影面投影所得的视图,称为基本视图。

如图 6.1(a)所示,在原有三个投影面基础上,再增设三个投影面即可围成一个正六面体,正六面体的六个面称为六个基本投影面。将机件置于正六面体中间,分别向六个投影面作正投影,得到机件的六个基本视图。这样,除了已经学过的三个基本视图(主视图、俯视图和左视图)外,又增加了由右向左、由后向前、由下向上投影所得的右视图、后视图和仰视图。如图 6.1(b)所示,其展开方法是保持正立投影面不动,其余投影面展开,直至与正立投影面处于同一个平面。展开后各视图的配置关系如图 6.2 所示。

六个基本视图的度量对应关系,仍遵守"三等"规律。方位对应关系特别要注意:左、右视图和俯、仰视图靠近主视图的一侧是机件的后面,远离主视图的一侧是机件的前面。

为了便于看图,视图一般只画出机件的可见部分,必要时才画出不可见部分。在实际绘图时,应根据机件的复杂程度选用合适的基本视图,不一定将六个基本视图全部画出。

6.1.2 向视图

在同一张图纸内,六个基本视图按图 6.2 配置时,一律不标注视图的名称。有时为了合理

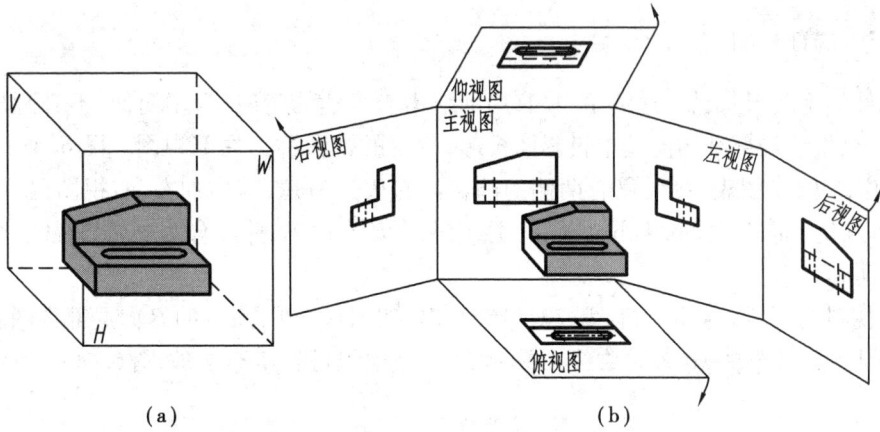

（a）　　　　　　　　　　　　　　　　（b）

图 6.1　六个基本视图的形成和展开

利用图纸,可将视图自由配置在图纸的空余地方,这种可自由配置的视图称为向视图。向视图需要进行标注,即在其上方中间位置用大写拉丁字母标注出视图的名称,在相应视图附近用箭头指明投影方向,并注同样的字母,如图 6.3 所示。

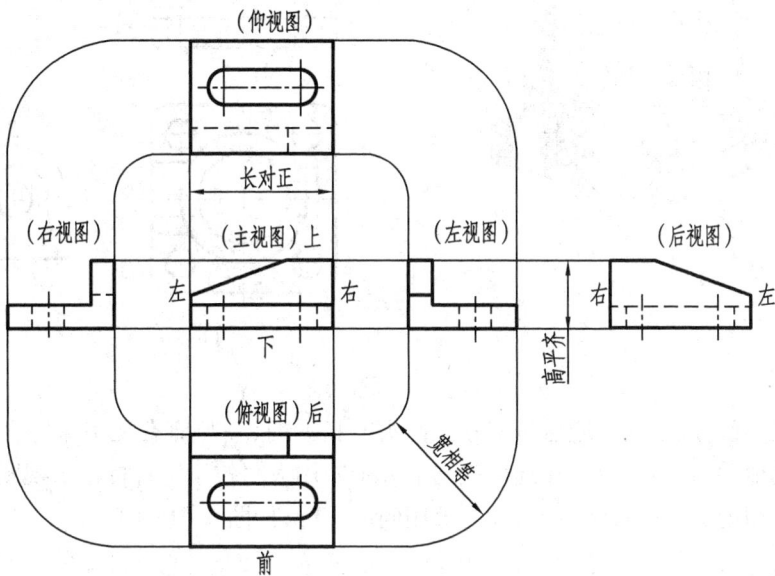

图 6.2　六个基本视图的配置

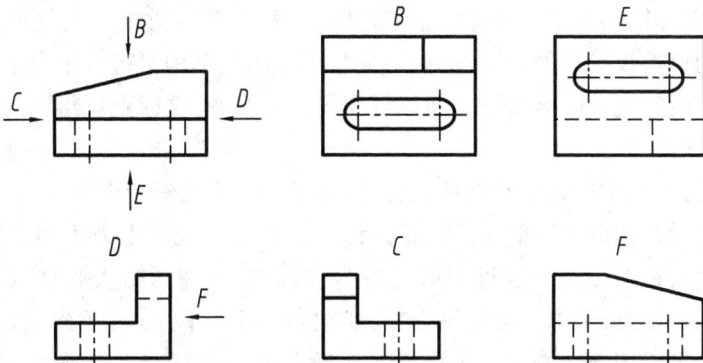

图 6.3　向视图

6.1.3 局部视图

当机件的主要形状已表达清楚,只有局部结构未表达清楚时,为了简便,不必画出完整的基本视图,只将该局部结构向基本投影面投影,所得的视图称为局部视图。图6.4(a)所示的机件,采用主、俯视图表达后,仍有两侧的凸台没有表达清楚,若增加左、右视图,虽可完整表达,但不够简练;而采用图6.4(b)所示的主、俯两个基本视图,并配合两个局部视图,则使表达更为简洁明晰。

局部视图的断裂边界用波浪线或双折线画出,如图6.4(b)所示的 B 向局部视图。当所表达的局部结构是完整的,且外轮廓线又成封闭时,波浪线可省略不画,如图6.4(b)所示的 A 向局部视图。

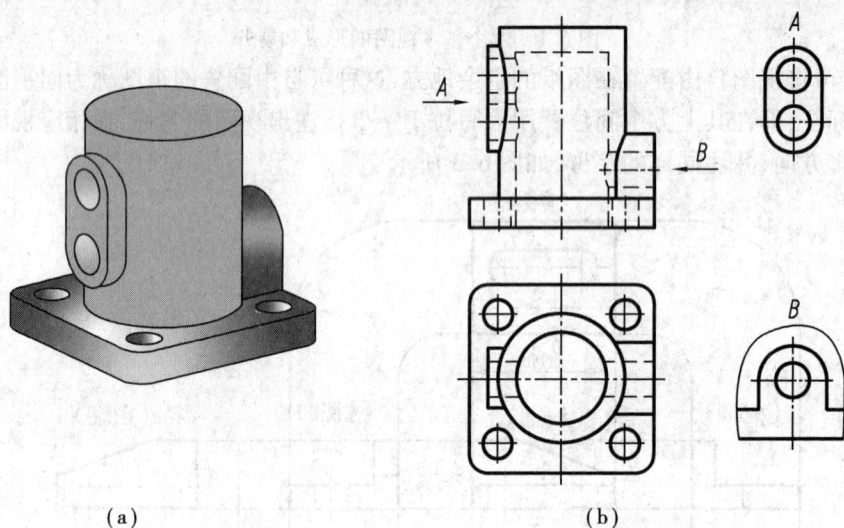

图6.4 局部视图

为了看图方便,局部视图应尽量配置在箭头所指方向,并与原有视图保持投影关系,必要时也可放在其他适当位置,但要在局部视图上方中间用大写拉丁字母标注出视图的名称,在相应的视图附近用箭头注明投影方向,并注上相同的字母,如图6.4(b)所示。

6.1.4 斜视图

当机件的某部分结构不平行于任何基本投影面时,在基本投影面上就不能反映该结构的实形。此时,可用更换投影面的方法,选择一个与机件倾斜结构平行且垂直于一个基本投影面的辅助投影面,然后将机件的倾斜部分向该辅助投影面投影,这样就可得到反映倾斜结构实形的视图,如图6.5所示。

机件向不平行于基本投影面的平面投影所得的视图,称为斜视图。

画斜视图时,通常按向视图的形式配置并标注。即在斜视图上方中间位置用大写拉丁字母标注出视图名称,在相应视图附近用箭头指明投影方向,注意箭头要垂直于机件的倾斜表面,并标注上相同的字母,字母一律水平书写,如图6.5(b)所示。在不致引起误解时,允许将图形旋转,其标注形式用旋转符号与大写拉丁字母表示,如图6.5(c)所示。注意字母应靠近旋转符号箭头端,也允许将旋转角度值标注在字母后,旋转符号的方向应与实际旋转方向一致。斜视图的断裂边界用波浪线或双折线表示,其画法与局部视图基本相同。

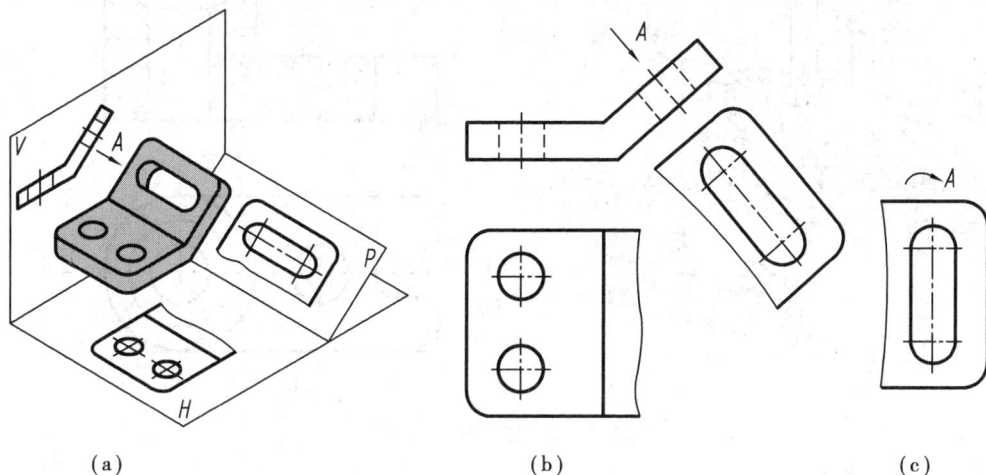

(a)　　　　　　　　　　(b)　　　　　　　　　　(c)

图 6.5　斜视图

6.2　剖视图

如图 6.6 所示的机件,当其内部结构比较复杂时,在视图中就会出现许多虚线,这些虚线与其他图线重叠会影响图形的清晰,给读图和标注尺寸带来不便。因此,对机件不可见的内部结构常采用剖视图来表达。

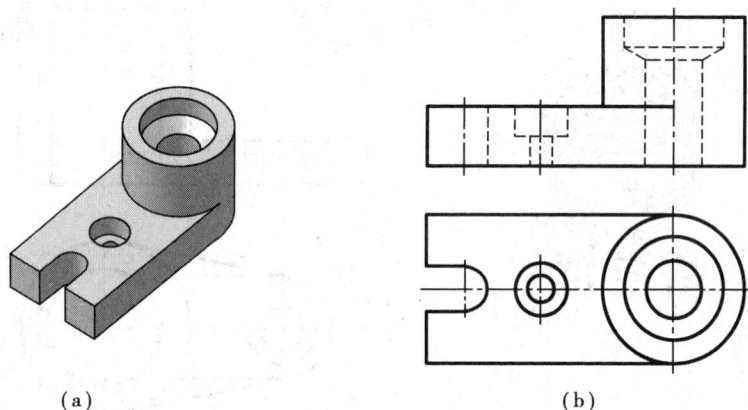

(a)　　　　　　　　　　　　　　(b)

图 6.6　机件的视图

6.2.1　剖视图的概念

(1)剖视图的形成

假想用剖切面(平面或柱面)将机件剖开,再将处在观察者和剖切面之间的部分移去,而将其余部分向投影面投影,所得的图形称为剖视图(简称"剖视"),如图 6.7 所示。

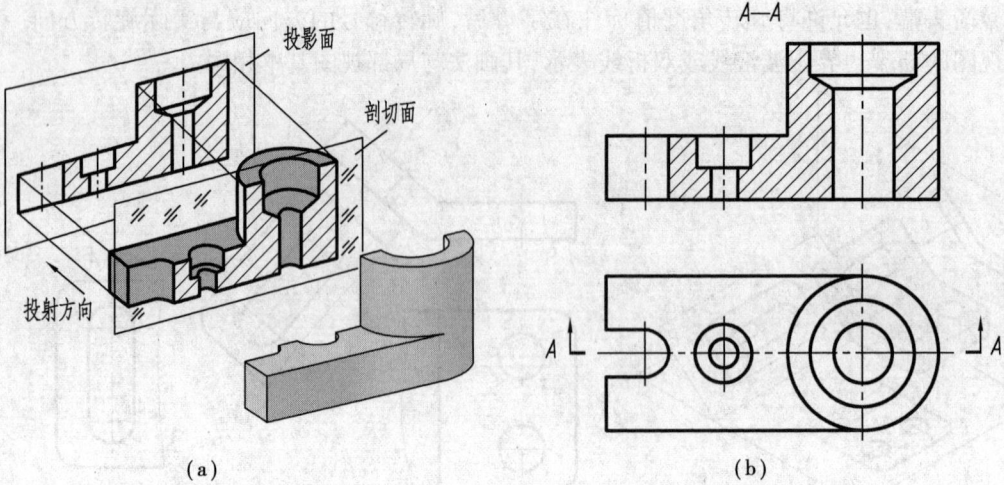

图6.7 剖视图的形成及画图

（2）剖视图的画法

1）确定剖切面的位置

画剖视图时，首先选择最合适的剖切位置，以便充分地表达机件的内部结构形状。剖切面一般应通过机件内部结构形状的对称面或轴线，且平行于某一投影面。

2）画剖视图

剖切面与机件实体接触部分，称为剖面区域。机件剖开以后，剖面区域的轮廓线及剖切面后的可见轮廓线用粗实线画出。对于剖切面后的不可见部分，若在其他视图上已表达清楚，虚线应该省略，对于没有表达清楚的部分，虚线应画出，如图6.8所示。

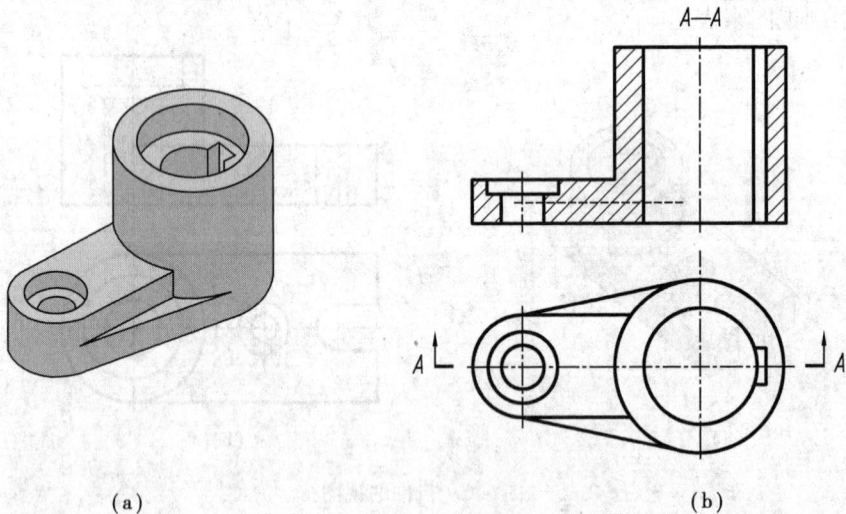

图6.8 剖视图中不能省略虚线的情况

注意：由于剖视图是假想的将机件剖开，因此，当机件的某一个视图画成剖视图之后，其他视图仍应完整画出。

（3）剖面符号及画法

国家标准（GB/T 17453—2005）、（GB/T 4457.5—1984）规定，剖面区域上要画出剖面符

号。不同材料采用不同的剖面符号,各种材料的剖面符号见表6.1。

表6.1　常用材料的剖面符号

材料名称	剖面符号	材料名称	剖面符号
金属材料通用剖面符号	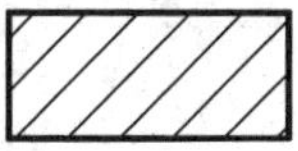	玻璃及供观察用的其他透明材料	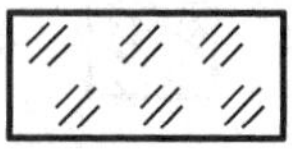
塑料、橡胶、油毡等非金属材料(已有规定剖面符号者除外)		基础周围的泥土	
型砂、填砂、砂轮、粉末冶金、陶瓷刀片、硬质合金刀片等	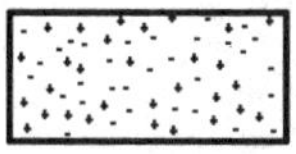	混凝土	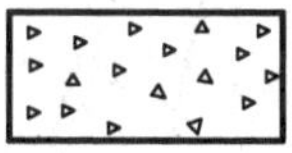
线圈绕组元件	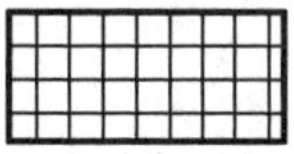	钢筋混凝土	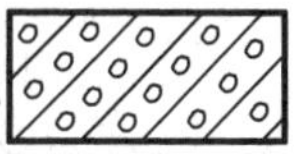
转子、电枢、变压器和电抗器等的叠钢片	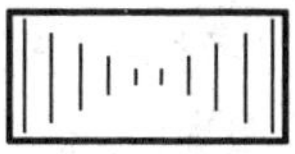	砖	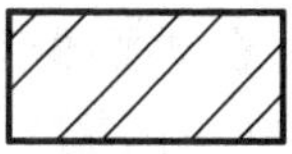
木质胶合板(不分层数)	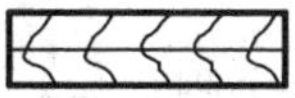	格网(筛网、过滤网等)	
木材　纵断面	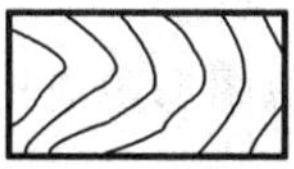	液体	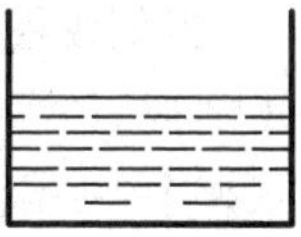
木材　横断面			

当不需要在剖面区域中表示材料的类别时,可采用通用剖面线表达。通用剖面线应以细实线绘制,通常与图形的主要轮廓线或剖面区域的对称线成45°,如图6.9所示。剖面线的间距根据剖面区域的大小不同,一般取2~4 mm。同一机件所有视图的剖面线倾斜方向和间距应一致。

当图形中的主要轮廓线与水平线成45°或接近45°时,可将剖面线画成与水平方向成30°或60°的平行线,剖面线的倾斜方向仍与其他图形上剖面线方向相同,如图6.10中的主视图所示。

(4)剖视图的标注

为便于看图,画剖视图时,需将剖切符号、剖视图名称和剖切线标注在相应的视图上。

1)剖切符号

剖切符号用宽 $1b$~$1.5b$、长 5~10 mm 的粗实线画出,尽可能不与轮廓线相交,用于表示剖切面的起迄和转折位置;在剖切符号的起迄处外端画箭头(方向与粗短画垂直),用于表示投影方向。

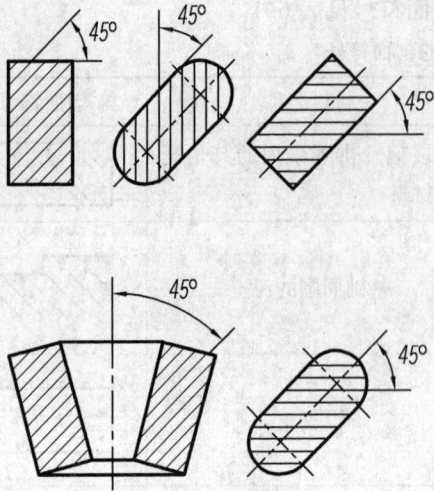

图 6.9　通用剖面线的画法

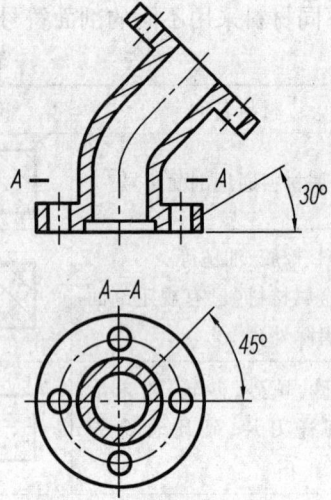

图 6.10　剖面线的画法

2）剖视图名称

在剖视图上方正中间位置用字母注写剖视图的名称"×—×"，同时在剖切符号旁还要注写同样的字母"×"（×为大写拉丁字母），如图 6.7 所示。

3）剖切线

剖切线是表示剖切面位置的细点画线，可省略不画。

当以下情况时，剖视图可省略标注：

①当剖视图按投影关系配置，中间又没有其他图形隔开时，可省略箭头，如图 6.10 中的 A—A 剖视。

②当单一剖切平面通过机件的对称面或基本对称面，且剖视图按投影关系配置，中间又没有其他图形隔开时，可省略标注，如图 6.11 所示。

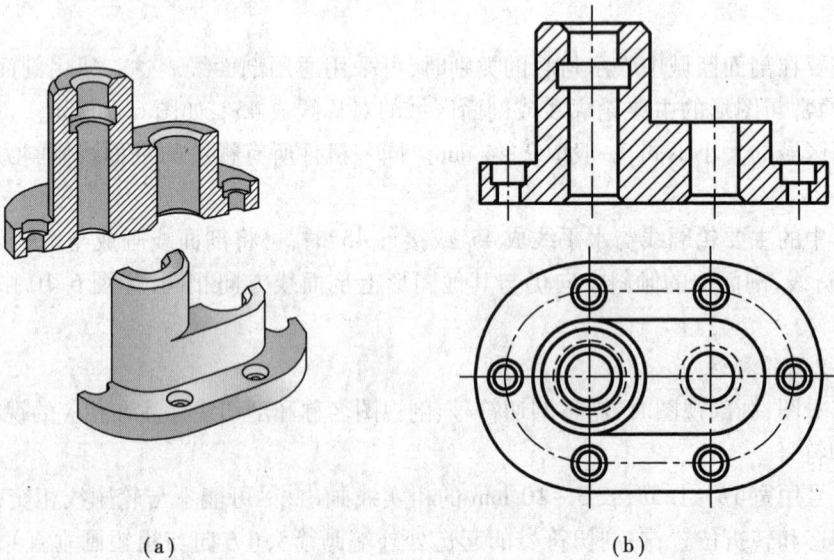

（a）

（b）

图 6.11　全剖视图

剖视图的配置与基本视图的配置规定相同,必要时允许配置在其他适当位置。

6.2.2　剖视图的种类

剖视图分为三种:全剖视图、半剖视图和局部剖视图。

(1)全剖视图

用剖切面完全地剖开机件所得到的剖视图,称为全剖视图,如图 6.11 所示。全剖视图适用于表达外形简单而内部结构复杂的机件,它的标注遵循前述剖视图标注规则。

如果机件内外结构都需要全面表达,可在同一投影方向采用视图和全剖视图分别表达机件内外结构。

(2)半剖视图

当机件具有对称面时,在垂直于对称面的投影面上所得的图形,可以对称中心线为界,一半画成剖视图,另一半画成视图,这样的图形称为半剖视图,如图 6.12 所示。半剖视图适用于内外形状都需要表达的对称机件。

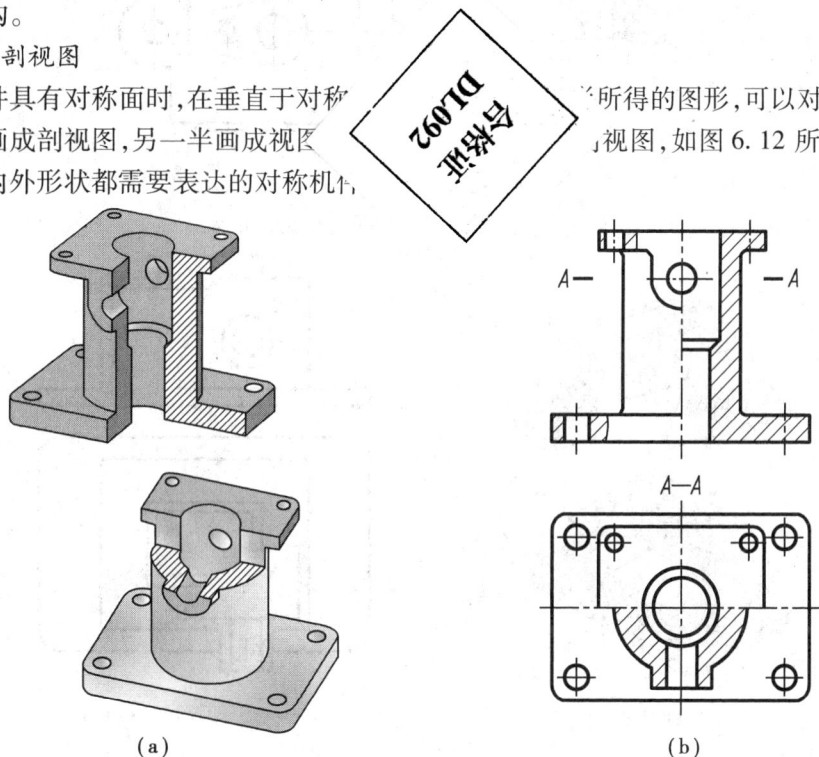

图 6.12　半剖视图

画半剖视图时,视图和剖视图的分界线应为细点画线。由于图形对称,机件的内部结构在剖视图一侧中已表达清楚,故在表达外形的那半视图中,虚线应省略不画。这种表达弥补了全剖视图不能完整表达机件外部结构的缺点。

当机件形状接近于对称,且不对称部分已另有视图表达清楚时,也可以画成半剖视图,如图 6.13 所示。

半剖视图的标注规则和全剖视图相同。在图 6.12 中,主视图是用前后对称平面剖切后所得,且按投影关系配置,可省略标注;对俯视图而言,剖切面不是机件对称面,因而在图形上方标出剖视图名称"A—A",并在主视图中用带字母"A"的剖切符号注明剖切位置。因为按投影关系配置,又无其他图形隔开,故省略了表示投影方向的箭头。

(3)局部剖视图

当机件的内部结构尚有部分未表达清楚,但不必用全剖视或不宜用半剖视时,可用剖切面局部剖开机件,所得的剖视图称为局部剖视图,如图 6.14 和图 6.15 所示。局部剖切后,机件断裂处用波浪线(或双折线)表示,它是剖视图部分与视图部分的分界线。

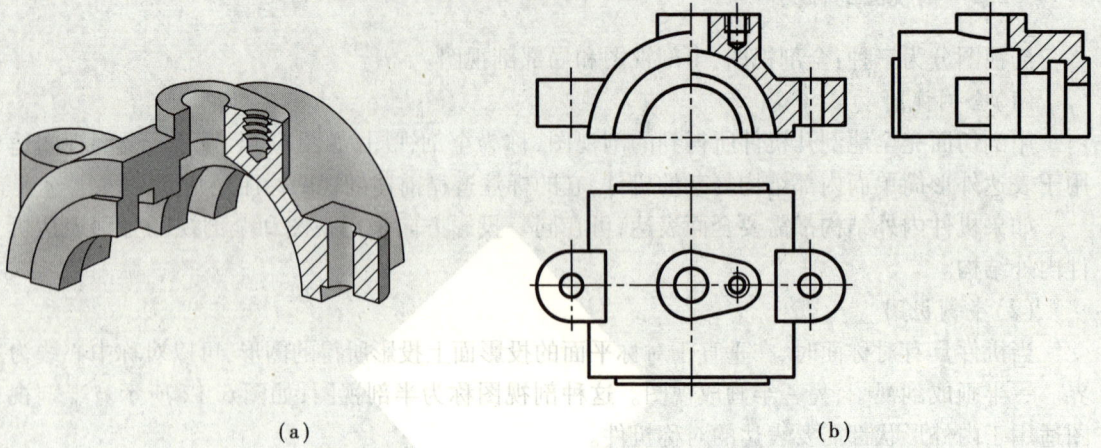

(a)   (b)

图 6.13 用半剖视图表达基本对称的机件

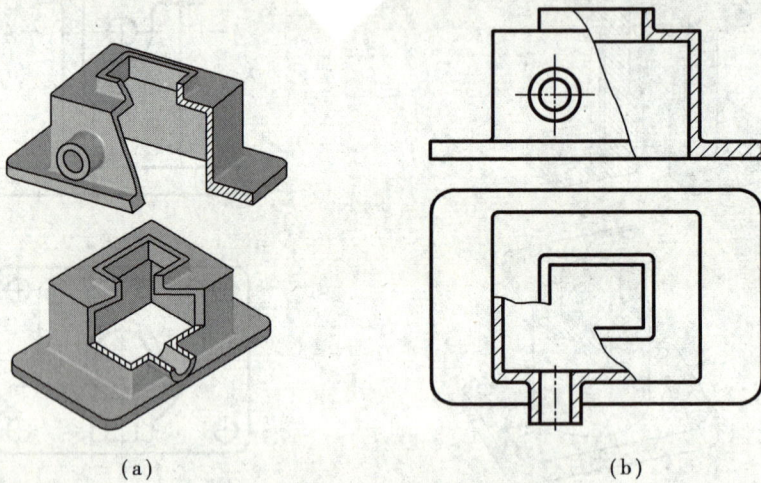

(a)   (b)

图 6.14 不对称机件的局部剖视图

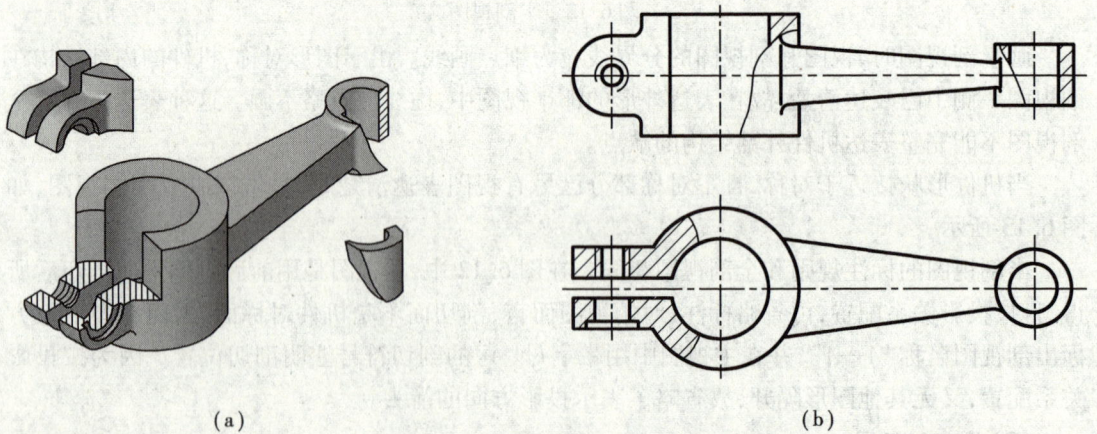

(a)   (b)

图 6.15 对称机件的局部剖视图

1）局部剖的适用范围

①当不对称机件内外形均需要表达时,如图6.14中的机件,采用局部剖表达内外形。

②当机件只有局部内形需要表达时,而不宜采用全剖视图,如图6.15中的机件,采用局部剖表达两个圆孔和一个螺纹孔。

③当机件被剖结构为回转体时,允许将该结构的中心线作为局部剖视与视图的分界线,如图6.16中的机件右端圆柱部分。

④当对称机件的轮廓线与对称中心线重合时,不宜用半剖,可采用局部剖切,如图6.17所示。

⑤当轴、手柄、连杆等实心件上有小孔或槽需要表达时,宜采用局部剖视,如图6.18所示。

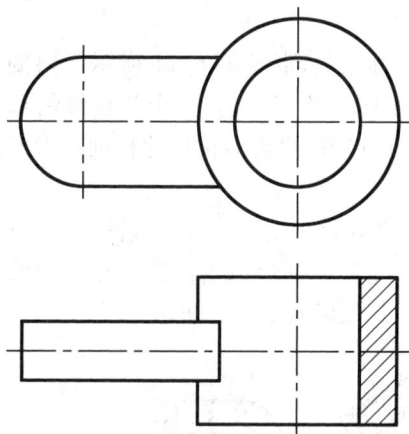

错误　　　正确

图6.16　回转体结构以中心线为界　　　　图6.17　用局部剖代替半剖

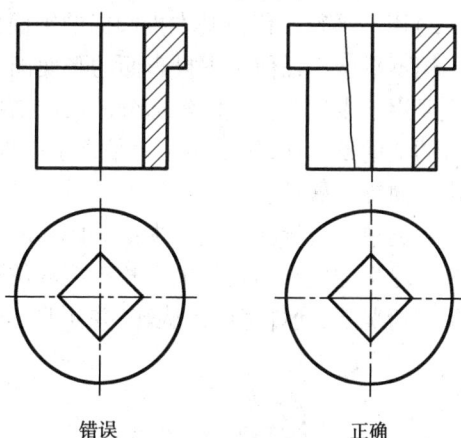

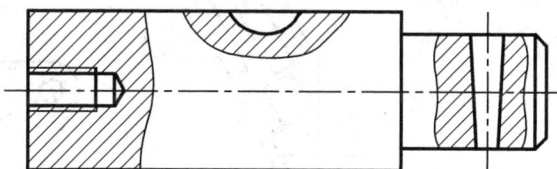

图6.18　实心件上的孔或槽用局部剖视表达

2）画局部剖时的注意事项

①表示剖切范围的波浪线只能画在机件的实体部分,不能画在机件的空心处或超出机件轮廓,如图6.19是波浪线的错误画法。波浪线不应与图形中其他图线重合,如图6.20所示。

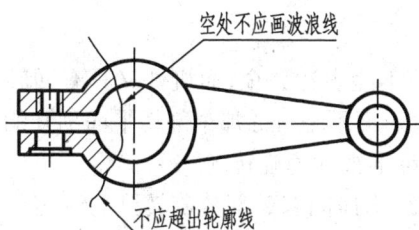

空处不应画波浪线

不应超出轮廓线

错误　　　正确

图6.19　波浪线错误画法　　　　图6.20　波浪线不应与轮廓线重合

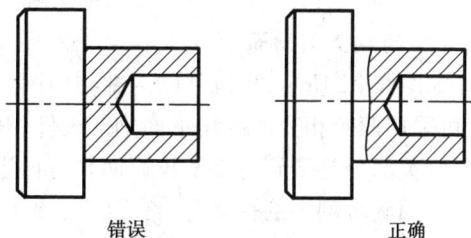

②局部剖切范围的大小,视机件具体结构而定。其应用不受机件对称条件的限制,能够同时表达内外结构,因而具有较大的灵活性,应用恰当,可使图形简明清晰。但一个视图中局部

剖切的数量不宜过多,以免图形过于破碎。

局部剖视图应按规定标注,但当用一个平面剖切且剖切位置明显时,可省略标注。

6.2.3 剖切面的种类及剖切方法

(1)单一剖切面

仅用一个剖切面剖开机件的方法,称为单一剖切。单一剖切平面分为以下两种方法:

1)用平行于某一基本投影面的平面剖切

前面介绍的全剖视图、半剖视图和局部剖视图,均为平行于某一基本投影面的单一剖切平面剖开机件所得,这是最常用的剖切方法。

2)用不平行于任何基本投影面的平面剖切

用不平行于任何基本投影面的平面剖开机件的方法,称为斜剖,如图 6.21 所示。斜剖视图主要用于表达机件上倾斜部分的内部结构形状。与斜视图一样,先选择一个与该倾斜部分平行的辅助投影面,然后用一个平行于该投影面的平面剖切机件,投影后再将此辅助投影面按投影方向旋转展开。

斜剖视图要标注。剖切平面是倾斜的,但标注的字母必须水平书写。为了读图方便,斜剖视图应尽量配置在与投影关系相对应的位置,必要时可以配置在其他适当位置。在不致引起误解的情况下,允许将图形旋转,并注明"×—×旋转符号",如图 6.21(b)所示。

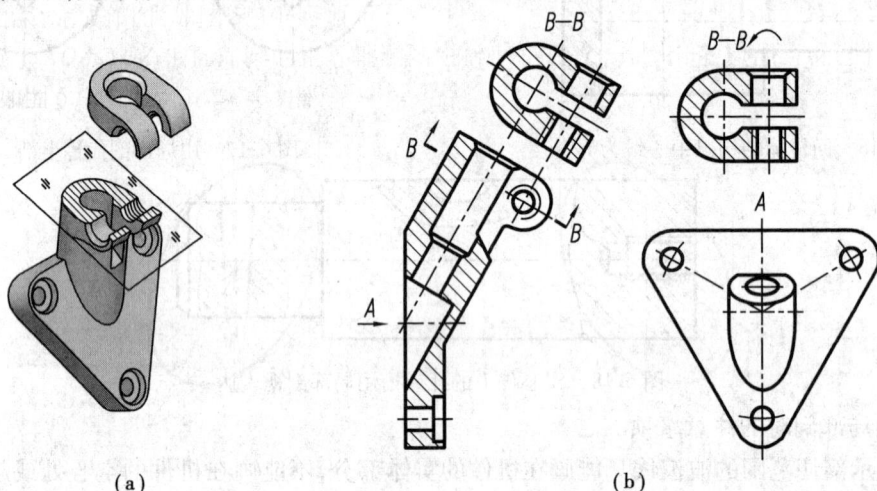

(a)   (b)

图 6.21　斜剖视

(2)两相交剖切面

如图 6.22 所示,当机件的内部结构用一个剖切平面不能表达完全,而机件又具有回转轴时,可采用两个相交的剖切平面剖开机件,并将与基本投影面不平行的那个剖切平面剖开的结构及有关部分旋转到与基本投影面平行再进行投影,这种剖视称为旋转剖。

采用旋转剖画剖视图时,首先将由倾斜平面剖开的结构连同有关部分旋转到与选定的基本投影面平行,然后再进行投影,如图 6.22 中的"A—A"剖视图。

剖切平面后的其他结构一般仍按原来位置投影,如图 6.23 中的油孔。当剖切后产生不完整要素时,应将该部分按不剖画出,如图 6.24 所示。

旋转剖必须标注。标注时,在剖切平面的起迄、转折处画上剖切符号,并在其附近标注大写的拉丁字母,在起迄处画出箭头表示投影方向。在所画视图上方中间位置处用相同字母注出剖视图名称"×—×",如图 6.22—图 6.24 所示。

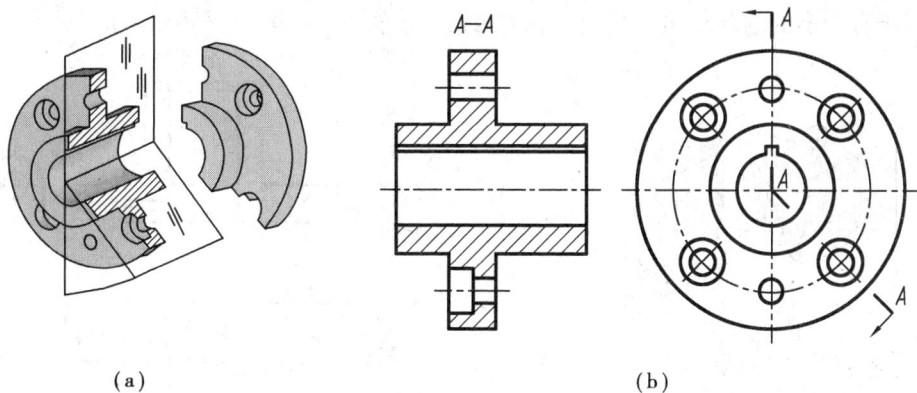

(a)　　　　　　　　　　　　　(b)

图 6.22　旋转剖视

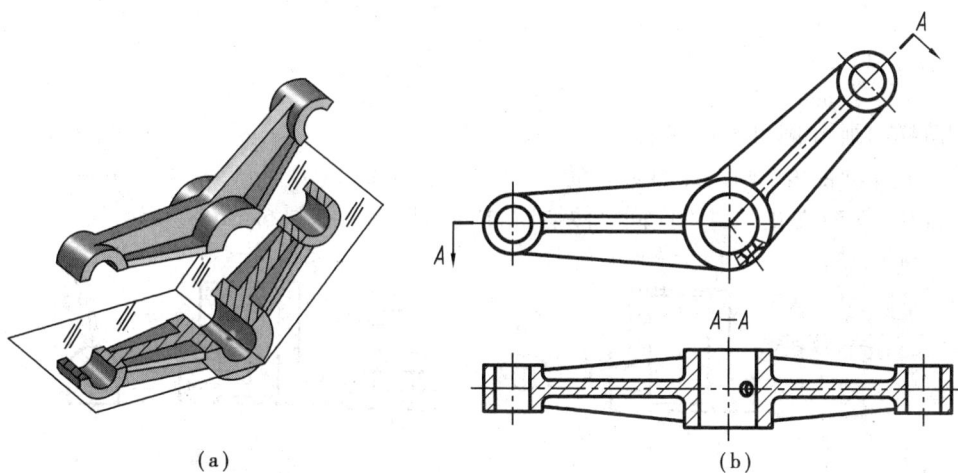

(a)　　　　　　　　　　　　　(b)

图 6.23　剖切平面之后结构的画法

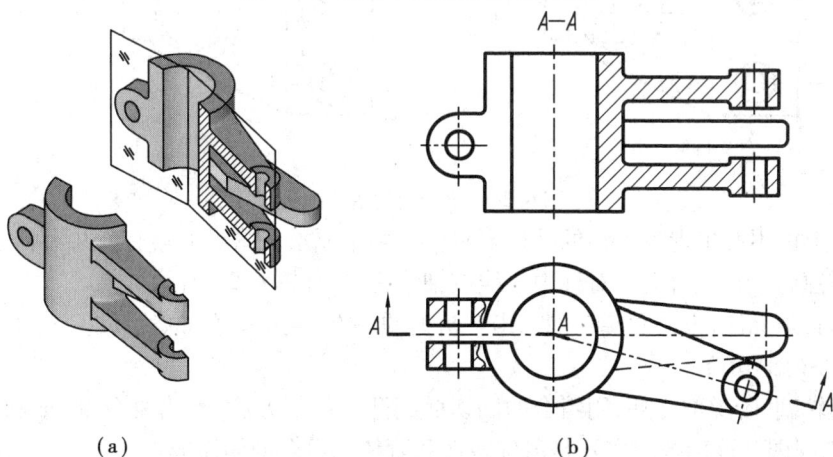

(a)　　　　　　　　　　　　　(b)

图 6.24　剖切后产生不完整要素的画法

109

（3）几个平行的剖切平面

用几个平行的剖切平面剖开机件的方法,称为阶梯剖,如图 6.25 中的"A—A"剖视图。阶梯剖适用于有较多的内部结构,而且它们的轴线或对称面不在同一平面内的机件。

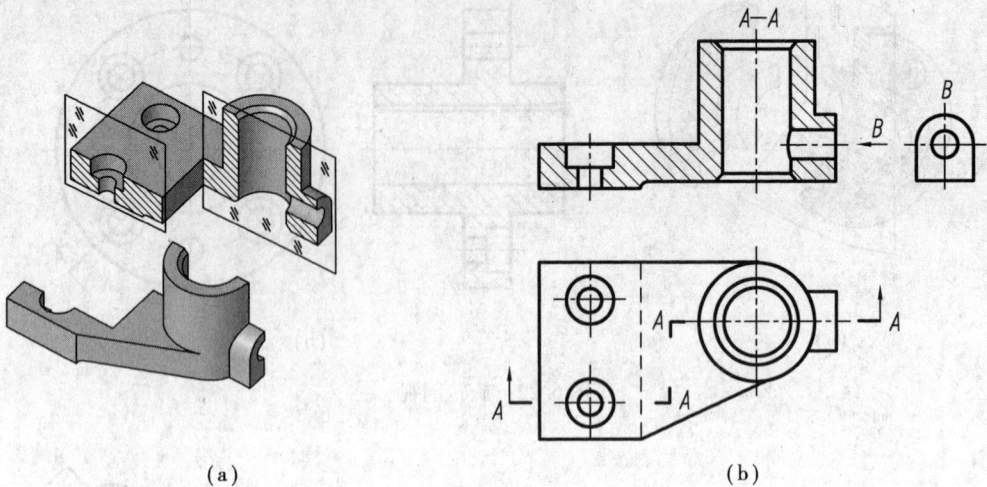

图 6.25　阶梯剖

用阶梯剖画剖视图时,应注意:

①不应在剖视图中画出各剖切平面的分界线,如图 6.26（a）所示。

②剖切面转折处的位置不应同机件结构的轮廓线重合,如图 6.26（b）所示。

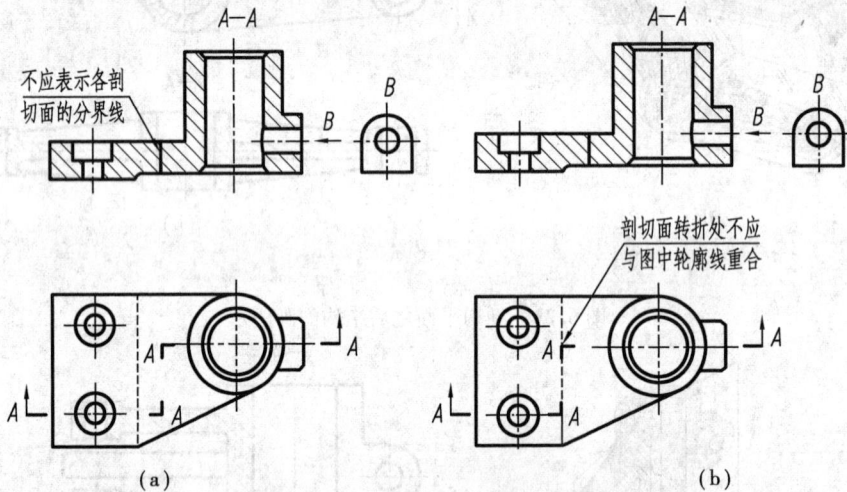

图 6.26　阶梯剖的错误画法

③在图形内不应出现不完整的结构要素。当两个要素在图形上具有公共对称中心线或轴线时,可以各画一半,此时应以对称中心线或轴线为界,如图 6.27 所示。

阶梯剖必须标注,方法同旋转剖。当转折处的地方很小时,可省略字母。

（4）组合的剖切面

除了旋转剖、阶梯剖之外,用组合的剖切面剖开机件的方法,称为复合剖,如图 6.28 所示的"A—A"剖视图。该剖视图实际是由旋转剖和阶梯剖组合剖切而成。

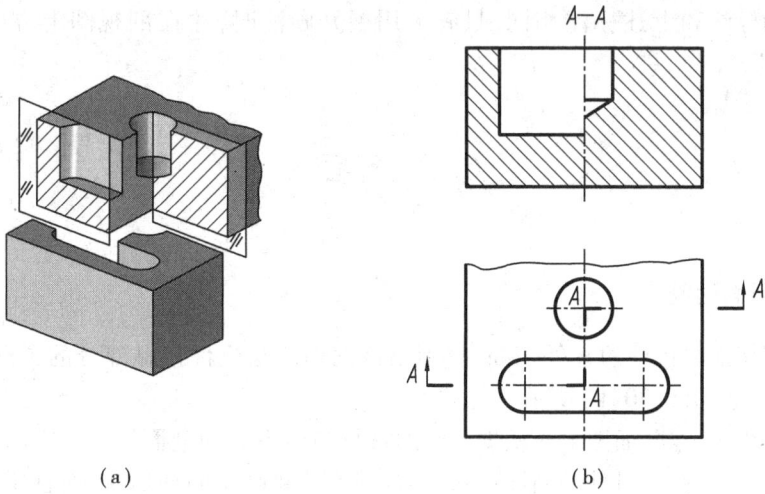

(a)　　　　　　　　　　　　　(b)

图 6.27　具有公共对称线的要素的阶梯剖画法

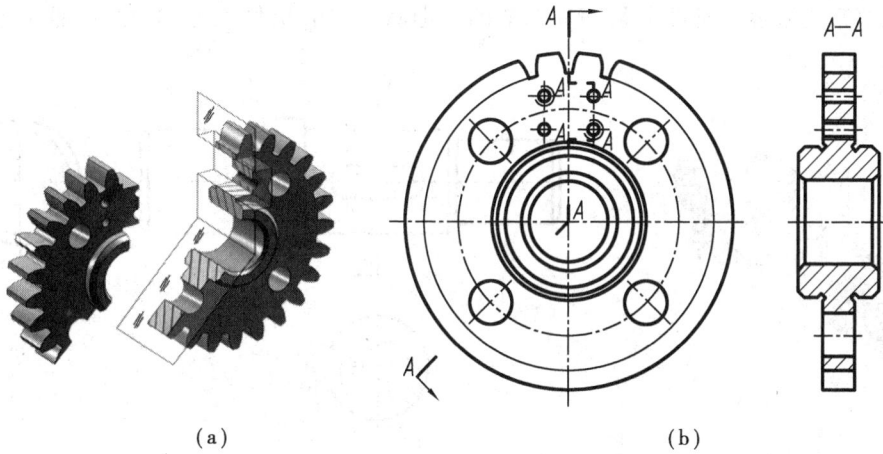

(a)　　　　　　　　　　　　　(b)

图 6.28　复合剖

当采用连续几个旋转剖的复合剖时,一般用展开画法(即将剖切平面按顺序由上到下展开在同一平面上,然后再进行投影),如图 6.29 中"A—A 展开"。

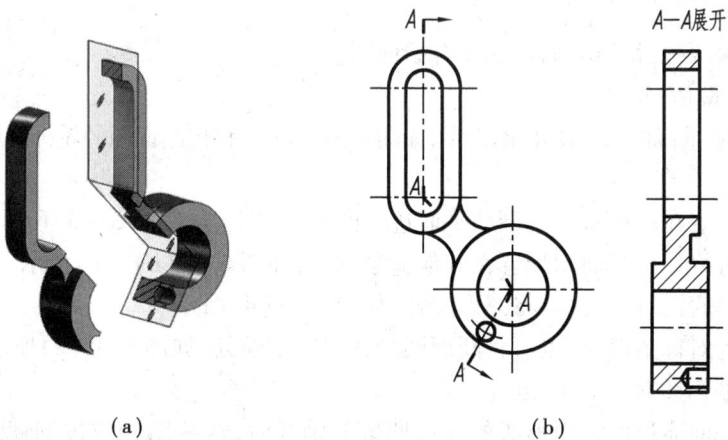

(a)　　　　　　　　　　　　　(b)

图 6.29　复合剖的展开画法

111

复合剖的标注和上述标注相同,只有采用展开画法时,才在剖视图上方中间位置标注"×—×展开"。

6.3 断面图

6.3.1 断面的概念

假想用剖切面将机件的某处切断,仅画出该剖切面与机件接触部分的图形,称为断面图(简称"断面"),如图 6.30(b)所示。

国家标准规定,在断面图上应根据不同的材料画出不同的剖面符号。断面图与剖视图的区别在于:断面图仅画出机件的断面形状;剖视图不仅要画出断面形状,而且要画出剖切面后面机件的可见部分的形状,如图 6.30(c)所示。

断面图常用来表达机件上某一局部的断面形状,例如,机件上的肋、轮辐,轴上的键槽和孔等。

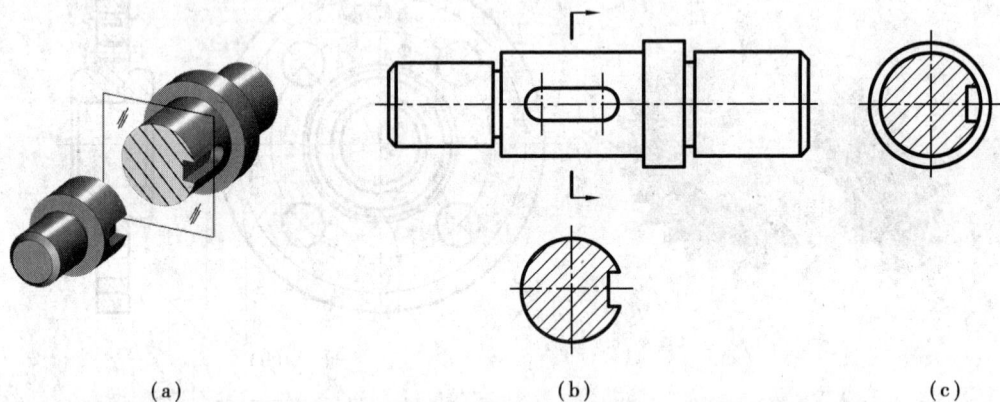

(a)　　　　　　　　　　　(b)　　　　　　　　　　　(c)

图 6.30　断面图

6.3.2 断面图的种类

断面图分为两种:移出断面图和重合断面图。

(1)移出断面图

画在视图外的断面图称为移出断面图,如图 6.31 所示。移出断面图的轮廓线用粗实线绘出。

1)移出断面图的配置

①应尽量配置在剖切符号或剖切平面迹线的延长线上,如图 6.31(a)所示。

②必要时可将移出断面图配置在其他适当位置,如图 6.31(b)、(c)所示。

③在不致引起误解时,允许将图形旋转,如图 6.31(d)所示。

④当断面为对称图形时,也可将断面图画在视图中断处,如图 6.31(e)所示。

2)画移出断面图时注意事项

①当剖切平面通过回转面形成的孔或凹坑的轴线时,这些结构应按剖视绘制,如图 6.31(a)所示。

②当剖切平面通过非圆孔,会导致出现完全分离的两个断面时,这些结构也应该按剖视绘出,如图 6.31(d)所示。

③由两个或多个相交平面剖切得出的移出断面,中间应断开,如图 6.31(f)所示。

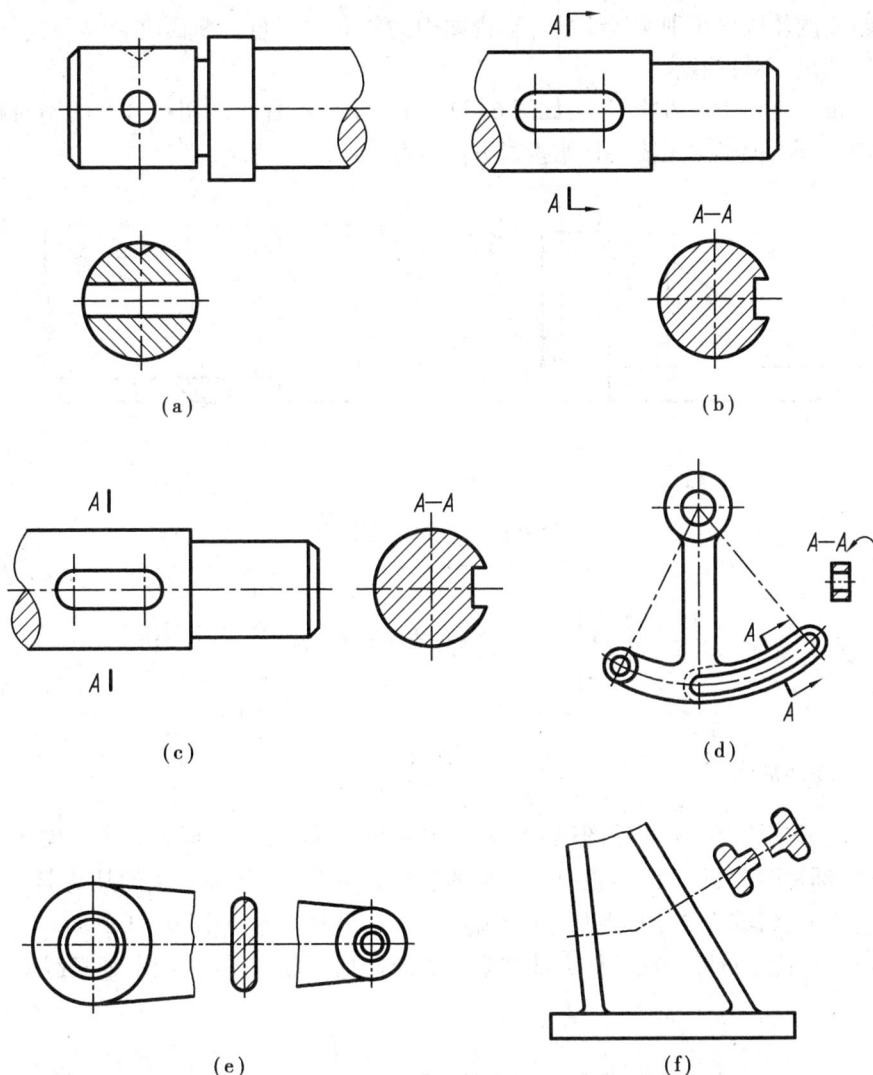

图 6.31　移出断面

3)移出断面图的标注

①一般应用剖切符号表达剖切位置,用箭头表示投影方向并注上字母,在断面图上方中间位置用同样的字母标出相应的名称"×—×",如图 6.31(b)所示。

②配置在剖切符号延长线上的不对称移出断面,可省略字母,如图 6.30(b)所示。

③不配置在剖切符号延长线上的对称移出断面,或按投影关系配置的不对称移出断面,可省略箭头,如图 6.31(c)所示。

④配置在剖切平面迹线延长线上的对称移出断面,以及配置在视图中断处的移出断面,可不必标注,如图 6.31(a)、(e)所示。

（2）重合断面图

画在视图内的断面图称为重合断面图，如图 6.32 所示。只有当断面形状简单且不影响图形清晰的情况下，才采用重合断面图。

重合断面的轮廓线用细实线绘出。当视图中的轮廓线与重合断面重合时，视图中的轮廓线仍应连续画出，不可间断。

对称的重合断面图可省略标注，如图 6.32（a）所示。配置在剖切符号上的不对称重合断面图，可省略字母，但必须用箭头指明投影方向，如图 6.32（b）所示。

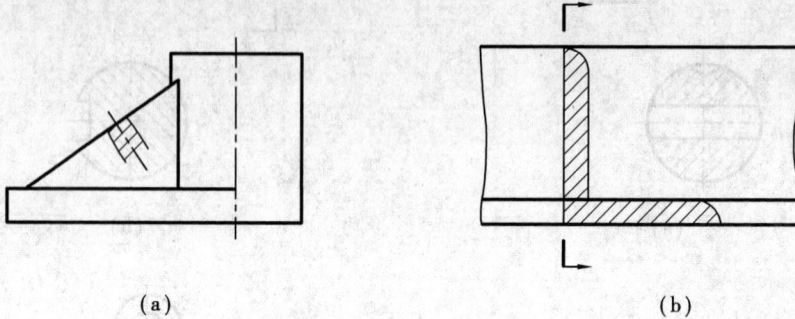

（a） （b）

图 6.32 重合断面

6.4 其他表达方法

6.4.1 局部放大图

将机件的部分结构用大于原图形绘图比例画出的图形，称为局部放大图。局部放大图可以画成视图、剖视图和断面图，与被放大部分的表达方法无关。当机件上的某些细小结构在原图形中表达不清楚，或不便于标注尺寸时，就可采用局部放大图，如图 6.33 所示。

局部放大图应尽量配置在被放大部位附近。绘制局部放大图时，应用细实线圈出被放大

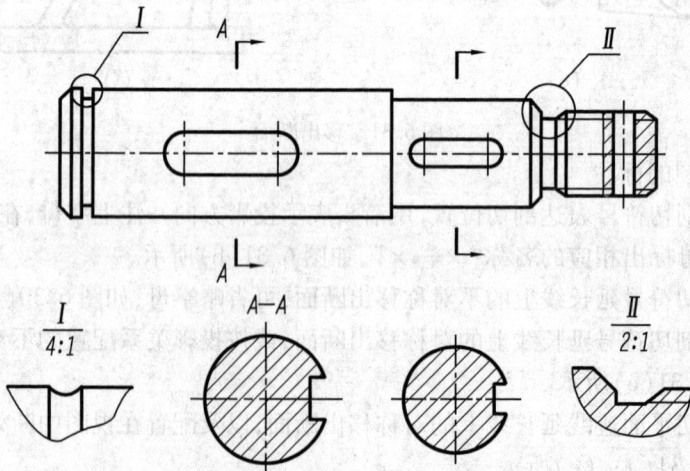

图 6.33 局部放大图

部位。当同一机件上有几个被放大部分时,必须用罗马数字顺序标出,并在局部放大图上方中间标出相应的罗马数字和放大比例,如图 6.33 所示。当机件上的被放大部分只有一个时,放大部位的细线圈上不标罗马数字且局部放大图上方只需注明所采用比例。

6.4.2　简化画法和其他规定画法

简化画法是在不妨碍机件结构形状完整、清晰表达的前提下,力求画图简便、看图方便的一些简化表达方法。下面介绍一些比较常用的简化表达方法。

①对于机件上的肋、轮辐及薄壁等,当剖切平面通过肋板厚度的对称平面或轮辐的轴线时,这些结构都不画剖面符号,而是用粗实线将它与其邻接部分分开,如图 6.34 和图 6.35 所示。

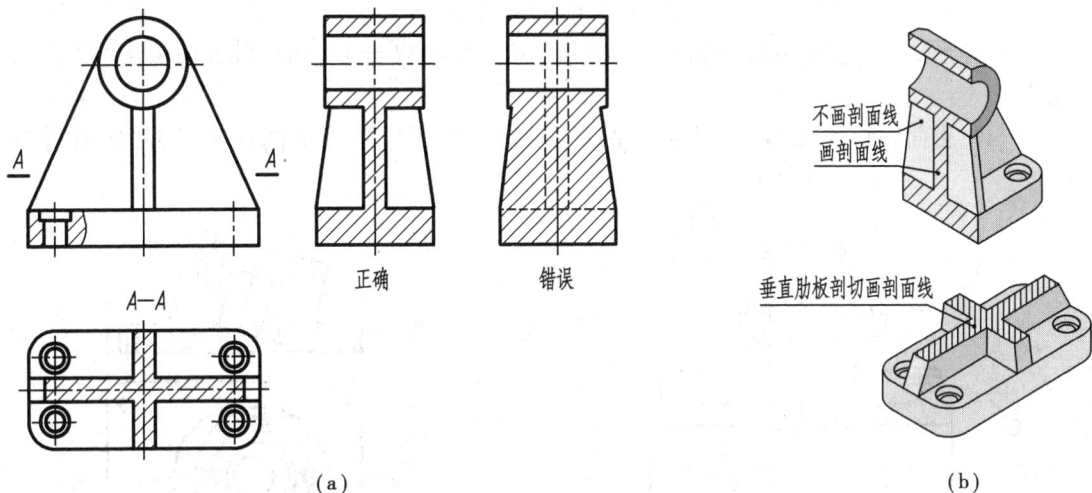

图 6.34　剖视图中肋板的剖切画法

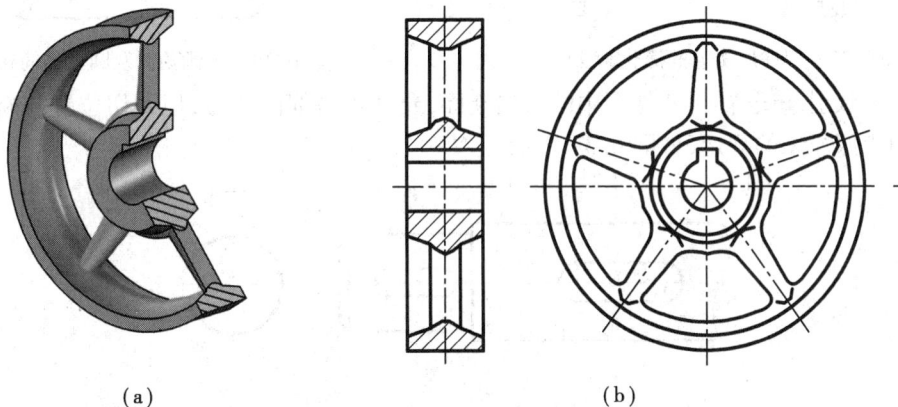

图 6.35　剖视图中轮辐的剖切画法

②当机件具有若干相同结构(如齿、槽等)并按一定规律分布时,只需画出几个完整的结构,其余用细实线连接,如图 6.36(a)所示。若这些相同结构是等直径的孔(圆孔、螺孔、沉孔等)时,可以仅画出一个或几个,其余只需用点画线表达其中心位置,如图 6.36(b)所示。在零件图中则必须注明该结构的总数。

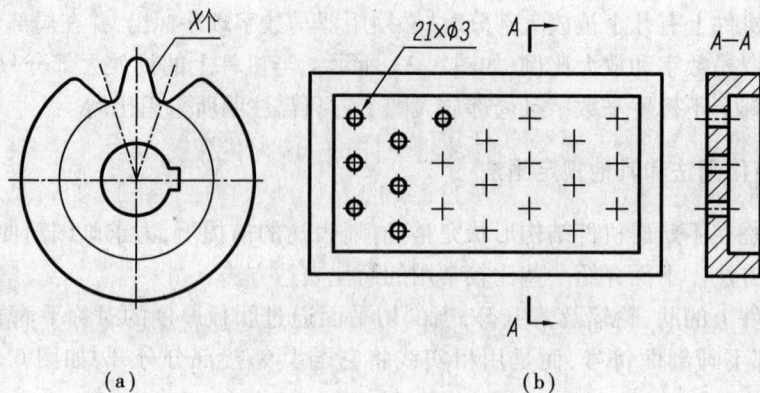

图 6.36　相同结构简化画法

③圆柱形法兰和类似零件上均匀分布的孔,可按图 6.37 绘制(由机件外向该法兰端面方向投影)。

④与投影面倾斜角度不大于 30°的圆或圆弧,其投影可用圆或圆弧来代替,如图 6.38 所示。

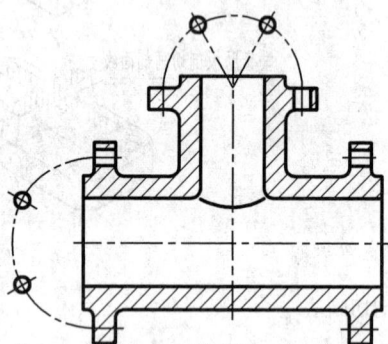

图 6.37　圆柱形法兰的简化画法

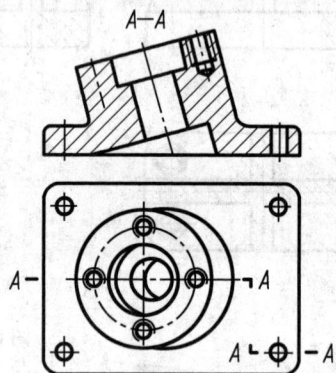

图 6.38　小倾角圆及圆弧的简化画法

⑤在不致引起误解时,零件图中的移出断面,允许省略剖面符号,但剖切位置和断面图的标注必须遵照原来的规定,如图 6.39 所示。

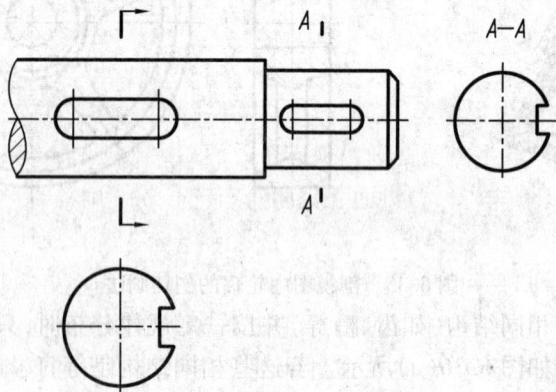

图 6.39　断面图的简化画法

⑥当零件回转体上均匀分布的肋、轮廓、孔等结构不处于剖切平面上时,可将这些结构旋转到平面上画出,如图 6.40 所示。

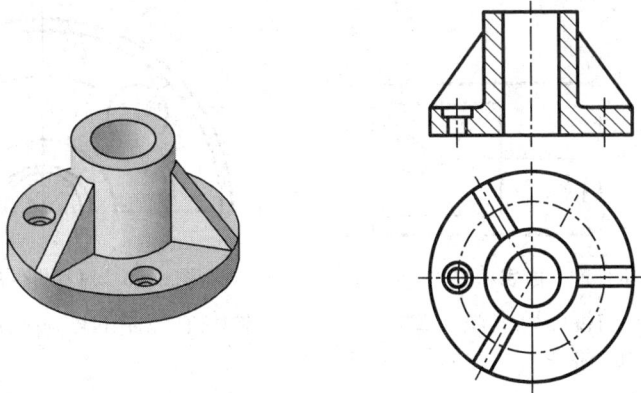

图 6.40　不处于剖切面上的筋、孔的简化画法

⑦零件上较小结构产生的交线,如在一个视图中表达清楚,则在其他视图中可以简化或省略,如图 6.41 和图 6.42 所示。

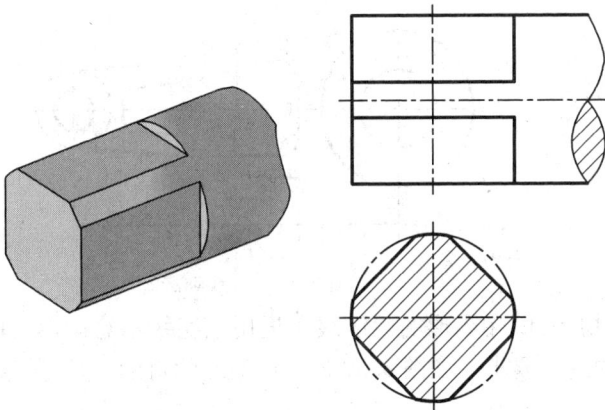

图 6.41　截交线的简化画法

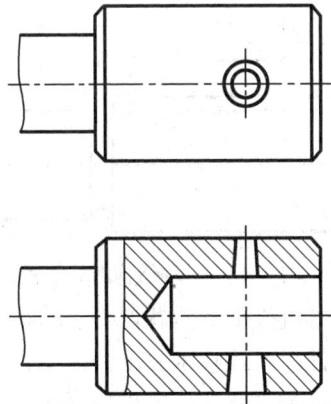

图 6.42　相贯线的简化画法

⑧零件图中的小圆角、锐边的小倒圆或 45°的小倒角允许省略不画,但必须注明尺寸或在技术要求中加以说明,如图 6.43 所示。

⑨零件上斜度不大的结构,如在一个视图中表达清楚时,其他视图可按小端画出,如图6.44所示。

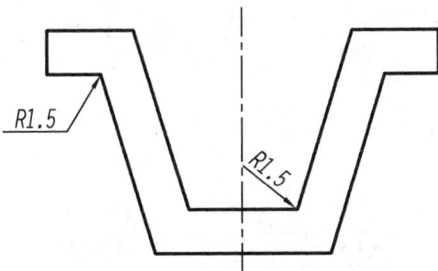

图 6.43　小圆角的简化画法

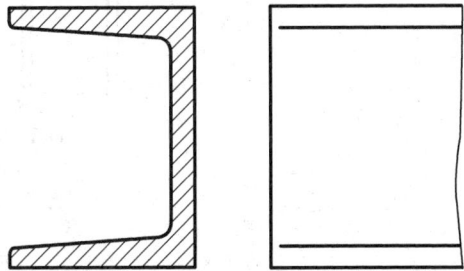

图 6.44　小斜度的简化画法

⑩当图形中不能充分表达平面时,可用平面符号(相交的两细实线)表示,如图 6.45 所示。

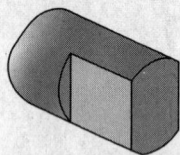

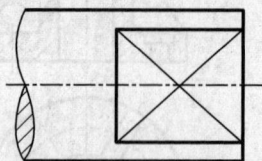

图 6.45　机件的平面表示法

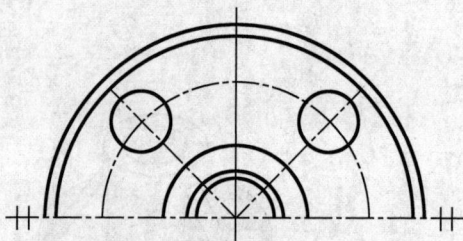

图 6.46　对称机件的简化画法

⑪对于对称机件的视图可只画 1/2 或 1/4,并在对称中心线的两端画出两条与其垂直的平行细实线,如图 6.46 所示。

⑫机件上对称结构的局部视图,可单独画出该结构的图形,如图 6.47 中键槽的局部结构。

⑬对于较长的机件(轴、杆、型材、连杆等)沿长度方向形状一致或按一定规律变化时,为了使图面紧凑或按原长画图有困难时,可以断开后缩短绘制,但尺寸仍按实际长度标注,如图 6.48 所示。

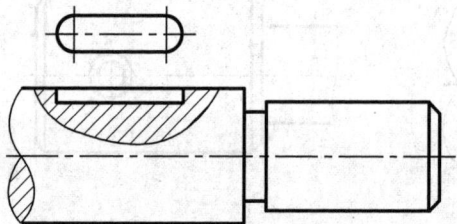

图 6.47　对称结构的局部视图画法

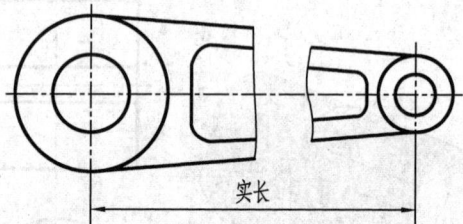

图 6.48　断开画法

⑭机件上的滚花部分、网状物或编织物等,可在图形的轮廓线附近用细实线示意画出,并在零件图上或技术要求中注明这些结构的具体要求。如图 6.49 所示的滚花螺钉的左端,其表面就是为方便装拆而采用网纹。

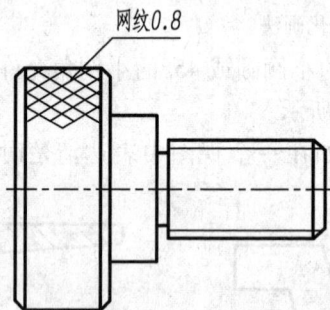

图 6.49　滚花的画法

第7章
标准件与常用件

在机器设备中,有些零件用量很大,为了便于组织生产,降低成本,国家标准对它们的结构形式、尺寸、表面质量和画法制定了统一标准,并由专业化工厂组织大批量生产,用户需要时只需按规格外购即可,这类零件称为标准件。还有些零件的结构形式和尺寸并没有全部作统一规定,只是其将部分参数标准化,如齿轮、弹簧等,这类零件习惯上称为常用件。

本章主要介绍螺纹及螺纹紧固件、齿轮、键、销和弹簧的画法及标注方法。

7.1 螺　纹

7.1.1 螺纹的形成及结构要素

(1)螺纹的形成

一平面图形(如三角形、梯形、锯齿形)绕圆柱或圆锥表面上的螺旋线运动所形成的螺旋体,称为螺纹。形成在圆柱(或圆锥)外表面上的螺纹,称为外螺纹;形成在圆柱(或圆锥)内表面上的螺纹,称为内螺纹。

在实际生产中,加工螺纹的方法很多,图7.1所示为在车床上加工外螺纹和内螺纹的方法。

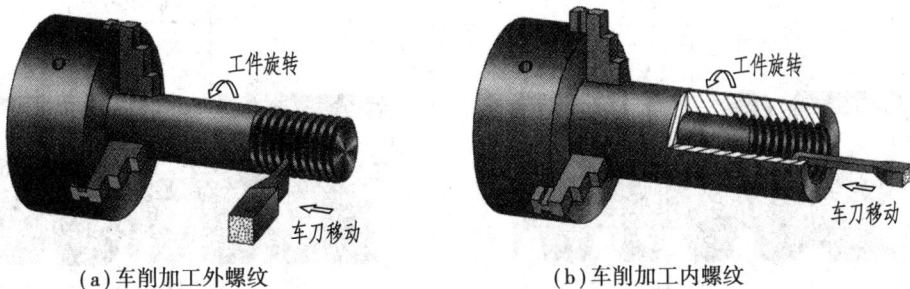

(a)车削加工外螺纹　　　　　　(b)车削加工内螺纹

图7.1　螺纹的车削加工方法

（2）螺纹的结构要素

1）牙型

在通过螺纹轴线的断面上，螺纹的轮廓形状称为螺纹牙型。常用的螺纹牙型有三角形、梯形、锯齿形等，不同的螺纹牙型有不同的用途。

2）直径

外螺纹牙顶或内螺纹牙底所在的假想圆柱面直径称为螺纹大径，内螺纹用"D"表示，外螺纹用"d"表示，也称为螺纹的公称直径；外螺纹牙底或内螺纹牙顶所在的假想圆柱面直径称为螺纹小径，内螺纹用"D_1"表示，外螺纹用"d_1"表示；在大径与小径之间，母线通过牙型上沟槽和凸起宽度相等处的假想圆柱面的直径称为螺纹中径，内螺纹用"D_2"表示，外螺纹用"d_2"表示，如图 7.2 所示。

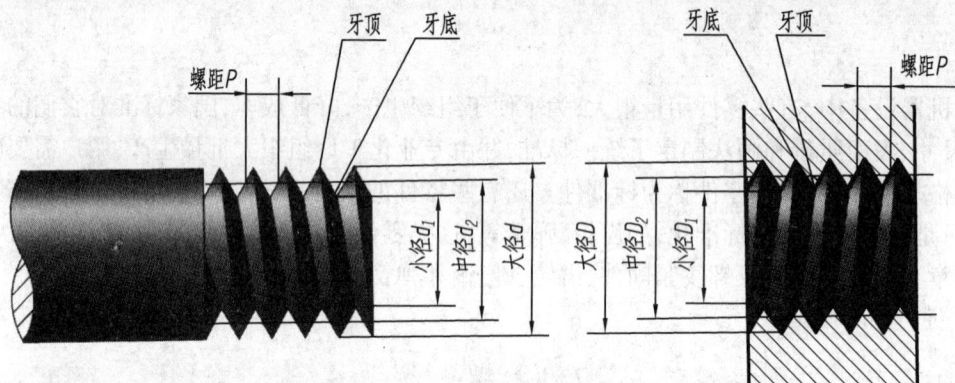

图 7.2　螺纹的直径

3）线数 n

螺纹有单线和多线之分，由一条螺旋线所形成的螺纹称为单线螺纹；由两条或两条以上，在轴向等距分布的螺旋线所形成的螺纹称为多线螺纹，如图 7.3 所示。

4）螺距 P 和导程 P_h

螺纹上相邻两牙在中径线上对应两点之间的轴向距离称为螺距，用"P"来表示；同一螺旋线上相邻两牙在中径线上对应两点之间的轴向距离称为导程，用"P_h"来表示。导程 P_h、螺距 P 和线数 n 有如下关系：

$$P_h = n \times P$$

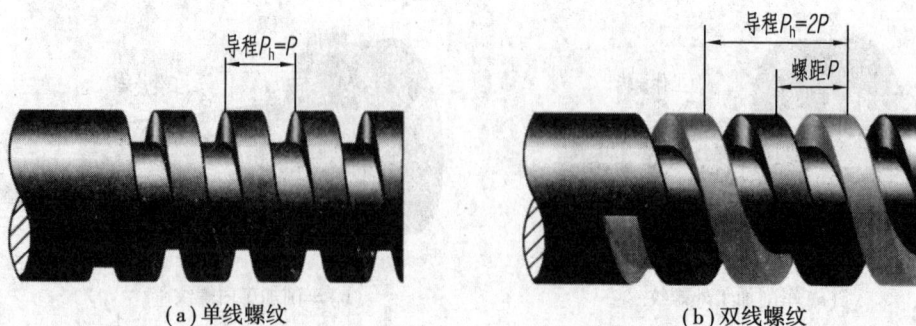

（a）单线螺纹　　　　　　　　　　（b）双线螺纹

图 7.3　螺纹的线数、螺距和导程

5）旋向

螺纹有左旋和右旋之分,按顺时针方向旋进的螺纹,称为右旋螺纹;反之,称为左旋螺纹,如图7.4所示。工程上常用的螺纹多为右旋螺纹。

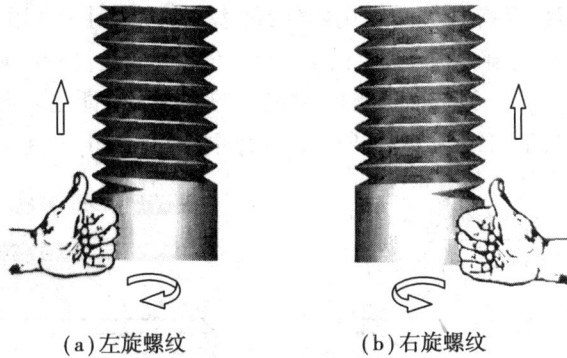

（a）左旋螺纹　　　　　　　（b）右旋螺纹

图7.4　螺纹的旋向

在螺纹的诸要素中,牙型、大径和螺距是决定螺纹结构和规格的最基本要素,通常称为螺纹三要素。内外螺纹总是成对使用,只有在上述五个结构要素完全相同时,内外螺纹才能互相旋合。

（3）螺纹的工艺结构

1）螺纹的端部

为了防止螺纹起始圈损坏和便于装配,通常在螺纹的起始处做出一定形状的螺纹端部,如倒角、倒圆等,其形式如图7.5所示。

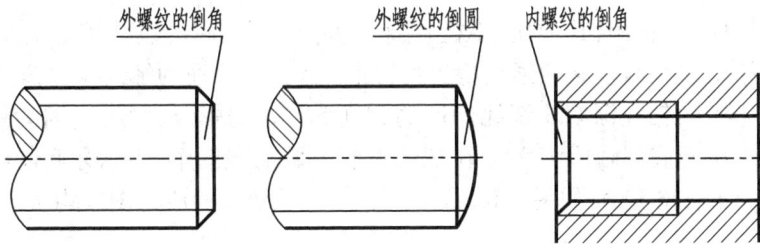

外螺纹的倒角　　　　外螺纹的倒圆　　　　内螺纹的倒角

图7.5　螺纹的倒角和倒圆

2）螺纹收尾和退刀槽

车削加工螺纹时,刀具接近螺纹末尾处要逐渐离开工件,因此,螺纹收尾部分的牙型不完整。螺纹上这一段不完整的收尾称为螺尾,如图7.6（a）所示。为了避免产生螺尾,可预先在螺纹末尾处加工出一个退刀槽,然后再车削螺纹,如图7.6（b）所示。

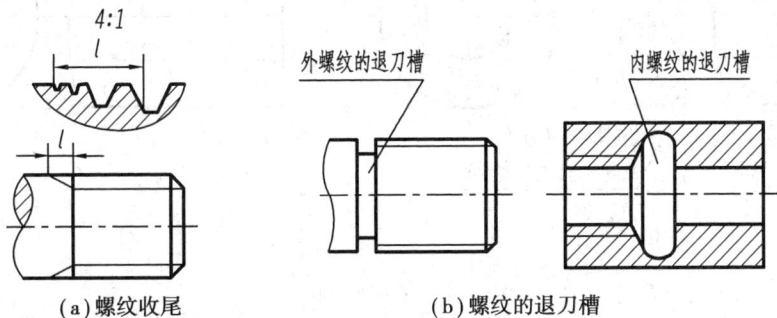

4:1

外螺纹的退刀槽　　　　　　内螺纹的退刀槽

（a）螺纹收尾　　　　　　　　（b）螺纹的退刀槽

图7.6　螺纹的收尾和退刀槽

7.1.2 螺纹的规定画法

（1）外螺纹画法

外螺纹的牙顶（大径）及螺纹终止线用粗实线表示；牙底（小径）用细实线表示，并在倒角和倒圆部分也应画出。小径通常画成大径的 0.85 倍，在螺纹投影为圆的视图中，表示牙底（小径）的细实线只画约 3/4 圈，轴端倒角规定省略不画，以便更明显地表达出螺纹，如图 7.7（a）所示。剖视图中，剖面线必须画到粗实线为止，螺纹终止线画至小径线，如图 7.7（b）所示。

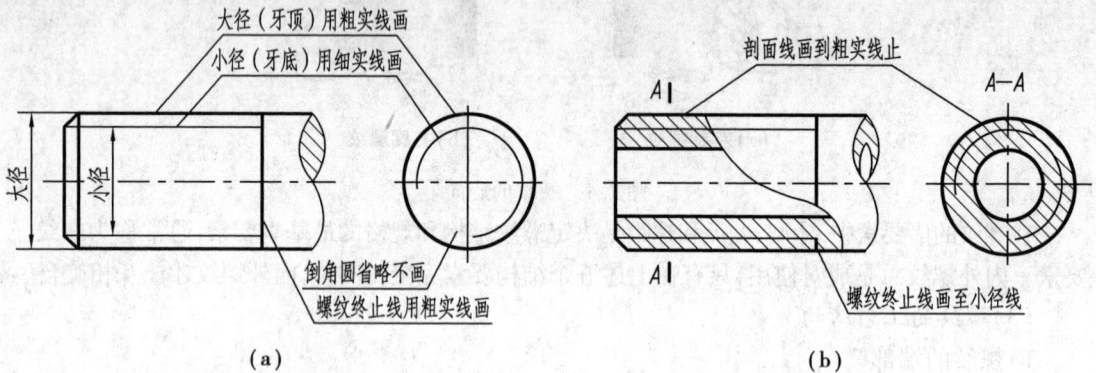

（a） （b）

图 7.7 外螺纹的画法

（2）内螺纹画法

内螺纹通常采用剖视图，其牙顶（小径）用粗实线表示，牙底（大径）用细实线表示，螺纹终止线用粗实线表示，剖面线也必须画至粗实线为止。绘制不穿通的螺纹孔时，通常将钻孔深度和螺孔深度分别画出，钻孔深度比螺孔深度约大 0.5D（D 为螺纹大径）。因为钻头顶部约成120°，所以画图时钻孔底部画成 120°。在螺纹投影为圆的视图中，表示牙底的细实线圆画约3/4 圈，螺纹孔倒角省略不画，如图 7.8（a）所示。不可见螺纹的所有图线均按虚线绘制，如图7.8（b）所示。

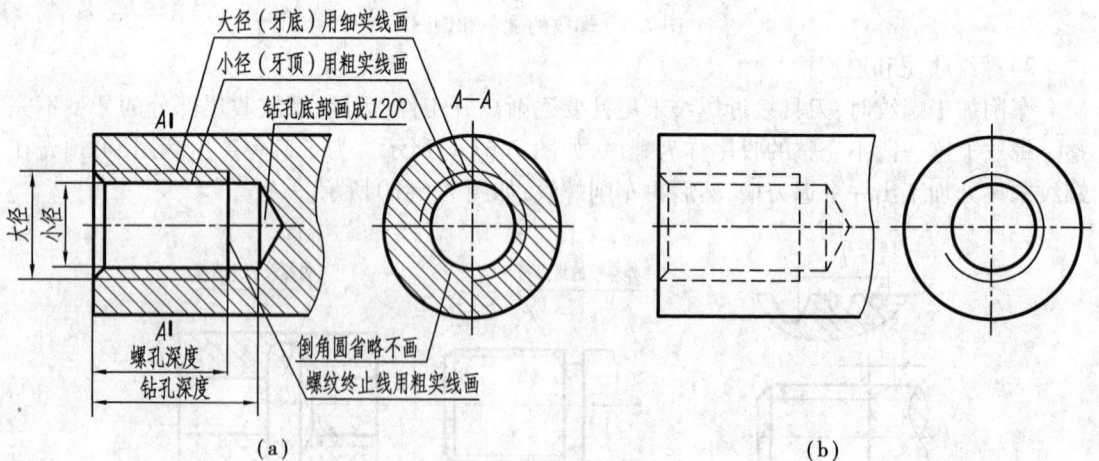

（a） （b）

图 7.8 内螺纹的画法

（3）内外螺纹的连接画法

用剖视图表达内外螺纹连接时,其旋合部分应按外螺纹的画法绘制,其余部分仍按各自画法绘制。画图时应注意:表示内外螺纹大小径的粗实线和细实线应分别对齐,且与倒角大小无关;剖面线应画到粗实线为止,如图7.9所示。

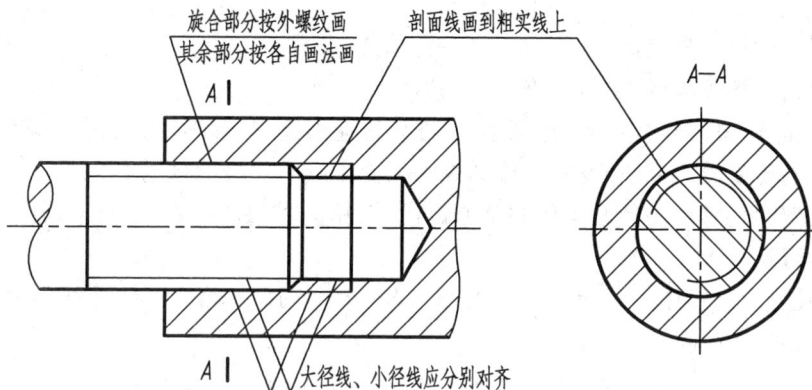

图 7.9　螺纹的连接画法

（4）螺纹牙型的表示方法

当需要表达牙型时,可用局部剖视图或局部放大图表示,如图7.10所示。

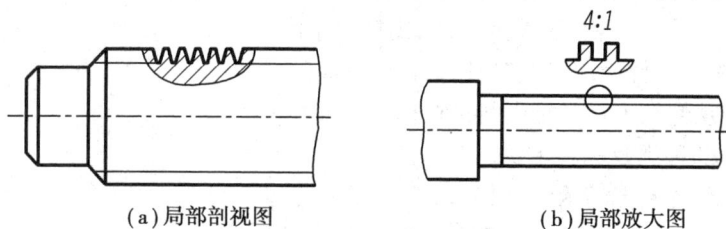

（a）局部剖视图　　　　　（b）局部放大图

图 7.10　螺纹牙型的表达方法

7.1.3　螺纹的分类和标注

（1）螺纹的分类

螺纹按用途可分为两种:连接螺纹和传动螺纹。

①连接螺纹常用的有两种,即普通螺纹和管螺纹。其中普通螺纹又分为粗牙普通螺纹和细牙普通螺纹;管螺纹则分为非螺纹密封的管螺纹和用螺纹密封的管螺纹。

连接螺纹的特点:其牙型均为三角形,其中普通螺纹的牙型角为60°,管螺纹的牙型角为55°。

普通螺纹中粗牙螺纹和细牙螺纹的区别:在大径相同条件下,细牙普通螺纹的螺距比粗牙普通螺纹的螺距小。细牙普通螺纹多用于薄壁零件,而管螺纹多用于水管、油管和气管上。

②传动螺纹用于传递运动和动力,常用的有梯形螺纹和锯齿形螺纹等。

（2）螺纹的标注

按规定画法画出的螺纹,只表示了螺纹的大径和小径,螺纹的牙型等其他要素则要通过标注才能确定。国家标准规定,螺纹要用规定的标注形式进行标注。

1)普通螺纹、梯形螺纹和锯齿形螺纹的标注形式

$$\boxed{螺纹特征代号}\ \boxed{公称直径}\times\frac{\boxed{螺矩（单线）}}{\boxed{导程（P 螺矩）}（多线）}\quad\boxed{旋向}-\boxed{公差带代号}-\boxed{旋合长度代号}$$

标注说明：

①螺纹特征代号：见表7.1。

②公称直径：螺纹大径，单位为毫米（mm）。

③螺距：粗牙普通螺纹不必标注螺距，而细牙普通螺纹、梯形螺纹和锯齿形螺纹必须标注。

④旋向：右旋螺纹不标注旋向，左旋螺纹必须标注旋向代号"LH"。

⑤公差带代号：螺纹中径及顶径的公差带代号，相同时只注一个。外螺纹用小写字母，内螺纹用大写字母。

⑥旋合长度：分短、中、长三种，分别用"S""N""L"表示，中等旋合长度 N 不标注。

2)管螺纹的标注形式

$$\boxed{螺纹特征代号}\ \boxed{尺寸代号}-\boxed{公差等级代号}-\boxed{旋向}$$

标注说明：

①螺纹特征代号：见表7.1。

②尺寸代号：约为管子的内壁直径，单位为英寸（in），其大径应查表确定。

③公差等级代号：外螺纹分 A、B 两级，内螺纹不注。

④旋向：左旋螺纹标旋向代号"LH"，右旋不标。

⑤管螺纹应从螺纹大径画指引线进行标注。

3)常用螺纹的种类及标注示例

常用螺纹的种类及标注示例见表7.1。

表 7.1　常用螺纹标注示例

螺纹种类及特征代号		螺纹牙型	标注示例	说　明
普通螺纹	粗牙		M24-5g6g	①螺纹的标记应注在大径的尺寸线上或其引出线上
	M	60°	M12×1-6H-L	②粗牙省略标注螺距,细牙要标出螺距
	细牙			

续表

螺纹种类及特征代号			螺纹牙型	标注示例	说　明
管螺纹	非螺纹密封	G		G1A	①管螺纹特征代号G后的"1"为尺寸代号 ②外螺纹公差等级分A、B两种,需标注,内螺纹公差等级只有一种,不标注 ③从螺纹大径画指引线进行标注
	用螺纹密封	Rc Rp R₁ R₂		Rp3/4	
梯形螺纹	单线	Tr		Tr40×7-7e	
	多线			Tr40×14(P7)LH	①单线螺纹只注螺距,多线螺纹注导程(螺距) ②中等旋合长度不标注,长旋合长度需标注 ③旋向为右旋不标注,为左旋需标注"LH"
锯齿形螺纹	单线	B		B40×7LH-7e	
	多线			B40×14(P7)-7H-L	

7.2 螺纹紧固件

7.2.1 螺纹紧固件

常用的螺纹紧固件有螺栓、双头螺柱、螺钉、螺母、垫圈等,如图7.11所示。

各种螺纹紧固件的结构形式和尺寸均已标准化,一般不需要单独绘制其零件图,而只要写出它们的规定标记,以表达其种类、形式及规格尺寸,根据其标记,就能在相关标准中查出其各部分几何尺寸。本书附录Ⅱ给出了常用螺纹紧固件的国家标准,供选用时查阅。

六角头螺栓	双头螺栓	六角螺母	六角开槽螺母
内六角圆柱头螺栓	开槽圆柱头螺栓	开槽沉头螺钉	紧定螺钉
平垫圈	弹簧垫圈	圆螺母用止动垫圈	圆螺母

图7.11 常用螺纹紧固件

(1)常用螺纹紧固件的规定标记

螺纹紧固件的简化标记格式为:

$$\boxed{螺纹紧固件名称} \quad \boxed{国家标准代号} \quad \boxed{规格尺寸}$$

其中,国家标准代号中可省略现行标准的年代。螺纹紧固件的规格尺寸分别如下:

①螺栓、螺柱、螺钉:$\boxed{螺纹代号} \times \boxed{公称长度}$

②螺母:$\boxed{螺纹代号}$

③垫圈:$\boxed{公称尺寸}$(与之配合使用的螺栓或螺柱的规格尺寸)

例如:螺纹规格为$d = M10$、公称长度$l = 50$、C级的六角头螺栓,以及与之配合使用的Ⅰ型六角头螺母和平垫圈,其标注形式分别为:

螺栓 GB/T 5780 M10×50

螺母 GB/T 6170 M10

垫圈 GB/T 97.1 10

更多的螺纹紧固件标注示例可参阅本书附录Ⅱ相关附表。

（2）常用螺纹紧固件的比例画法

螺纹紧固件各部分尺寸可以通过查表确定，但绘图时为了提高效率，通常采用比例画法，螺栓、螺母、垫圈各部分的比例尺寸如图 7.12 所示。

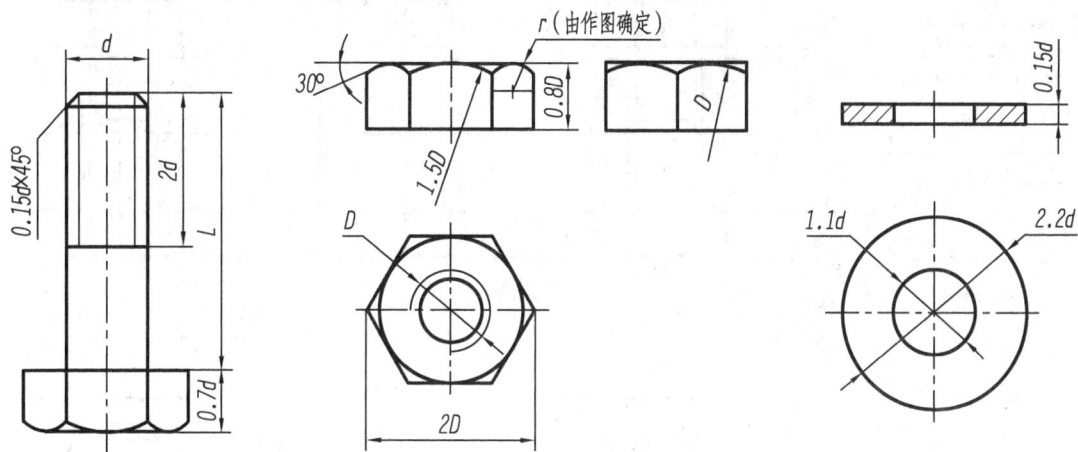

图 7.12　螺纹紧固件的比例画法

7.2.2　螺纹紧固件的连接画法

常见的螺纹连接形式有螺栓连接、双头螺柱连接和螺钉连接等。在画螺纹连接图时，常采用比例画法或简化画法，并应遵守以下三条基本规定：

①相邻两零件的接触表面画一条粗实线，不接触表面画两条粗实线。

②在剖视图中，相邻两零件的剖面线方向应相反，或方向相同但间隔不同；同一零件在各剖视图中的剖面线方向和间隔应一致。

③当剖切平面通过标准件和实心零件（如螺栓、螺柱、螺钉、螺母、垫圈、键、销、轴及球等）的轴线时，这些零件均按不剖绘制，仍画外形，必要时可采用局部剖。

（1）螺栓连接

螺栓连接用于连接两个或两个以上厚度不大且可以钻出通孔的零件，其连接如图 7.13 所示。

通常，在被连接零件上钻出通孔（通孔直径约为螺纹直径的 1.1 倍），连接时先将螺栓穿过通孔，然后在制有螺纹的一端套上垫圈，以增加支承面积和防止损伤零件的表面，最后用螺母旋紧，如图 7.14 所示。

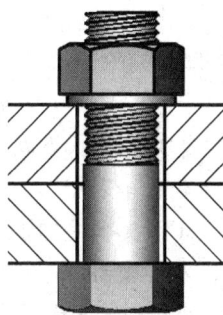

图 7.13　螺栓连接

螺栓的有效长度按下式估算：

$$l = \delta_1 + \delta_2 + h + m + a$$

式中：δ_1 和 δ_2 为被连接两零件的厚度；h 为垫圈厚度；m 为螺母厚度；a 为螺栓端部伸出高度，一般约取 $0.3d$。

计算出 l 值后，根据螺栓有效长度系列标准，查表选出一个最接近的标准值。

（2）双头螺柱连接

双头螺柱连接常用于被连接件中有一件较厚，不宜或不允许钻成通孔的情况。双头螺柱的两端均制有螺纹，其中一头旋入较厚的被连接件，称为旋入端；另一头用螺母旋紧，称为紧固端,其连接如图 7.15 所示。

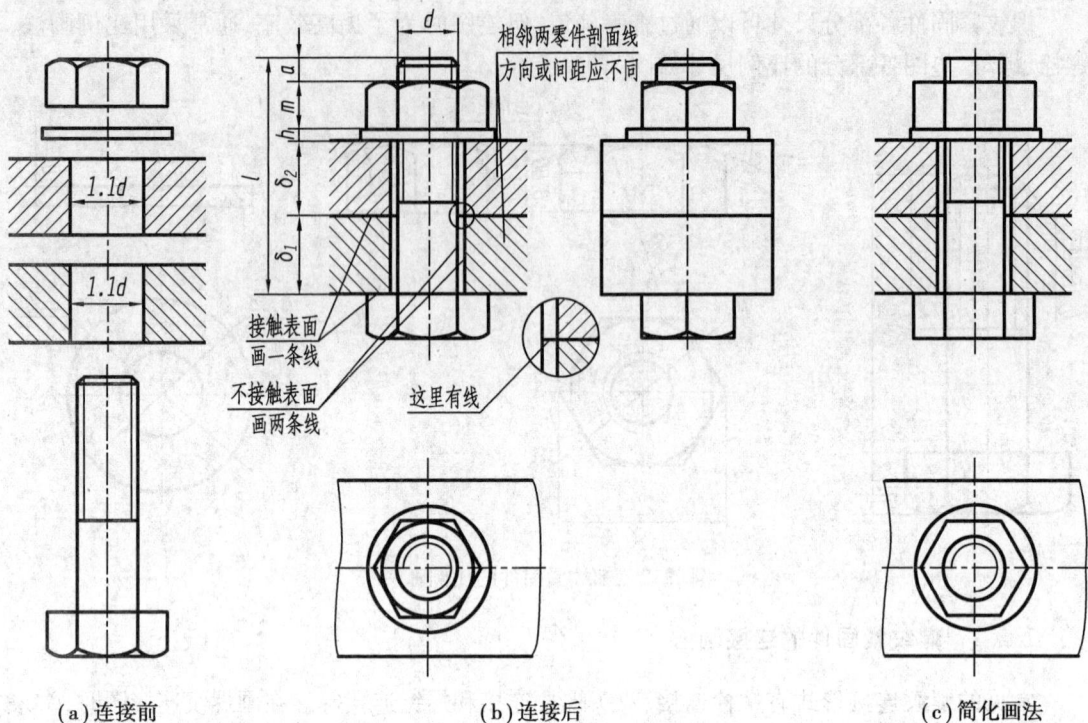

相邻两零件剖面线
方向或间距应不同

接触表面
画一条线

不接触表面
画两条线

这里有线

(a) 连接前　　　　　　　　　　(b) 连接后　　　　　　　　(c) 简化画法

图 7.14　螺栓连接的画法

双头螺柱连接的画法如图 7.16 所示,绘图时需注意:

①旋入零件的一端要全部旋入零件螺孔,表示螺纹已旋紧,故螺纹终止线应同零件结合面平齐。

②螺柱有效长度可按下式估算,最后查标准在长度系列中取一最接近的标准长度。

$$l = \delta + h + m + a$$

式中:δ 为光孔零件的厚度;h 为垫圈厚度;m 为螺母厚度;a 为螺栓端部伸出高度,一般约取 $0.3d$。

③旋入端长度 b_m 与零件材料有关,钢或青铜取 $b_m = d$,铸铁取 $b_m = 1.25d$ 或 $b_m = 1.5d$,铝合金取 $b_m = 2d$。

④双头螺柱加工时,被连接件的螺孔深度应大于旋入端的长度 b_m。绘图时,螺孔螺纹深度为 $b_m + 0.5d$,钻孔深度为 $b_m = d$。弹簧垫圈开口槽方向与水平成 70°,从左上向右下倾斜。

(3) 螺钉连接

螺钉连接不用螺母,而是将螺钉穿过一被连接件的通孔而直接旋入另一被连接件的螺孔里。螺钉按用途不同可分为连接螺钉和紧定螺钉两种。

连接螺钉一般用于不经常拆卸且受力较小的场合。连接螺钉一端制有螺纹,另一端为头部,常见的连接螺钉有开槽圆柱头螺钉、开槽沉头螺钉、开槽盘头螺钉、内六角圆柱头螺钉等。螺钉的头部尺寸可查阅附录Ⅱ或采用比例画法,图 7.17 所示为螺钉连接的画法。

绘图时需注意以下三点:

①为表示被连接件被压紧,螺钉的终止线应高出结合面,或螺杆全长都有螺纹。

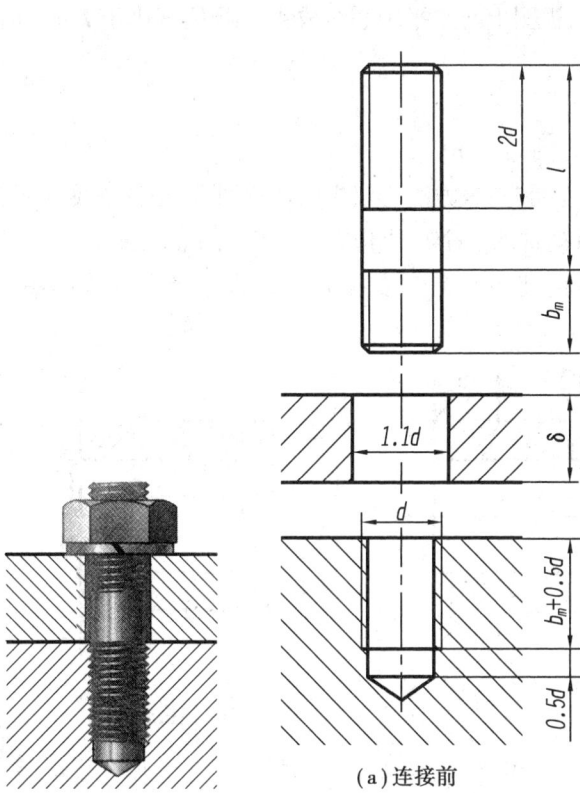

（a）连接前

图 7.15　双头螺柱连接

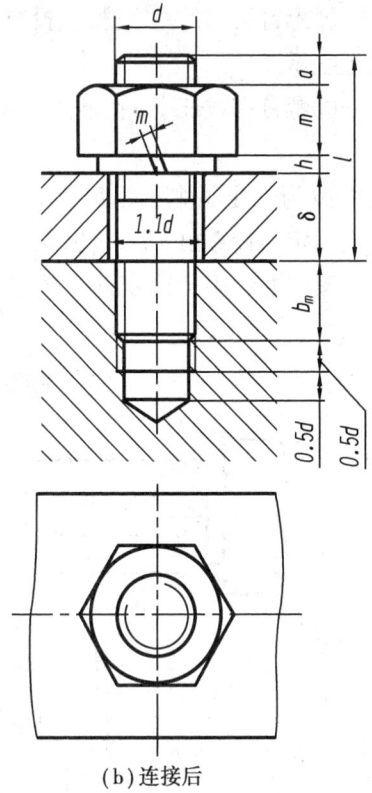

（b）连接后

图 7.16　双头螺柱连接的画法

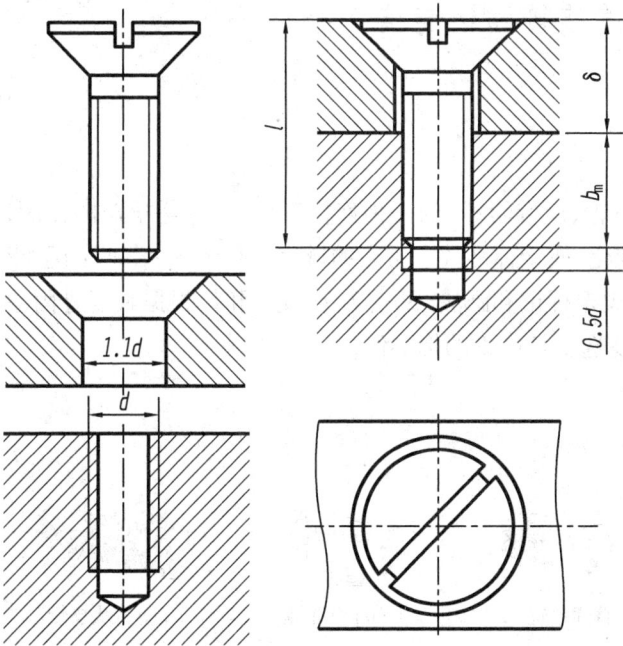

（a）开槽沉头螺钉

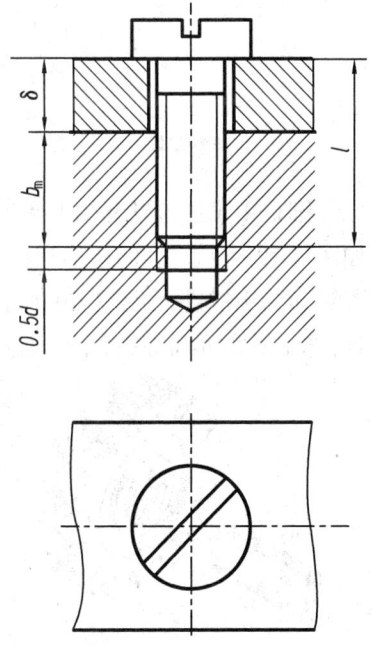

（b）开槽圆柱头螺钉

图 7.17　螺钉连接的画法

②螺钉头部的一字槽,在投影为圆的视图上与水平中心线成45°,当槽宽小于 2 mm 时,可涂黑表示。

③螺钉有效长度 l 按下式估算:

$$l = \delta + b_m$$

式中:δ 为光孔零件厚度;b_m 为旋入端长度,其确定方法与双头螺柱相同,可根据被旋入零件的材料而定。计算出 l 后,按标准的长度系列选取一个与计算值最 l 相近的标准长度。

紧定螺钉用于固定两个零件,以防止其相对运动。紧定螺钉的连接及画法如图 7.18 所示。

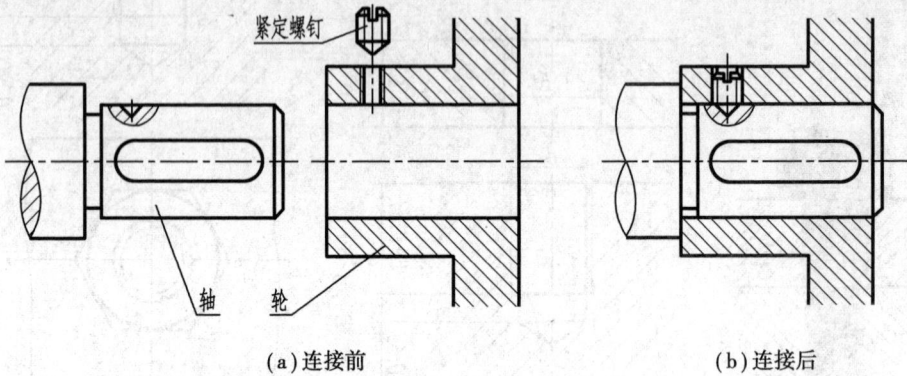

(a)连接前　　　　　　　　　　　　　　　(b)连接后

图 7.18　紧定螺钉连接画法

7.3　键连接和销连接

7.3.1　键连接

键是用于连接轴和轴上传动件(如齿轮、皮带轮等)的一种连接零件,起传递扭矩的作用,如图 7.19 所示。它的结构和尺寸已标准化,属于标准件。常用的键有三种形式:普通平键、半圆键和钩头楔键,如图 7.20 所示。键的规定标记和画法,见表 7.2。选用时,根据轴径查附录Ⅲ,选定键宽 b 和键高 h,再根据轮毂长度选定长度 L 的标准值。

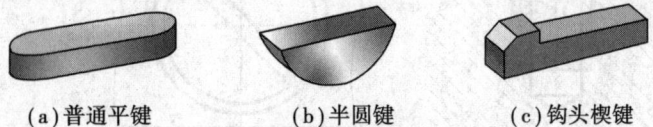

(a)普通平键　　　　　　(b)半圆键　　　　　　(c)钩头楔键

图 7.19　键连接　　　　　　　　　　图 7.20　常用键的形式

表 7.2　常用键的形式和标记示例

名　称	图　例	标准号	标记示例
普通平键		GB/T 1096—1979	$b = 18$ mm, $h = 11$ mm, $l = 100$ mm 圆头普通平键（A 型）的标记: 键 18×100　GB/T 1096—1979
半圆键		GB/T 1099.1—2003	$b = 6$ mm, $h = 10$ mm, $d_1 = 25$ mm 半圆键的标记: 键 6×25　GB/T 1099.1—2003
钩头楔键		GB/T 1565—2003	$b = 16$ mm, $h = 10$ mm, $l = 100$ mm 钩头楔键的标记: 键 16×100　GB/T 1565—2003

　　键连接通常采用剖视图表达,当纵向剖切键时,按不剖绘制,即只画键的外形,而横向剖切时,则应画剖面线。普通平键和半圆键的两个侧面是工作面,在连接画法中,键与键槽侧面相接触,键的底面与轴上键槽的底面相接触,应画一条粗实线。键的顶面是非工作面,与轮毂键槽顶面不接触,应画两条粗实线。图 7.21 所示为普通平键的连接画法。

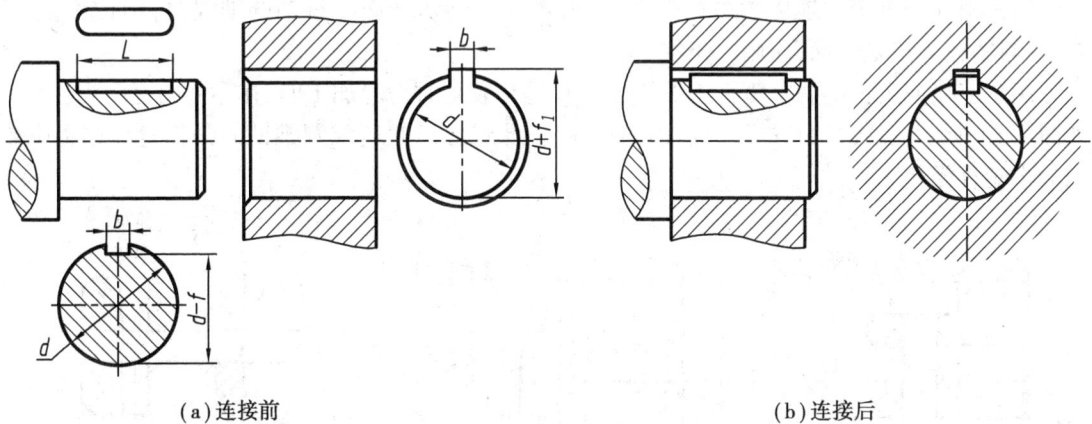

（a）连接前　　　　　　　　　　　　　　　　（b）连接后

图 7.21　普通平键的连接画法

7.3.2 销连接

销一般用于零件之间的定位或连接,常用的有圆柱销、圆锥销和开口销,如图 7.22 所示。圆柱销常用于不经常拆卸的场合;圆锥销便于装拆并能自行锁紧,用于经常拆卸的场合;开口销常用于螺纹连接的锁紧装置中,以防止螫母松脱。

(a)圆柱销   (b)圆锥销   (c)开口销

图 7.22   常用销的形式

销也是标准件,其形式和规定标记见表 7.3。

表 7.3   销的形式和标记示例

名　称	形　　式	标记示例
圆柱销		公称直径 $d = 6$ mm,公差为 m6,公称长度 $l = 30$ mm,材料为钢,不经淬火,不经表面处理的圆柱销的标记: 销　6m6×30　GB/T 119.1—2000
圆锥销	A 型(磨削)　B 型(切削)	公称直径 $d = 10$ mm,公称长度 $l = 60$ mm,材料为 35 钢,热处理硬度 28～38 HRC,表面氧化处理的 A 型圆柱销的标记: 销　10×60　GB/T 117—2000

圆柱销和圆锥销的连接画法如图 7.23 所示。当剖切平面经过销的轴线时,销按不剖绘制,销与销孔为接触表面,应画一条线。

用销连接或定位的两个零件上的销孔通常是在装配时一起加工的,在零件图上应当注明,如图 7.24 所示。圆锥销孔的尺寸应引出标注,标注尺寸应是所配圆锥销的公称直径(即圆锥销的小端直径)。

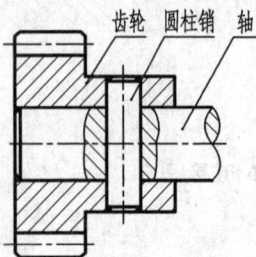

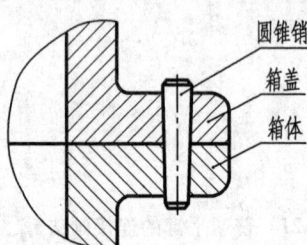

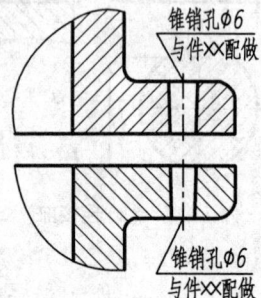

图 7.23   常用销的形式

图 7.24   销孔的尺寸标注

7.4　齿　轮

齿轮是机械传动中应用最为广泛的一种传动件,用于传递动力、变换速度或改变运动方向。齿轮按传动形式可分为三类,如图 7.25 所示。

①圆柱齿轮:用于两平行轴之间的传动。

②锥齿轮:用于两相交轴的传动。

③蜗杆蜗轮:用于两交错轴的传动。

| (a)圆柱齿轮 | (b)圆锥齿轮 | (c)蜗杆蜗轮 |

图 7.25　常见齿轮的形式

国家标准规定,各种齿轮的轮齿部分都采用相同的简化画法绘制。本节仅以直齿圆柱齿轮为例,介绍齿轮各部分的名称、参数、尺寸关系及画法,圆锥齿轮和蜗轮蜗杆的基本知识及规定画法将在"机械原理"和"机械设计"课程中学习。

7.4.1　直齿圆柱齿轮各部分名称及尺寸关系

如图 7.26 所示,直齿圆柱齿轮的各部分名称、参数尺寸如下:

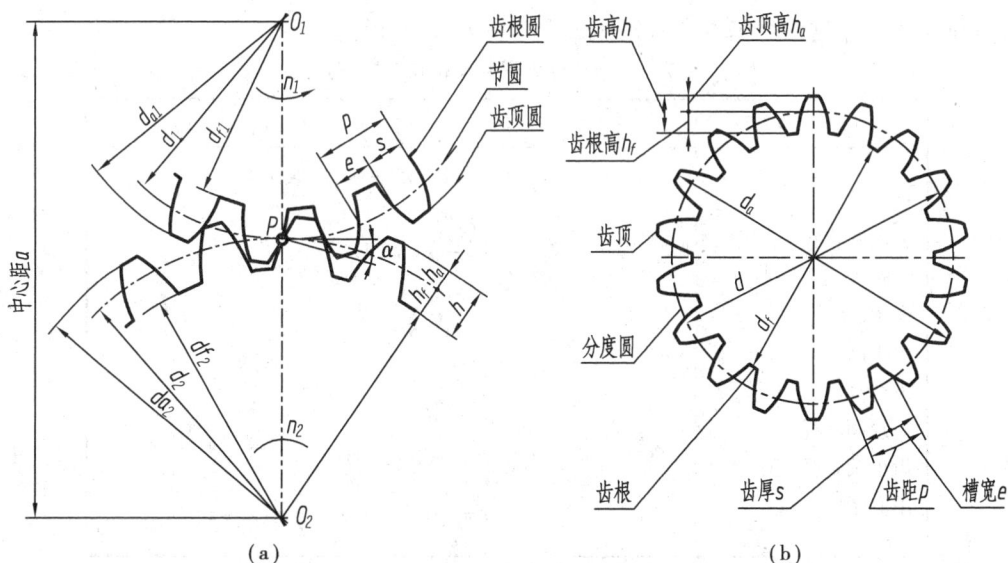

(a)　　　　　　　　　　　　　　　(b)

图 7.26　圆柱齿轮各部分名称及参数

（1）齿数

表示轮齿的个数，用"z"表示。

（2）分度圆

对于标准齿轮，在齿厚和齿间相等时所在的圆，称为分度圆，其直径用"d"表示。

（3）齿顶圆

齿轮轮齿顶部所在的圆，称为齿顶圆，其直径用"d_a"表示。

（4）齿根圆

齿轮轮齿根部所在的圆，称为齿根圆，其直径用"d_f"表示。

（5）齿距

分度圆上相邻两齿对应点之间的弧长，称为齿距，用"p"表示。

（6）模数

模数是齿轮的一个重要参数，用"m"表示。它是这样定义的：分度圆周长 $= zp = \pi d$，则有 $d = p/\pi \times z$ 令 $p/\pi = m$，m 即为模数。为便于设计制造，齿轮模数已标准化，见表 7.4。

（7）压力角

两啮合齿轮的齿廓在接触点处的公法线（受力方向）与两分度圆的公切线（运动方向）所夹的锐角，称为齿形角，用"α"表示。国家标准规定，齿轮的压力角为 20°。

表 7.4 齿轮标准模数（摘自 GB/T 1357—1987）

第一系列	1 1.25 1.5 2 2.5 3 4 5 6 8 10 12 16 20 25 32 40 50
第二系列	1.75 2.25 2.75 (3.25) 3.5 (3.75) 4.5 5.5 (6.5) 7 9 (11) 14 18 22 28 36 45

注：选取时，优先采用第一系列，括号内模数尽可能不用。

标准直齿圆柱齿轮的计算公式见表 7.5。设计齿轮时，先要确定模数 m 和齿数 z，其他有关尺寸都可以根据这两个基本参数按照表 7.5 所列公式计算。

表 7.5 标准直齿圆柱齿轮几何计算式

名　称	符　号	计算公式
模数	m	按 GB 1357—87 选取
分度圆直径	d	$d = mz$
齿距	p	$p = \pi m$
齿顶高	h_a	$h_a = m$
齿根高	h_f	$h_f = 1.25m$
齿全高	h	$h = h_a + h$
齿顶圆直径	d_a	$d_a = m(z + 2)$
齿根圆直径	d_f	$d_f = m(z - 2.5)$
中心距	a	$a = \dfrac{1}{2}(d_1 + d_2) = \dfrac{1}{2}m(z_1 + z_2)$

7.4.2　圆柱齿轮的规定画法

（1）单个圆柱齿轮的规定画法

国家标准规定，齿轮的轮齿部分按规定画法绘制，其他部分按实际形状的投影绘制。

齿轮一般用两个视图或一个视图和一个局部视图来表达，其规定画法为：

①在外形图上，齿顶圆和齿顶线用粗实线绘制，分度圆和分度线用细点画线绘制，齿根圆和齿根线用细实线绘制，也可省略不画，如图7.27（a）所示。

②在剖视图中，当剖切平面通过齿轮的轴线时，轮齿一律按不剖处理，剖视图中的齿根线用粗实线绘制，如图7.27（b）所示。

③当需要表示斜齿和人字齿时，可用三条与齿线方向一致的细实线表示，直齿不需要表示，如图7.27（c）所示。

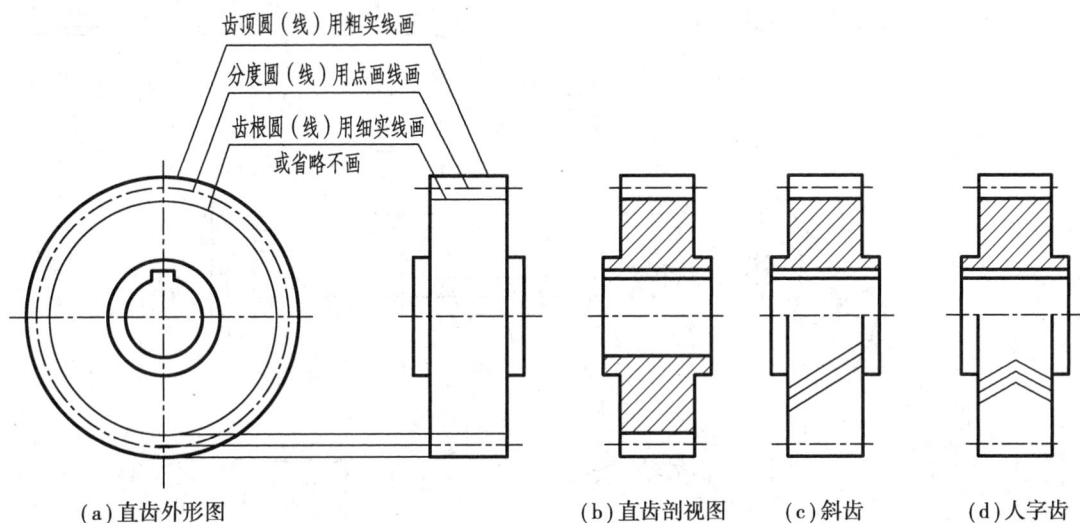

齿顶圆（线）用粗实线画
分度圆（线）用点画线画
齿根圆（线）用细实线画
或省略不画

（a）直齿外形图　　　　　　　　（b）直齿剖视图　　（c）斜齿　　（d）人字齿

图7.27　单个圆柱齿轮的画法

（2）圆柱齿轮的啮合画法

①对标准圆柱齿轮，在投影为圆的视图中两齿轮的分度圆必须相切，啮合区内的齿顶圆均用粗实线绘制，如图7.28（a）所示；也可采用省略画法，如图7.28（b）所示。

②在投影为非圆的视图中，啮合区的齿顶线不用画出，节线（标准直齿圆柱齿轮的分度圆又称节圆，分度线又称节线）用粗实线绘制，其他处节线用细点画线绘制，如图7.28（c）、（d）所示。

③在投影为非圆的剖视图（剖切平面通过齿轮轴线）中，啮合区内，将一个齿轮的轮齿用粗实线绘制，另一个齿轮的轮齿被遮挡的部分用虚线绘制，如图7.28（a）所示。必须注意：两齿轮在啮合区存在 $0.25m$（m 为模数）的径向间隙，如图7.29所示。

（3）齿轮、齿条的啮合画法

若圆柱齿轮的直径为无穷大时，齿顶圆、齿根圆、分度圆、齿廓曲线均成了直线，这时的齿轮变为齿条。当齿轮和齿条啮合时，规定画法和圆柱齿轮啮合画法基本相同，齿轮的节圆和齿条的节线相切，用点画线表示。在剖视图中，应将啮合区内齿顶线之一画成粗实线，另一轮齿部分被遮挡齿顶线画成虚线或省略不画，如图7.30所示。

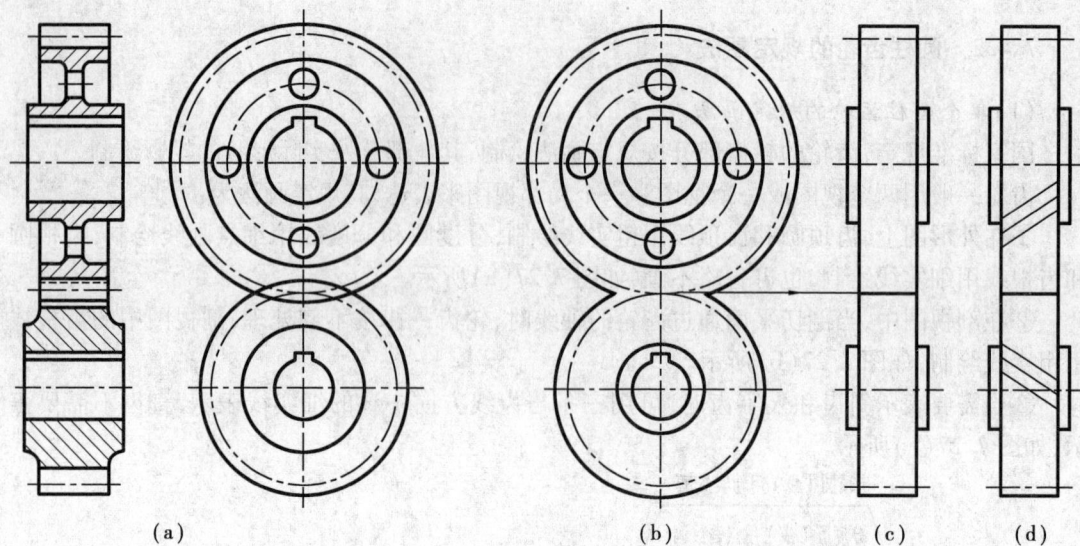

(a)   (b)   (c)   (d)

图 7.28   圆柱齿轮的啮合画法

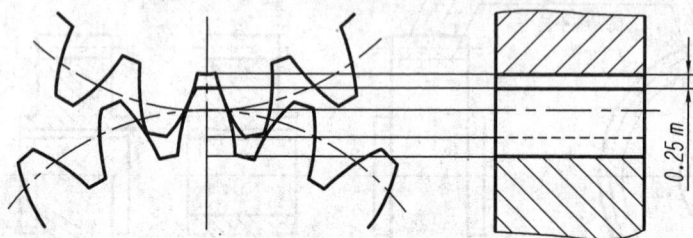

图 7.29   齿轮啮合区的画法

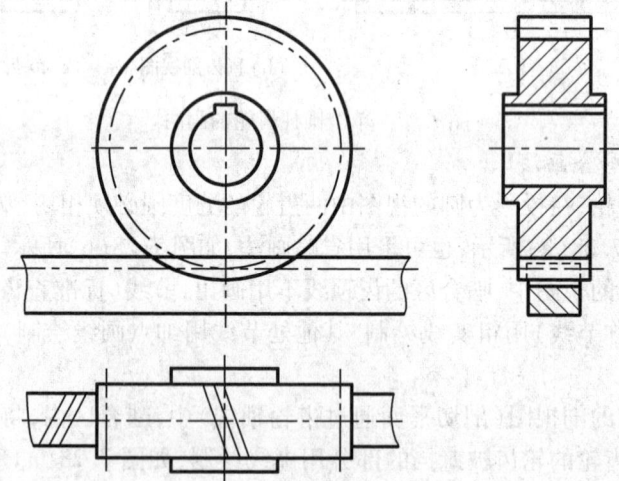

图 7.30   齿轮齿条的啮合画法

（4）直齿圆柱齿轮的零件图

图 7.31 为一直齿圆柱齿轮的零件图，图中不但要表达齿轮的形状和尺寸，还要表达制造齿轮所需的模数、齿数、压力角等基本参数和技术要求等内容。

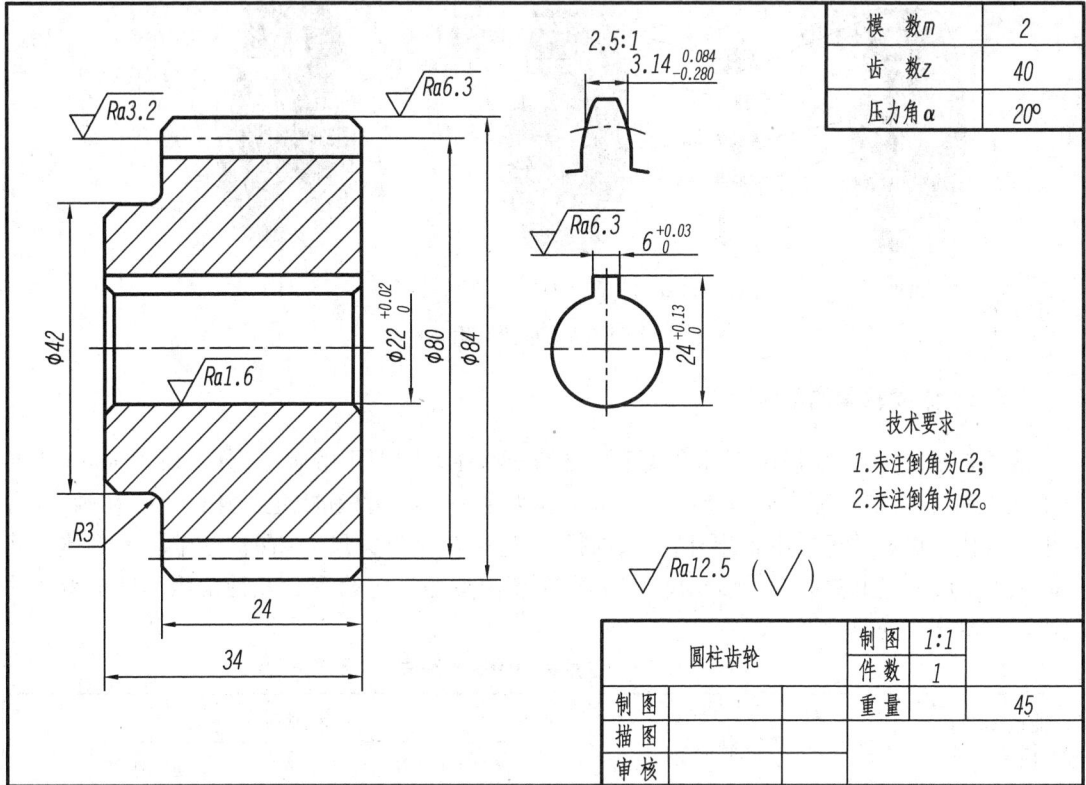

模 数 m	2
齿 数 z	40
压力角 α	20°

技术要求
1. 未注倒角为 c2;
2. 未注倒角为 R2。

圆柱齿轮		制 图	1:1
		件 数	1
制 图		重 量	45
描 图			
审 核			

图 7.31　齿轮零件图

7.5　滚动轴承

滚动轴承是用来支撑旋转轴的标准组件,它将滑动摩擦形式转变成滚动形式,具有摩擦阻力小、结构紧凑、旋转精度高、使用和维护方便等优点,在机械设备中被广泛应用。

7.5.1　滚动轴承的结构及简化画法

滚动轴承的种类很多,但它们的结构大致相似,一般由外圈、内圈、滚动体和保持架四个部分组成,如图 7.32 所示。一般情况下,外圈与机座的孔相配合,固定不动,内圈的内孔与轴颈相配合,随轴一起转动。

按承受载荷的性质,滚动轴承可分为以下三种:

(1)向心轴承

向心轴承主要用于承受径向载荷,常用的有深沟球轴承,如图 7.32(a)所示。

(2)向心推力轴承

向心推力轴承同时承受径向和轴向载荷,常用的有圆锥滚子轴承,如图 7.32(b)所示。

(3)推力轴承

推力轴承只能用于承受轴向载荷,常用的有推力球轴承,如图 7.32(c)所示。

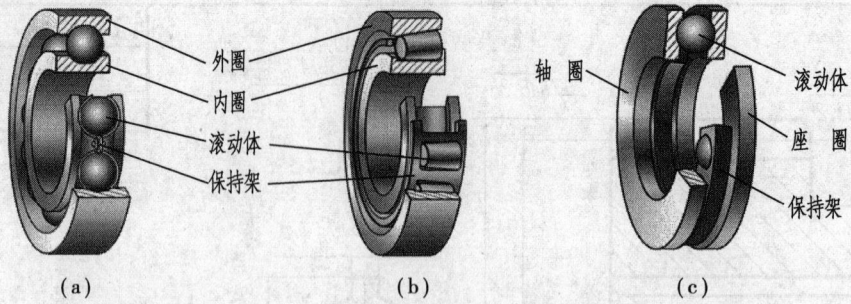

图 7.32　滚动轴承的结构及种类

7.5.2　滚动轴承的画法

滚动轴承是标准组件,国家标准规定了滚动轴承在装配图中的画法,分为简化画法(包括通用画法和特征画法,但在同一图样中一般只能采用一种画法)和规定画法两种。在画图时,应根据其代号由相关标准中查出外径 D、内径 d、宽度 B 等有关尺寸(深沟球轴承的具体尺寸见附表 4.1),确定出轴承的实际轮廓,然后在轮廓内按照规定绘图。几种常用滚动轴承的简化画法及规定画法见表 7.6。

表 7.6　常用滚动轴承的画法

轴承类型和标准代号	规定画法	简化画法	
		特征画法	通用画法
深沟球轴承 GB/T 276—1994			
圆锥滚子轴承 GB/T 297—1994			

续表

轴承类型和标准代号	规定画法	简化画法	
		特征画法	通用画法
推力球轴承 GB/T 301—1995			

7.5.3　滚动轴承的代号

国家标准规定用滚动轴承代号来表示滚动轴承的结构形式和尺寸大小等。滚动轴承代号由前置代号、基本代号和后置代号三部分组成。

（1）基本代号

基本代号是滚动轴承代号的基础,用以表示滚动轴承的基本类型、结构和尺寸。基本代号由轴承类型代号、尺寸系列代号和内径代号构成,其格式如下:

$$\boxed{类型代号}\quad\boxed{尺寸系列代号}\quad\boxed{内径代号}$$

①类型代号:用数字或字母表示,见表7.7。

②尺寸系列代号:由滚动轴承的宽(高)度系列代号和直径系列代号两项组合而成,反映同种轴承在内圈孔径相同时内外圈的宽度、厚度的不同及滚动体大小的不同。除圆锥滚子轴承外,其余各类轴承宽度系列代号"0"均省略不标。

③内径代号:表示滚动轴承的公称内径,见表7.8。

表7.7　轴承类型代号

代　号	轴承类型	代　号	轴承类型
0	双列角接触球轴承	N	圆柱滚子轴承
1	调心球轴承		双列或多列用字母"NN"表示
2	调心滚子轴承和推力调心滚子轴承	U	外球面球轴承
3	圆锥滚子轴承	QJ	四点接触球轴承
4	双列深沟球轴承		
5	推力球轴承		
6	深沟球轴承		
7	角接触球轴承		
8	推力圆柱滚子轴承		

表 7.8　轴承内径代号

轴承公称内径/mm		内径代号	示 例
10 ~ 17	10	00	深沟球轴承 6201 $d = 12$ mm
	12	01	
	15	02	
	17	03	
20 ~ 480 (22,28,32 除外)		公称内径除以 5 的商数,商数为个位,需在商数左边加"0"	圆锥滚子轴承 32308 $d = 40$ mm

（2）前置代号和后置代号

前置代号和后置代号是轴承在结构形式、尺寸、公差、技术要求等有改变时,在其基本代号左右添加的补充代号。其具体内容请参阅有关标准。

（3）滚动轴承标记示例

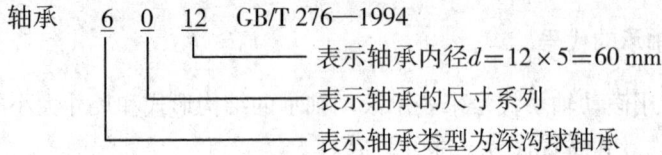

轴承　6　0　12　GB/T 276—1994
　　　　　　　　表示轴承内径 $d = 12 \times 5 = 60$ mm
　　　　　　表示轴承的尺寸系列
　　　　表示轴承类型为深沟球轴承

7.6　弹　簧

弹簧是一种储能元件,其特点是当外力除去后能立即恢复原状。弹簧形式多样,用途广泛,在机器中常用于减震、缓冲、夹紧、储能、测力和复位等。

弹簧的种类很多,有螺旋弹簧、蜗卷弹簧和板弹簧等,如图 7.33 所示。其中,螺旋弹簧应用最广泛,根据受力情况不同,又分为三种:压缩弹簧、拉伸弹簧和扭转弹簧。本节主要介绍圆柱螺旋压缩弹簧的基本参数及规定画法。

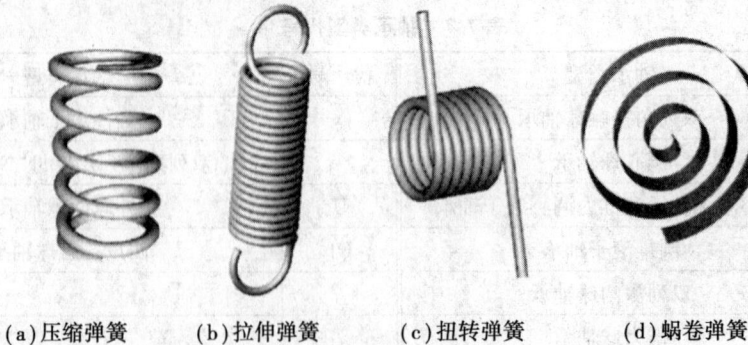

(a)压缩弹簧　　　(b)拉伸弹簧　　　(c)扭转弹簧　　　(d)蜗卷弹簧

图 7.33　弹簧

7.6.1　圆柱螺旋压缩弹簧各部分名称及尺寸关系

圆柱压缩弹簧各部分名称及尺寸关系如图 7.34 所示。

①簧丝直径 d　弹簧的钢丝直径。

②弹簧外径 D_2　弹簧的最大直径。

③弹簧内径 D_1　弹簧的最小直径。

④弹簧中径 D　弹簧的平均直径。

⑤有效圈数 n　自由状态下保持相等节距的圈数。

⑥支承圈数 n_2　为使压缩弹簧工作时端面受力均匀，工作平稳，在制造时需将弹簧两端并紧、磨平，这部分圈数只起支承作用，称为支承圈。支承圈有 1.5 圈、2 圈及 2.5 圈三种，常见的是 2.5 圈。

⑦总圈数 n_1　有效圈数与支承圈数之和，总圈数 $n_1 = n + n_2$。

⑧节距 t　有效圈中相邻两圈对应点间的轴向距离。

⑨自由高度 H_0　弹簧在不受外力作用时的高度，$H_0 = nt + (n_2 - 0.5)d$。

图 7.34　圆柱螺旋压缩弹簧参数

⑩展开长度 L　制造弹簧时钢丝的长度，$L \approx n_1 \sqrt{(\pi D_2)^2 + t^2}$。

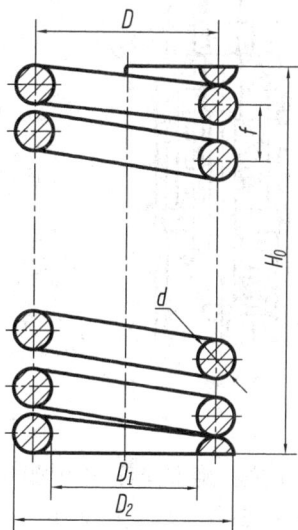

7.6.2　圆柱螺旋压缩弹簧的规定画法

①螺旋弹簧在平行于轴线的视图中，其各圈的轮廓应画成直线。

②螺旋弹簧均可画成右旋，但对于左旋弹簧，无论画成左旋还是右旋，一律要在"技术要求"中注出旋向。

③螺旋压缩弹簧的支撑圈要求两端并紧、磨平时，无论支承圈数多少，均按图 7.34 所示（有效圈数为整数，支承圈为 2.5 圈）的形式绘制，其实际支撑圈数应在"技术要求"中用文字说明。

④螺旋弹簧有效圈数多于 4 圈时，可以只画出两端的 1~2 圈（支承圈除外），中间部分省略不画，只用通过弹簧钢丝中心的两条点画线表示，且总高度可以缩短。

⑤在装配图中，被弹簧挡住的结构一般不画出，可见部分应从弹簧的外轮廓线或从弹簧钢丝剖面的中心线画起，如图 7.35(a) 所示。

⑥在装配图中，当弹簧钢丝直径在图形中小于或等于 2 mm 时，其断面可涂黑表示，如图 7.35(b) 所示；也允许采用示意画法，如图 7.35(c) 所示。

7.6.3　圆柱螺旋压缩弹簧的画图步骤

若已知弹簧的簧直径 d、弹簧中径 D、节距 t、有效圈数 n 和支撑圈数 n_2，可先算出自由高度 H_0，然后按如下步骤作图：

①以 D 和为边长，画出矩形，如图 7.36(a) 所示。

②根据簧丝直径 d，画两端的支撑圈，如图 7.36(b) 所示。

③根据节距 t，画有效圈部分的圆，当有效圈数在 4 圈以上时，可省略中间圈，如图 7.36(c) 所示。

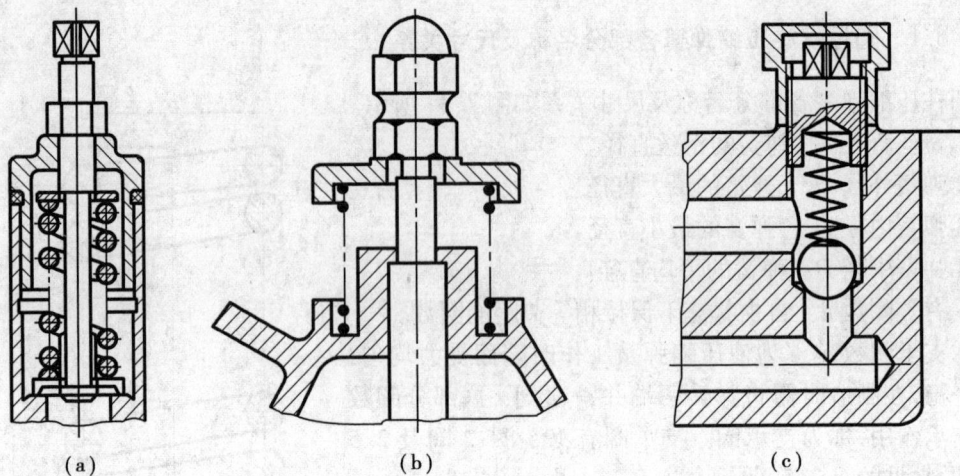

图 7.35　圆柱螺旋压缩弹簧在装配图中的画法

④按右旋方向作相应圆的公切线并在簧丝截面上画剖面线,完成后的圆柱螺旋压缩弹簧如图 7.36(d)(剖视图)和图 7.36(e)(视图)所示。

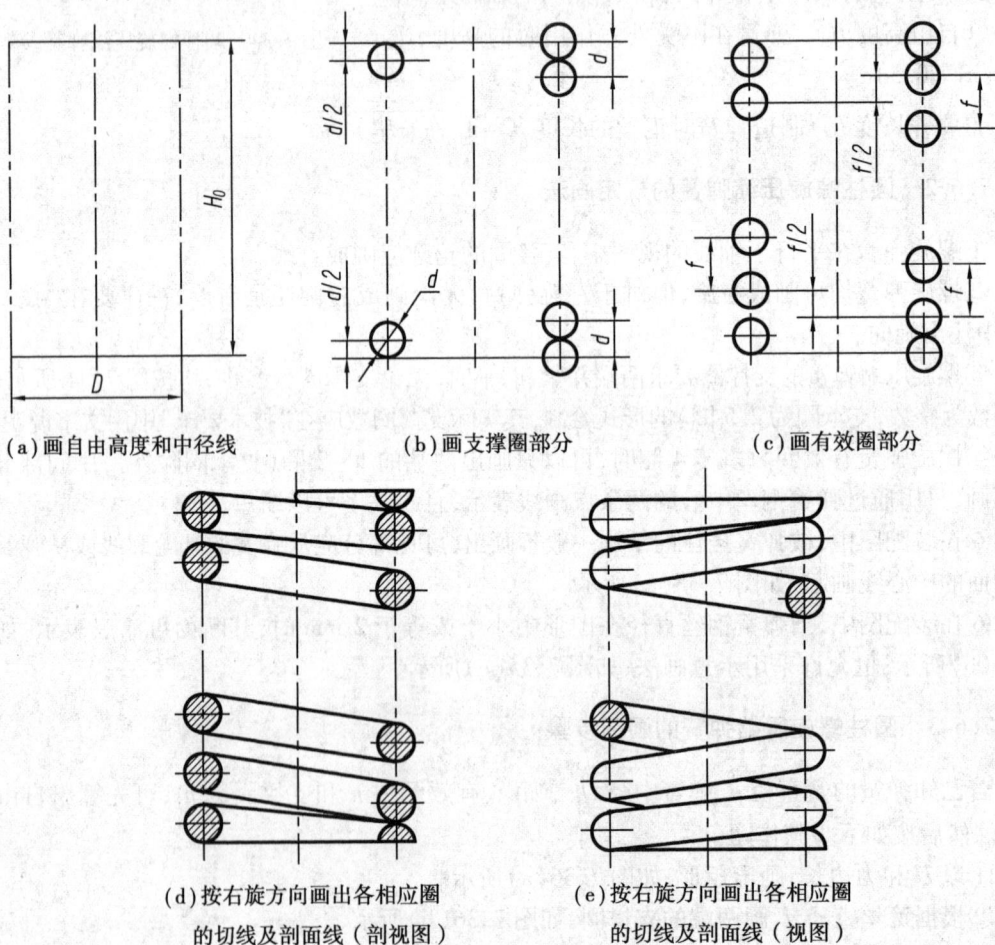

（a）画自由高度和中径线　　　（b）画支撑圈部分　　　（c）画有效圈部分

（d）按右旋方向画出各相应圈
　　的切线及剖面线（剖视图）

（e）按右旋方向画出各相应圈
　　的切线及剖面线（视图）

图 7.36　圆柱螺旋压缩弹簧的画图步骤

第 **8** 章

零件图

零件是组成机器和部件的最小制造单元,任何机器和部件都是由各种零件装配而成。表达单一零件形状结构、大小和技术要求等内容的图样,称为零件工作图(简称"零件图")。通常,零件分为标准件和非标准件,其中标准件是由标准件厂生产,一般不需要绘制其零件图;非标准件需要绘制其零件图。本章主要内容包括零件图的作用与内容、视图选择、尺寸标注、技术要求、零件工艺结构及读零件图等内容。

8.1 零件图的作用与内容

8.1.1 零件图的作用

零件图反映了设计者的设计意图,表达机器或部件对该零件的要求,是制造和检验零件的主要依据,是设计和生产过程中的重要技术文件。

8.1.2 零件图的内容

如图 8.1 所示为铣刀头中座体的零件图。

从图中可以看出,零件图一般包含以下内容:

①一组视图:用各种表达方法如视图、剖视图、断面图及其他规定画法,正确、完整、清晰地表达出零件的内部结构和外部形状。

②零件尺寸:正确、完整、清晰、合理地标注出制造和检验零件时的全部尺寸。

③技术要求:用国家标准规定的符号、代号或方法标注出零件在制造和检验时应达到的技术要求,如表面粗糙度、尺寸公差、几何公差、材料及热处理等方面的内容。

④标题栏:用国家标准规定的格式填写零件的名称、材料、数量及绘图比例、图号、制图和审核人的责任签名及日期等。

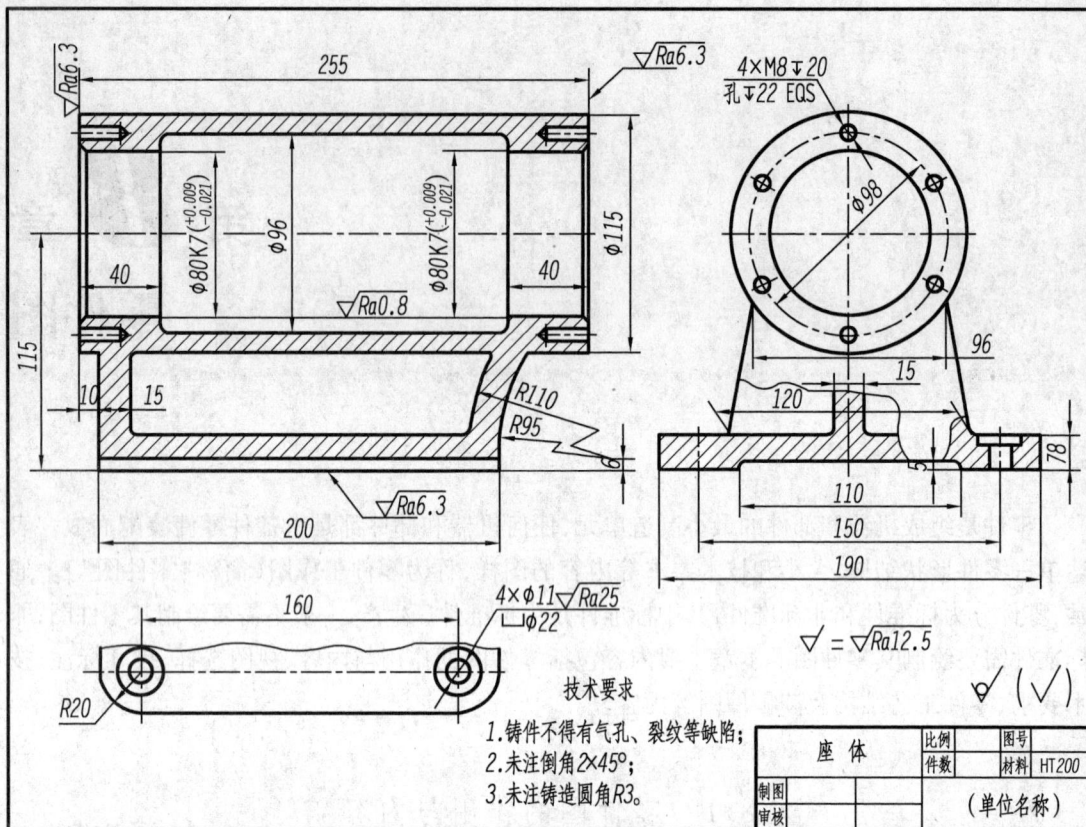

图 8.1　座体零件图

8.2　零件图的视图选择

零件图要用一组视图正确、完整、清晰地表达出零件内外部的形状结构,并且要考虑读图和画图的方便。首先对零件进行结构分析,选定主视图,再合理选择其他视图。表达时,要注意合理运用各种表达方法,如视图、剖视图、断面图、局部放大图等。

8.2.1　视图选择的原则

(1)主视图的选择原则

①零件放置位置尽量与其加工位置或工作位置一致。

②以反映零件结构形状最多和各形状结构之间相对位置关系明确的方向作为主视图的投射方向。

(2)其他视图的选择原则

在完整、清晰地表达零件内外结构形状的前提下,尽量减少视图的数量,要使每个视图有各自的表达重点,避免重复表达。

8.2.2　视图选择的方法和步骤

（1）零件的结构分析和功能分析

从零件的形状结构及其功能来看,零件上的结构可以分为主体结构、局部功能结构和工艺结构。其中,主体结构是将零件上的局部功能结构和工艺结构忽略后抽象出来的形体结构;局部功能结构是指零件上与其他零件之间有连接或定位关系的结构,如键槽、安装孔及定位销孔等;工艺结构是指为了便于零件的加工、制造、测量等方面而设计的结构,如退刀槽、砂轮越程槽、中心孔、铸造圆角、倒角、凸台与凹台等。

选择零件视图前,首先应对零件进行结构分析和功能分析,以确定零件的整体功能和在机器或部件中的工作位置,以及零件各组成部分的形状、作用及其相对位置。

（2）选择主视图

在确定零件的表达方案时,应首先确定主视图。主视图的确定原则是形状特征原则。要确定出零件的形状特征,就需要对零件进行结构形状及其功能进行分析,确定出零件的主体结构、局部功能结构和工艺结构,从而把握零件的形状特征。

其次,要确定零件在投影体系中的安放位置,零件的安放位置确定后,选取能够反映该零件形状特征的一个投影方向作为主视图的投影方向。一般来讲,零件的安放位置有三种:加工位置、安装位置和自然位置。这三种位置的选取原则:如果该零件的加工过程中在机床上的装夹位置基本相同,就以加工位置作为安放位置;如果加工过程中的位置多变,但是安装在机器或部件中之后位置不变,就以零件在机器或部件中的工作位置作为主视图的安放位置;如果零件的加工位置和工作位置变化较多,则应选择自然观察它的位置作为安放位置。

最后,根据零件的结构特点选取主视图的表达方法。这时,要考虑零件的内外形状结构的复杂程度及是否对称来确定。如果零件的外形复杂而内部结构较为简单,则选择视图来表达,相反则应选择剖视图来表达;同时,要选择视图或者剖视图的种类。如果零件的内外形状对称或者接近于对称,可以考虑采用半视图;如果零件的外形较为复杂而只有局部的内部结构,可以考虑采用局部剖视图。

确定零件的主视图后,再考虑零件的其他视图。

（3）确定其他视图

其他视图的选取原则:对零件的主体结构采用基本视图,以及在基本视图上进行剖视来表达主视图中没有表达清楚的形状结构;对零件的局部功能结构和工艺结构采用局部（剖）视图、断面图或者局部放大图来表达,并采用规定画法或者如实画出,如零件上的螺纹结构、轮齿等须按照规定画法,零件上的键槽采用局部剖视图和断面图如实画出,零件上的退刀槽和越程槽采用局部放大图来表达。

（4）确定视图表达方案

通常要确定几种表达方案,按照表达零件形状结构要正确、完整、清晰、简便的要求,力求减少视图数量,进一步综合、比较、调整、完善,确定出一个较好的表达方案。零件表达方案的选择原则:目的明确,相辅相成。较好的表达方案中,每个视图的表达目的明确,视图之间相互补充表达。

另外,在视图中尽量避免使用虚线表达零件内部的结构,并尽量在基本视图上作剖视。但有时适当少量使用虚线,可以减少视图的数量。

8.2.3 视图选择举例

如图 8.2 所示的零件支架,根据其结构形状,确定该零件表达方案步骤如下:

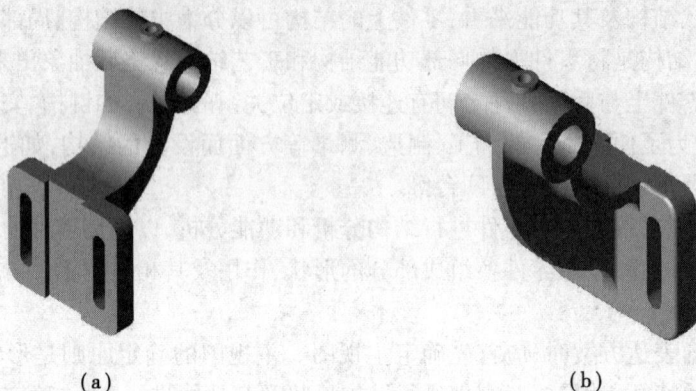

(a)   (b)

图 8.2 零件支架的形状结构

(1)零件的结构分析和功能分析

1)零件支架的结构

零件支架的机构由三部分组成:安装部分(有两个长圆形安装孔、一个矩形凹槽、四个圆角的矩形板)、工作部分(空心圆柱及小圆柱凸台)及连接部分(截面为"T"字形的连接板和肋板)。

2)零件支架的功能

将其安装在机架的竖直立板上,以支撑穿过其工作部分(空心圆柱)的轴,该轴可以沿着空心圆柱的轴线移动或绕其转动,空心圆柱上方中间位置有与之正交的小圆柱凸台,小圆柱凸台中有孔和大空心圆柱的孔正交相通,以安装油杯,用以给运动轴和孔之间加注润滑油。

(2)选择主视图

通过对零件支架的结构和功能分析可知,支架零件加工面有:安装板的安装面、安装孔、空心圆柱的内孔及圆柱凸台的油孔和凸台面。加工面有平面和圆柱面,加工支架零件时的装夹位置各不相同。由于该零件安装在机器或部件中后它的位置不再变化,所以选择支架的工作位置作为主视图的安放位置,并选平行于空心圆柱轴线的方向作为主视图投射方向,所得到的主视图能够反映支架的形状特征;由于该零件支架的外形比内部结构复杂,所以主视图以表达外形为主,取局部剖视来表达上部油孔,如图 8.3 所示。

(3)确定其他视图

方案一:

考虑到支架的左右形状差异较大,可以选择左视图或右视图,但如果选用左视图,则肋板在左视图中投影不可见,左视图中就增加了虚线。因此,选择右视图,并取局部剖视以表达主轴孔,安装板上的凹槽结构可以选用俯视图来表达,如图 8.3(a)所示。

方案二:

选择 A 向局部视图表达安装板的结构,采用移出断面图来表达肋板形状,俯视图采用局部剖视,以表达轴孔和安装板螺栓孔,如图 8.3(b)所示。

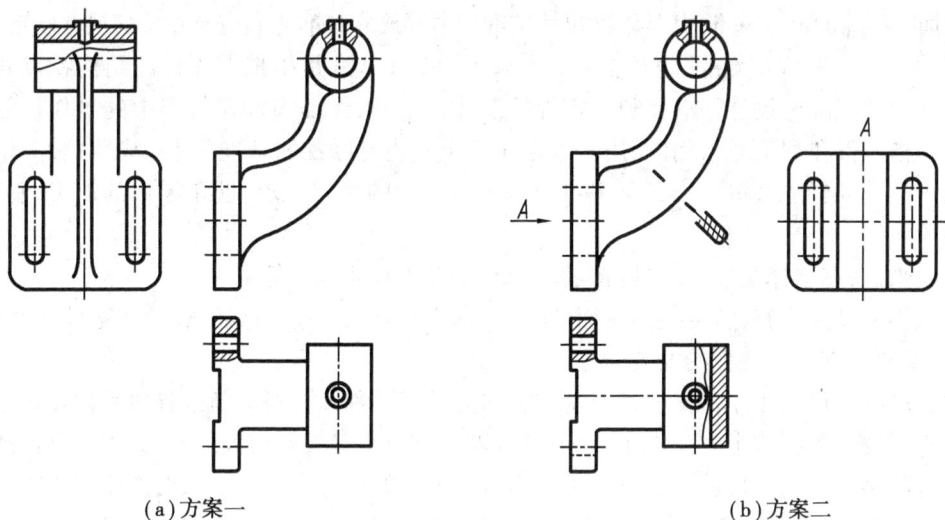

(a)方案一　　　　　　　　　　　　　　(b)方案二

图 8.3　支架表达方案的确定

(4)视图表达方案的对比

方案一和方案二对支架零件形状结构的表达都是完全的,方案一表达明确、清晰,方案二表达简洁、易于读图和画图;综合起来看,方案二较好。

8.3　零件图的尺寸标注

零件图的一组视图只能表达零件的结构形状,而零件的大小及零件各部分结构的相对位置是通过尺寸标注来确定的。零件图上的尺寸是加工、制造和检验零件的重要依据,所以,零件图的尺寸标注十分重要,必须认真、细致地标注零件图的尺寸。

8.3.1　零件图尺寸标注的基本要求

零件尺寸标注的基本要求是正确、完整、清晰及合理。

①正确:"正确"是指所标注尺寸的格式必须符合国家标准的要求。

②完整:"完整"是指所标注的尺寸要能够完全确定零件各组成结构的大小和相对位置关系。

③清晰:"清晰"是指所标注的尺寸必须标注在适当的位置,以便于读图。

④合理:"合理"是指所标注的尺寸要满足设计要求,又要符合加工、测量等工艺要求。

对于正确、完整和清晰性的要求,在组合体一章中已经讨论过,这里不再重复。要做到合理标注尺寸,首先要根据零件的设计和工艺要求正确选择尺寸基准并进行尺寸标注,其次还需具备一定的零件设计、加工、检验等方面的知识。本节只介绍合理标注尺寸的一般准则。

8.3.2　合理标注尺寸应注意的问题

(1)合理选择尺寸基准

通常将标注尺寸的起点称为尺寸基准。一般零件需要标注长、宽、高三个方向的尺寸,所以,在每个方向上应各有一个尺寸基准。有时为了设计、加工、测量的方便,除了主要尺寸基准之外,还要附加一些辅助尺寸基准,并且辅助尺寸基准和主要尺寸基准之间应有直接的尺寸联系。

尺寸基准分为两大类:设计基准和工艺基准。设计基准是指根据零件的结构特点和设计要求所选定的基准。设计基准反映对零件的设计要求,以保证零件在机器中的工作性能。工艺基准是指零件在加工时采用的、用于确定在机床上装夹位置的基准(定位基准)和测量尺寸时所选用的基准(测量基准)。工艺基准反映了对零件的工艺要求,便于零件的加工、制造、测量和检验。

一般来讲,在选择基准时,最好将设计基准和工艺基准统一起来。

常选用的基准线有:零件上回转面的轴线、中心线等;常选用的基准面有:零件的对称面、结合面、重要支撑面和底板的安装面等。

选择基准的优先顺序:首先,判断这个方向上是否对称,若对称,就选择对称面作为这个方向的基准;其次,若在这个方向上不对称,就看这个方向上有没有较大的平面、安装基面或者与其他零件的结合面,若有,就选择这个面作为这个方向的尺寸基准;最后,若这个方向上既不对称又没有较大的平面(包括安装基面和与其他零件的结构面),就看这个方向有没有较大或较重要的回转面,这个重要回转面的轴线就是这个方向的尺寸基准。如图 8.4 所示的轴承座零件图,其尺寸基准的选择如图所示。

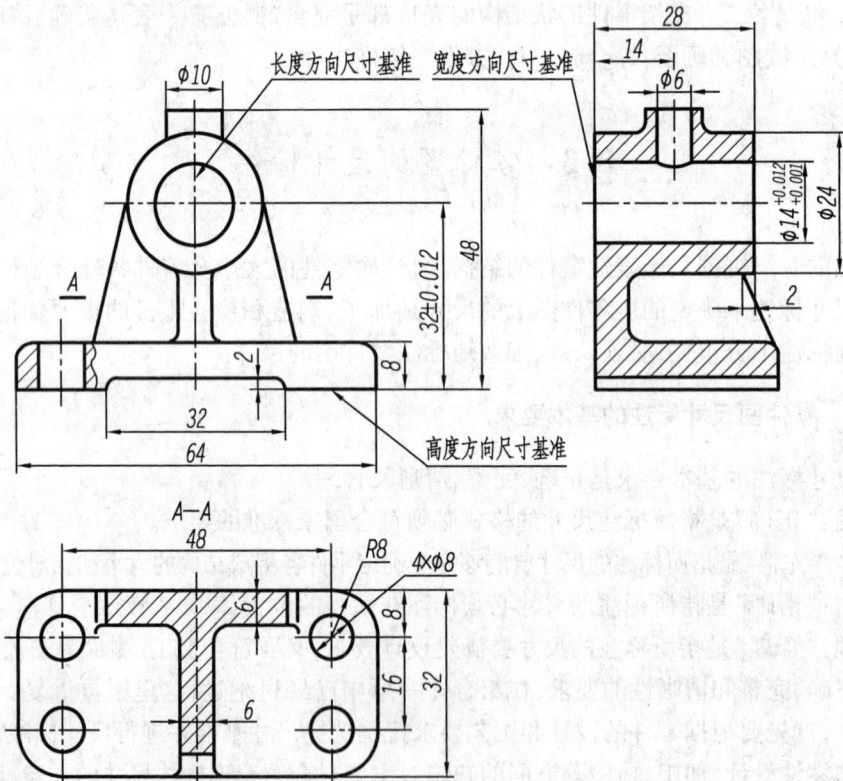

图 8.4　尺寸基准的选择

(2)重要尺寸要直接标出

为保证设计要求,零件的重要尺寸应直接标出,不允许由其他尺寸推算得出,通常还应提出精度要求。如图 8.5(a)中的中心高尺寸(32 ± 0.012) mm 是重要尺寸,应从设计基准(底板的下底面)直接标注,不应当如图 8.5(b)中从底板上表面(非加工面)开始标注尺寸24 mm,

这样,可以避免因加工制造时产生的积累误差。同样,图 8.5(a)中的底板螺栓孔中心距 48 mm也是重要尺寸,须直接标注,而不能如图 8.5(b)所示的间接标注。

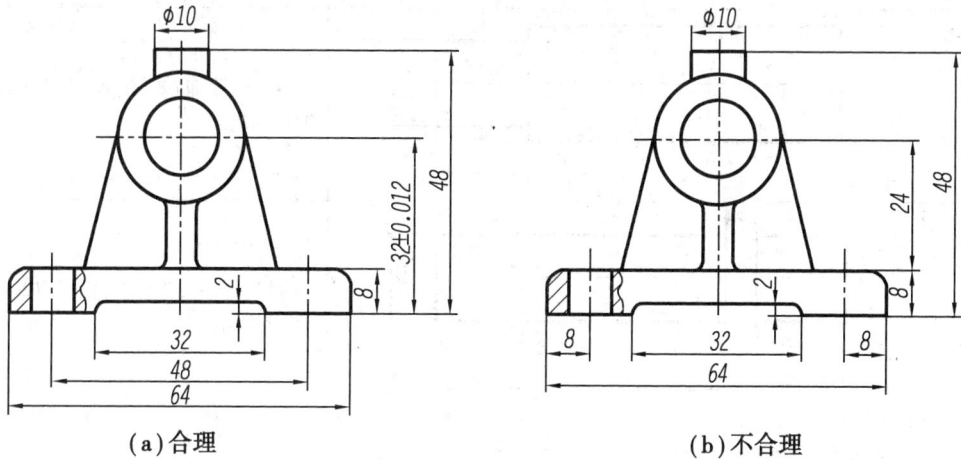

(a)合理　　　　　　　　　　　　(b)不合理

图 8.5　重要尺寸直接标注

(3)避免出现封闭尺寸链

零件图上一组相关尺寸构成零件尺寸链。如图 8.6(b)所示的阶梯轴,不仅标注了各轴段的长度尺寸 A_1、A_2、A_3,还标注了总长 A_4,这几个尺寸首尾相接,构成封闭尺寸链。由于加工误差的存在,这种情况应该避免。正确的标注应如图 8.6(a)所示,在尺寸链中选一个不重要的尺寸空出不标,作为加工误差的累积区,从而保证重要尺寸的加工精度。

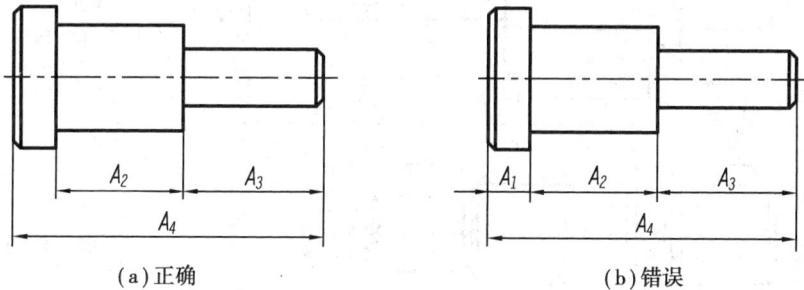

(a)正确　　　　　　　　　　　　(b)错误

图 8.6　避免出现封闭尺寸链

(4)按加工顺序标注尺寸

零件加工时都有一定的加工顺序。在标注尺寸时,应尽量与加工顺序一致,以便于加工和测量,保证工艺要求。表 8.1 为主动轴的加工顺序与尺寸标注。

表 8.1　主动轴的加工顺序和尺寸标注

序　　号	加工顺序和尺寸标注	说　　明
1		取 $\phi 30$ mm 圆钢下料,车两端面,保证长度 108 mm,打中心孔

续表

序　号	加工顺序和尺寸标注	说　明
2		车左端轴段，直径 $\phi22$ mm、长 24 mm
3		调头，车右端轴段，直径 $\phi20$ mm、长 76 mm
4		车 $\phi10$ mm 尺寸 60 mm 为重要尺寸
5		车 $\phi18$ mm 尺寸 40 mm 为重要尺寸
6		切槽、倒角
7		铣键槽

(5)考虑测量方便

标注尺寸时,应考虑零件在实际制造、检验时的测量方便和可行性,尽量做到使用通用量具就可以直接测量,以减少使用专用测量工具。如图 8.7 所示,图(a)中的尺寸 6 mm 和15 mm便于测量,而图(b)中的尺寸 7 mm 不便于测量。

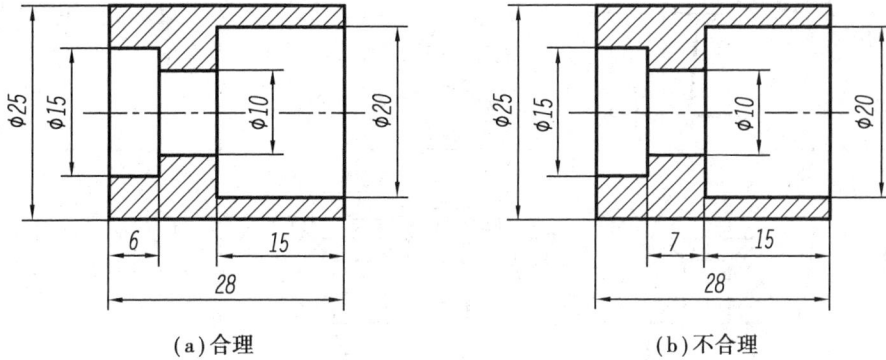

(a)合理	(b)不合理

图 8.7 尺寸要便于测量

8.3.3 零件上常见结构要素的尺寸标注

零件上常见的结构有螺孔、光孔、沉孔、键槽退刀槽、越程槽、倒角、滚花、平面和中心孔等,这些结构的习惯注法见表 8.2。

表 8.2 零件上常见结构的尺寸标注

零件结构类型		标注方法	说　明
螺孔	通孔	4×M6-6H　4×M6-6H　4×M6-6H	4 个 M6-6H 的螺纹通孔
	盲孔	4×M6-6H▽10　4×M6-6H▽10　4×M6-6H▽10　孔▽12　孔▽12　孔▽12	4 个 M6-6H 的螺纹盲孔,螺纹孔深 10 mm,作螺纹前钻孔深 12 mm
光孔	一般孔	4×φ6H7▽10　4×φ6H7▽10　4×φ6　10	4 个 φ6 mm 深 10 mm 的孔
	精加工孔	4×φ6H7▽10　4×φ6H7▽10　4×φ6　孔▽12　孔▽12　10　12	4 个 φ6 mm 的盲孔,钻孔深 12 mm,精加工深 10 mm 的孔

续表

零件结构类型		标注方法	说　明
光孔	锥销孔		$\phi5$ mm 为圆锥销孔的小头直径
沉孔	锥形沉孔		4 个 $\phi7$ mm 带锥形埋头孔,锥孔口直径为 13 mm,锥面顶角为 90°的孔
	柱形沉孔		4 个 $\phi7$ mm 带有圆柱形沉头孔,沉孔直径为 $\phi12$ mm,深 3.5 mm 的孔
	锪平面		4 个 $\phi7$ mm 带锪平孔,锪平孔直径为 $\phi16$ mm。锪平孔一般不需要标注深度,一般锪平到看不见毛面为止
键槽	平键键槽		这样标注便于测量
	半圆键键槽		这样标注便于选择铣刀(铣刀的直径为 ϕ)及测量

续表

零件结构类型	标注方法	说　明
退刀槽及越程槽	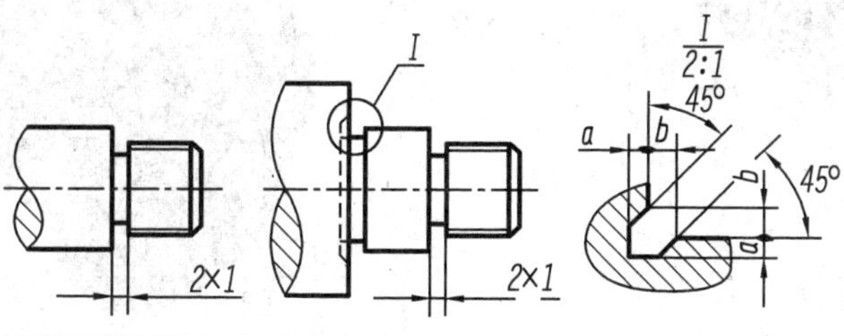	退刀槽一般可按"槽宽×直径"或"槽宽×槽深"的形式标注,越程槽一般用局部放大图表达,尺寸从相关国家标准中查得
倒角	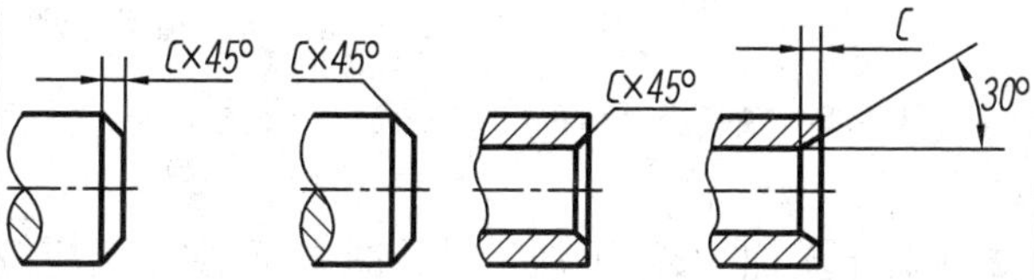	"C"表示倒角的边长,当倒角为45°时,可以写成"C×45°"或"C2";当倒角为非45°时,则分别标注
平面	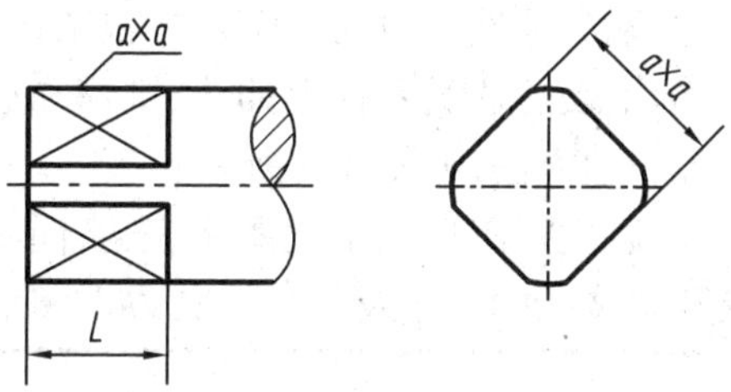	在没有表示出正方形的图形上,该正方形的尺寸可以用"a×a"(a为正方形的边长)表示

8.4　典型零件的视图选择和尺寸标注

为便于分析零件的视图选择和尺寸标注,根据零件的形状结构,一般将零件大致分为以下几类:

①轴套类零件,如轴、齿轮轴、衬套等零件。

②盘盖类零件,如阀盖、端盖、齿轮等零件。

③叉架类零件,如连杆、拨叉、支座等零件。

④箱体类零件,如阀体、箱体、泵体等零件。

⑤薄板冲压件。

⑥注塑与镶嵌零件。

下面结合典型例子,介绍各类零件的视图选择和尺寸标注方法。

8.4.1　轴套类零件

（1）结构特点

轴套类零件的主要结构是同轴回转体(圆柱体或圆锥体),轴向尺寸较长,径向尺寸较小。根据设计及工艺上的要求,这类零件通常带有键槽、轴肩、螺纹、挡圈槽、退刀槽、砂轮越程槽、销孔及中心孔等结构,如图8.8所示。

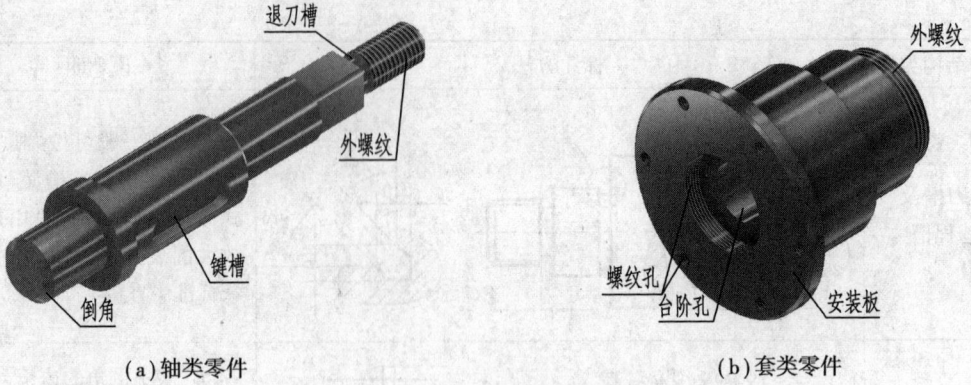

（a）轴类零件　　　　　　　　　　（b）套类零件

图 8.8　轴套类零件的结构形状

（2）表达方法

轴套类零件主要是在车床或磨床上加工，为了加工时看图方便，主视图应按照加工位置安放，即将轴套类零件的轴线水平放置。轴类零件一般用一个基本视图作为主视图来表达主体结构形状，不必再配其他基本视图。为了表达这类零件上的孔、键槽和退刀槽等结构，常采用移出断面、局部剖视图、局部放大图等表达方法，如图 8.9 所示。

因套类零件的主体结构为空心，所以主视图要用剖视图来表达，同时，增加左视图或右视图表达套类零件上的安装板的形状及安装孔的大小及分布情况，如图 8.10 所示。

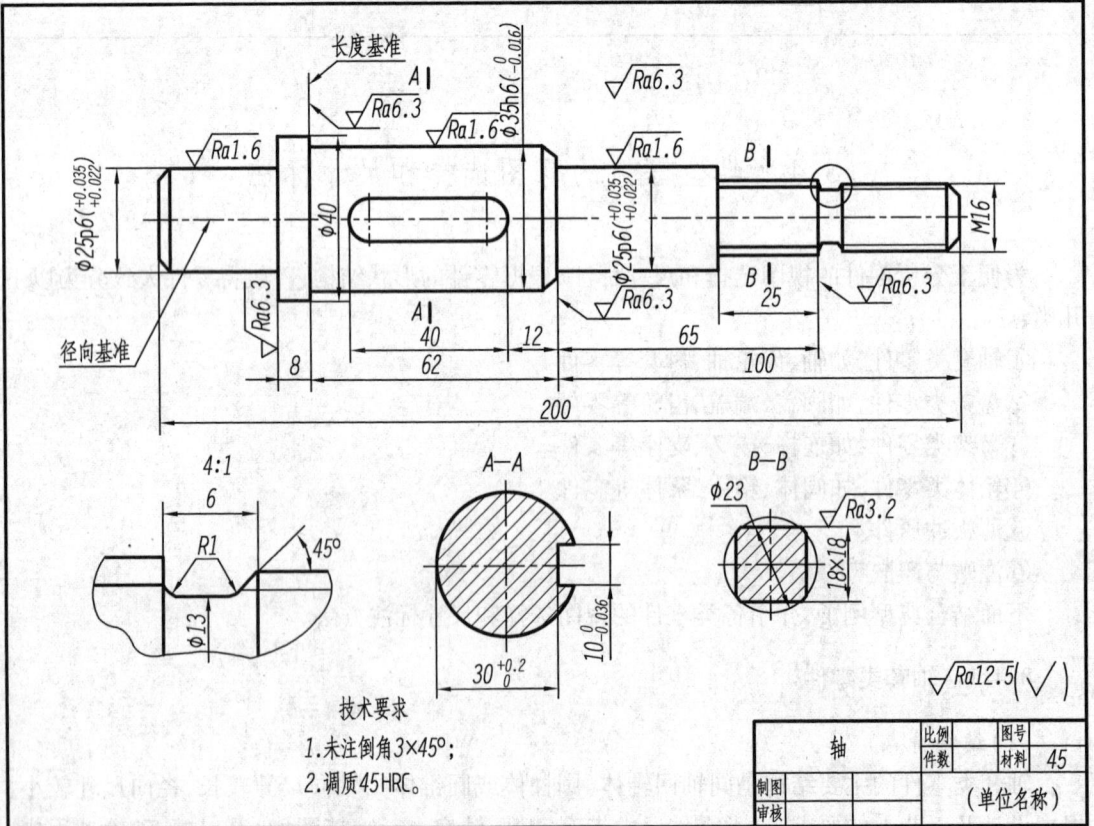

图 8.9　小轴零件图

154

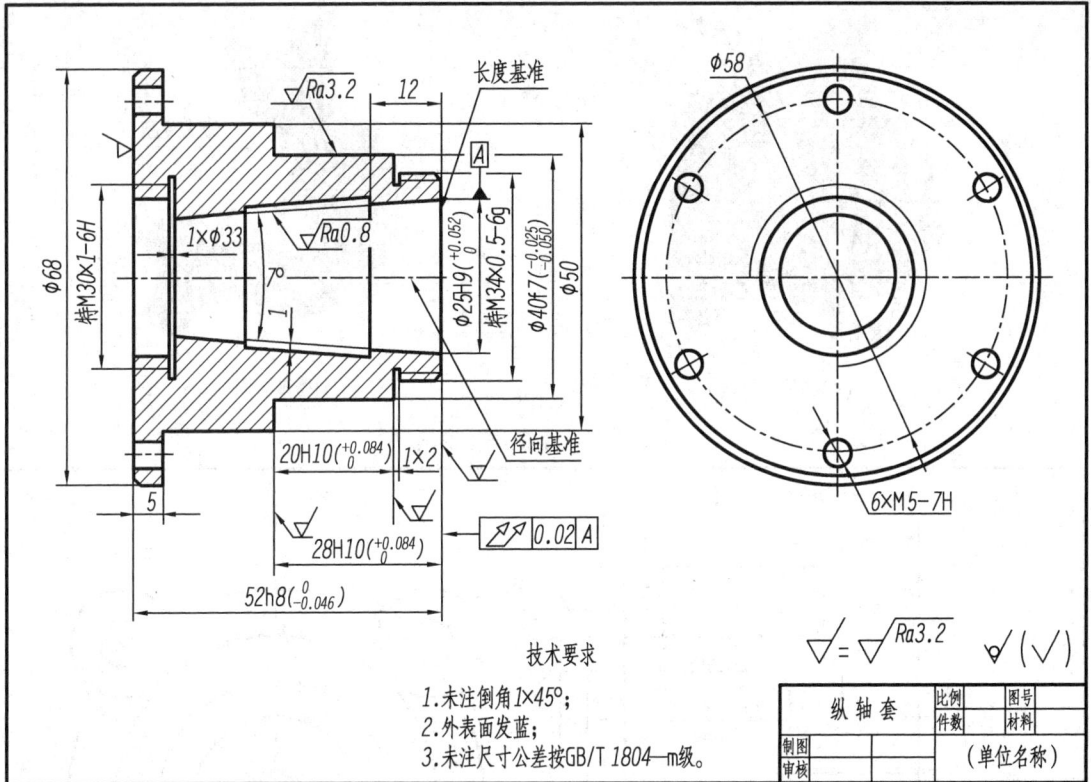

图 8.10 轴套的零件图

（3）尺寸标注

由于轴套类零件的主体结构一般都是同轴回转体，因此，轴线既是高度方向的尺寸基准，又是宽度方向的尺寸基准，所以，将轴线称为径向尺寸基准；长度方向尺寸基准通常选用重要的端面、接触面（轴肩）或定位面，如图 8.9 和图 8.10 所示。在选定尺寸基准的基础上，再标注其他尺寸。

8.4.2 盘盖类零件

（1）结构特点

盘盖类零件的基本形状呈扁平的轮状、盘状，主要结构是回转体，其径向尺寸大于轴向尺寸，其余部分包括有与其他零件连接、定位或安装的连接凸缘及孔等，如端盖、透盖、法兰盘及各类轮子等。图 8.11 所示为阀盖的结构形状。

（2）表达方法

多数盘盖类零件主要在车床上加工，因此，一般将零件的轴线水平放置作为主视图，并作全剖、半剖或局部剖视，以表达其内部结构。其他视图的选择可以根据零件的复杂程度而定，一般常需要画出其左视图或右视图，用以表达轮盘的形状及其上安装孔或定位孔的数量、大小及分布情况。图 8.12 所示为阀盖的零件图中，主视图采用旋转剖形成的全剖视图，表达阀盖的内部结构，左视图采用基本视图表达阀盖的外形及安装孔的大小及其分布位置等。

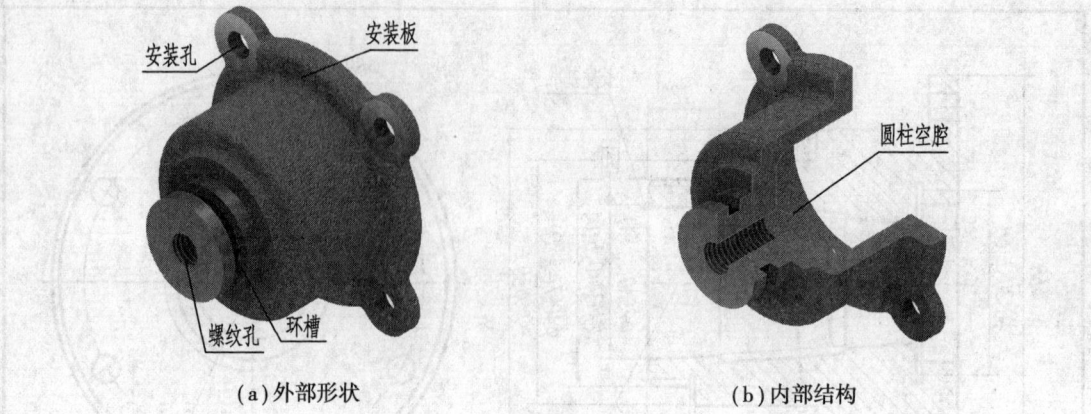

（a）外部形状　　　　　　　　　（b）内部结构

图 8.11　阀盖的结构形状

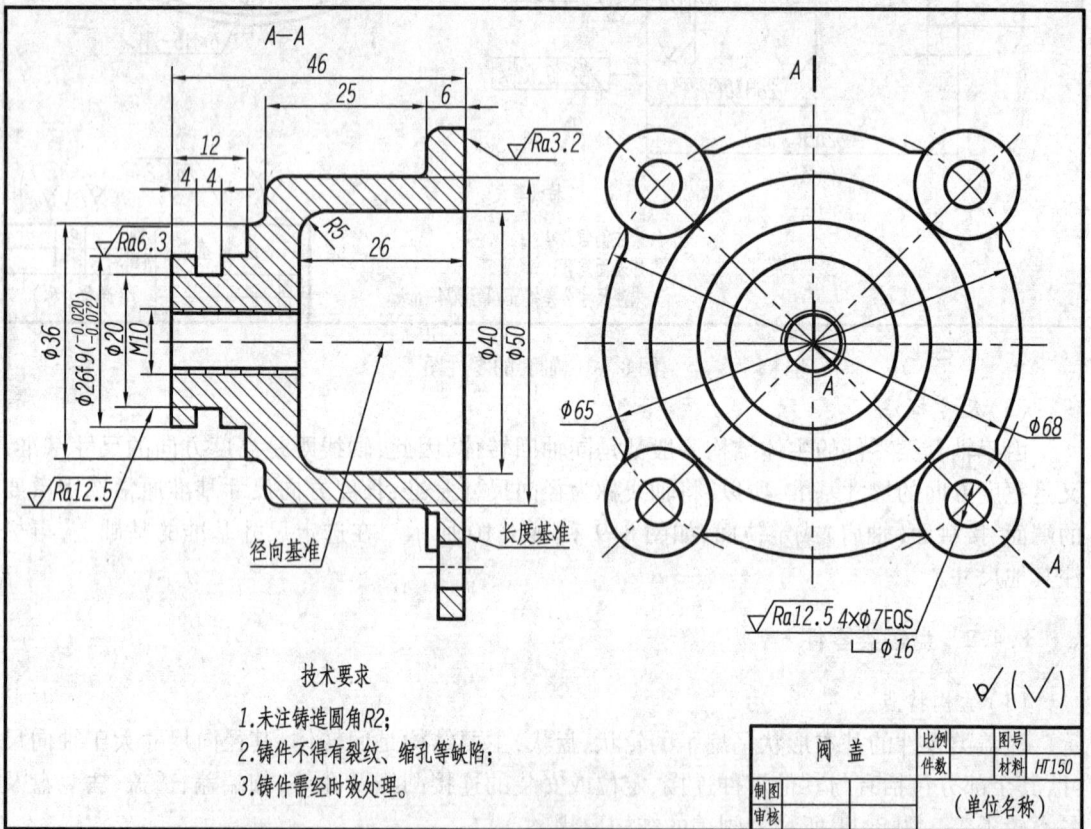

图 8.12　阀盖的零件图

（3）尺寸标注

在标注盘盖类零件的尺寸时，通常选用通过轴孔的轴线作为径向尺寸基准，如图 8.12 所示。长度方向基准，常选择重要的端面，阀盖就选用表面粗糙度 Ra 为 3.2 μm 的右端面（阀盖与调整垫或者密封垫片的接触面）作为长度方向的尺寸基准。在选定尺寸基准的基础上，再标注其他尺寸。

8.4.3 叉架类零件

（1）结构特点

叉架类零件包括各种连杆、支架、拨叉等。这类零件通常由工作部分、连接部分和安装部分组成。毛坯多为铸件或锻件，经过多种机械加工而成，其上常有光孔、沉孔、肋、槽、铸造圆角、拔模斜度、凸台、凹坑等结构。如图 8.13（a）所示为支架的结构，图 8.13（b）所示为拨叉的结构形状。

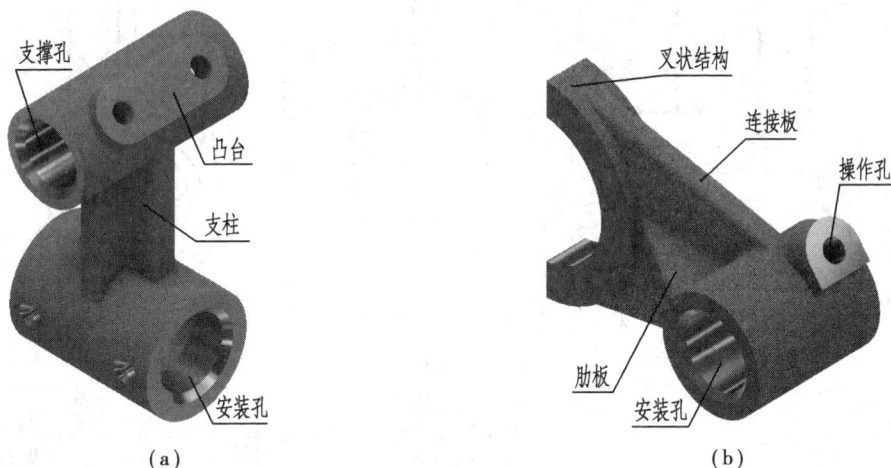

图 8.13　叉架类零件的结构形状

（2）视图选择

叉架类零件形状复杂、加工位置多变，在选择主视图时，主要考虑工作位置和形状特征。这类零件常需要两个或两个以上的基本视图，并且要用局部视图、断面图等表达。如图 8.14 所示的支架零件图，主视图和左视图均采用局部剖视图表达零件的局部内部结构，采用移出断面图表达支柱的实际断面形状，采用斜视图表达倾斜凸台的实际形状。

如图 8.15 所示的拨叉零件图，主视图采用基本视图表达拨叉的主要形状，俯视图采用全剖视图表达内部结构，采用斜视图表达倾斜凸台的实际形状。

（3）尺寸标注

在标注叉架类零件的尺寸时，通常选用安装基面、安装孔的轴线或零件的对称平面作为尺寸基准。图 8.14 所示的支架零件图中，选用零件支架左右基本对称平面作为长度方向的尺寸基准，选用安装孔的轴线作为高度方向的尺寸基准；宽度方向的尺寸基准是支架零件的前后方向的对称面。在正确选择尺寸基准的基础上再标注其他尺寸。

8.4.4 箱体类零件

（1）结构特点

箱体类零件用来支撑、包容、保护运动零件或其他零件，主要包括箱体、阀体、泵体等，常有内腔、轴承孔、凸台、肋、安装板、光孔、螺纹孔等结构。毛坯一般为铸件或焊接件，然后经过各种机械加工而成。如图 8.16 所示为阀体的结构形状。

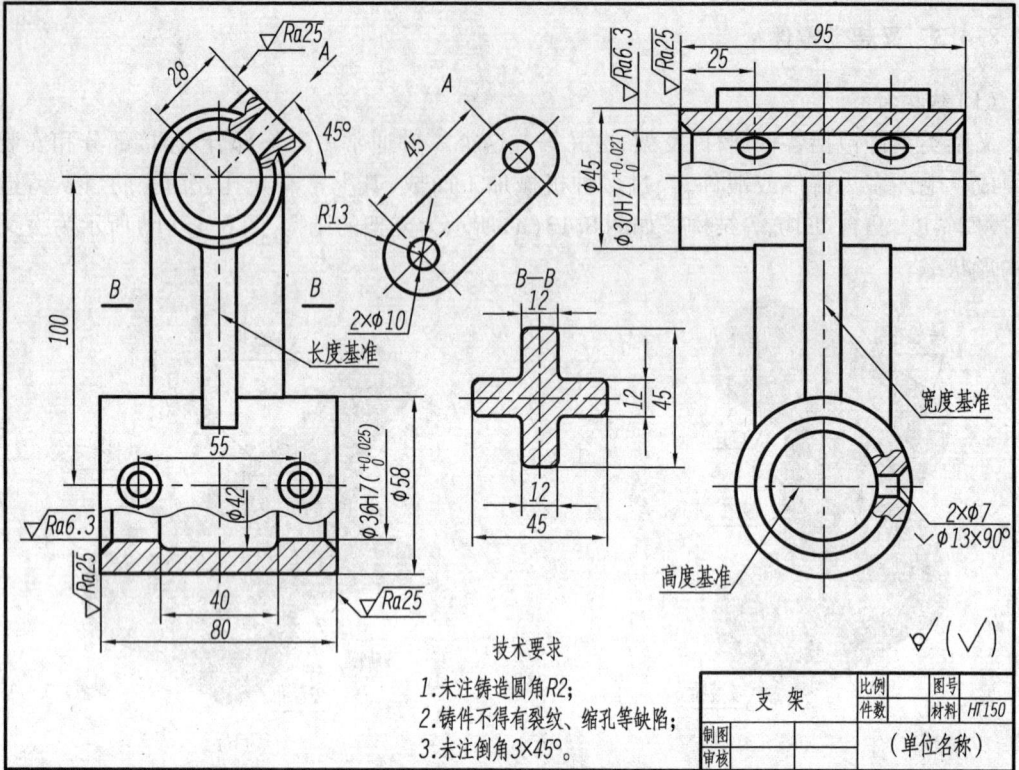

图 8.14　支架的零件图

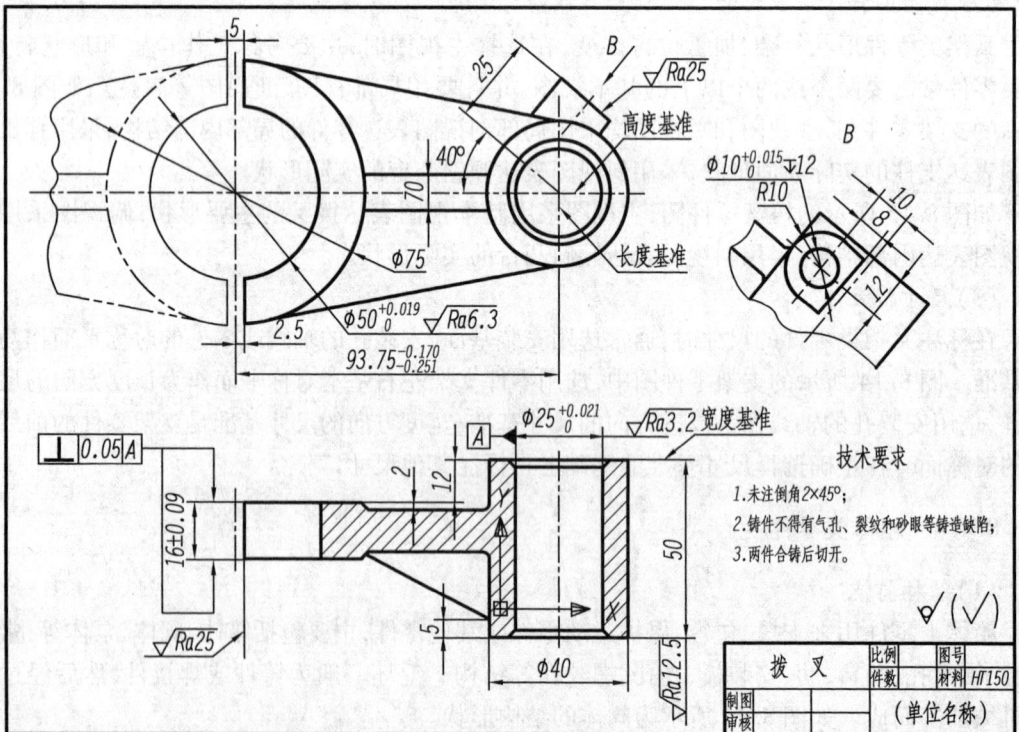

图 8.15　拨叉的零件图

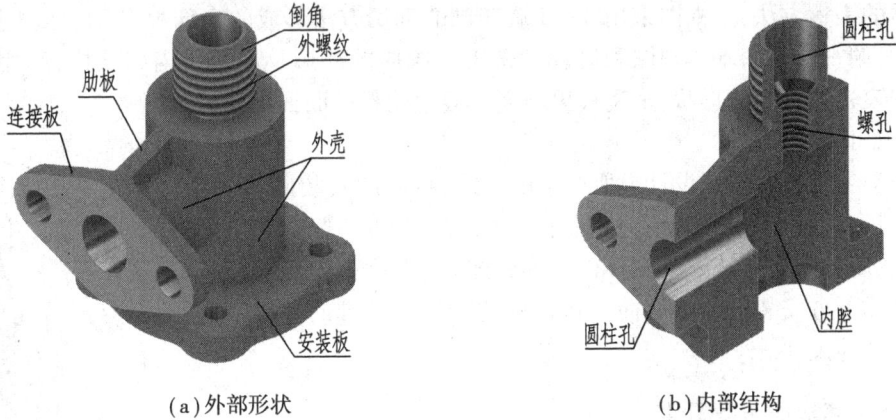

(a)外部形状　　　　　　　　　(b)内部结构

图 8.16　阀体的结构形状

(2)视图选择

箱体类零件的结构形状比前面三类零件要复杂得多,并且加工位置变化较多。但是,一般说来,安装在机器或部件中,它的位置是不动的。因此,在选择主视图时,主要考虑工作位置和形状特征,并考虑采用适当的剖视图来表达内部结构与形状。选用其他视图时,应根据零件内外形状的复杂程度以及是否对称等情况,适当采取相应的剖视图、断面图、局部放大图和斜视图等多种形式,以清晰表达零件的内外形状。如图 8.17 所示为阀体的零件图。

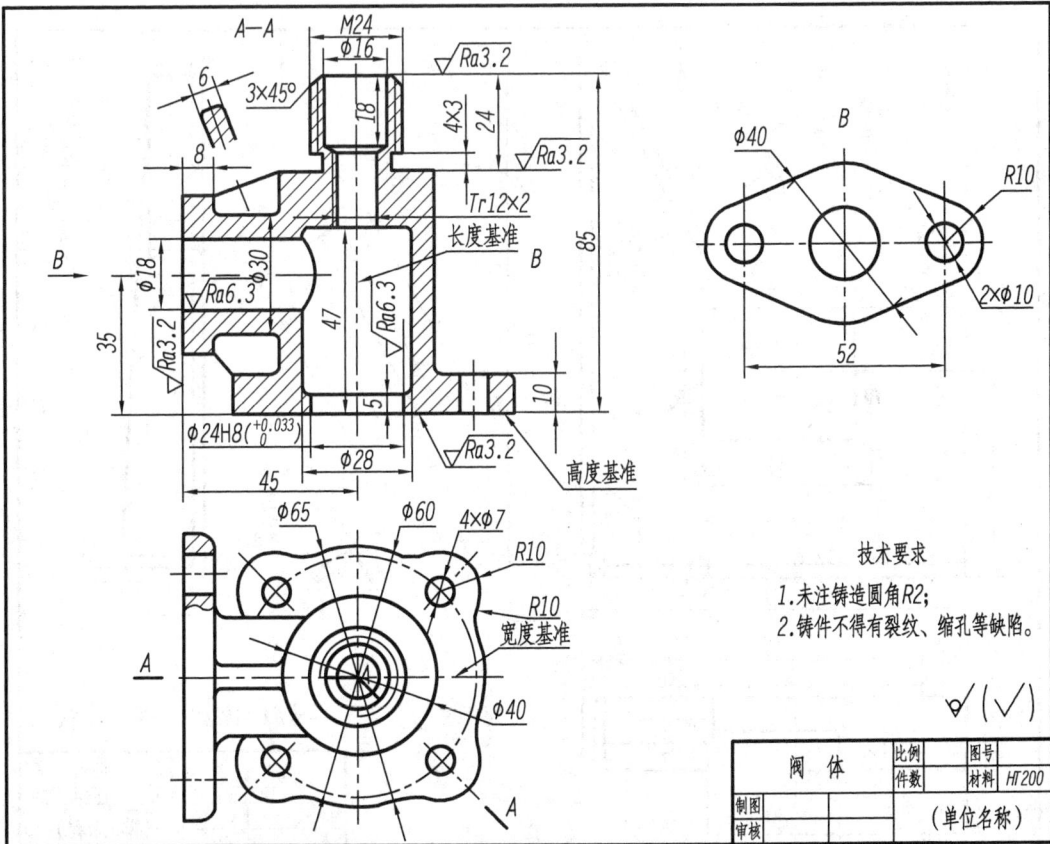

图 8.17　阀体的零件图

159

阀体的表达方法:主视图采用 *A—A* 旋转剖的剖切方法形成的全剖视图,主要表达阀体的内部结构;俯视图采用基本视图和局部剖来表达阀体的外形及部分的内部结构;采用 *B* 向用局部视图表达连接板的形状;采用移出断面图表达肋板的断面形状。

(3)尺寸标注

箱体类零件通常选用设计上所要求的轴线、重要的安装面、接触面、某些主要结构的对称面等作为尺寸基准。在图 8.17 中,长度方向尺寸基准为竖直孔的轴线,宽度方向尺寸基准为阀体前后对称平面,高度方向尺寸基准为阀体下方安装板的下底面。在正确选择尺寸基准的基础上再标注其他尺寸。

8.4.5 薄板冲压类零件

在电子仪器设备中,大多数的安装板、支架、罩壳等零件由板材经过冲压或者钣金加工而成。这类零件一般不进行或进行少量切削加工,零件的弯折处有小圆角,以免冲压变形时断裂或产生裂纹,零件的板面上有许多孔和槽口,且是通孔,这些结构在反映圆的视图中画出,在其他视图中只需画出表示位置的中心线。如图 8.18 所示的支座是由薄板冲压而成的,零件图如图 8.19 所示。

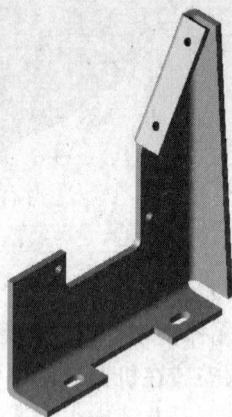

图 8.18　支座的结构形状

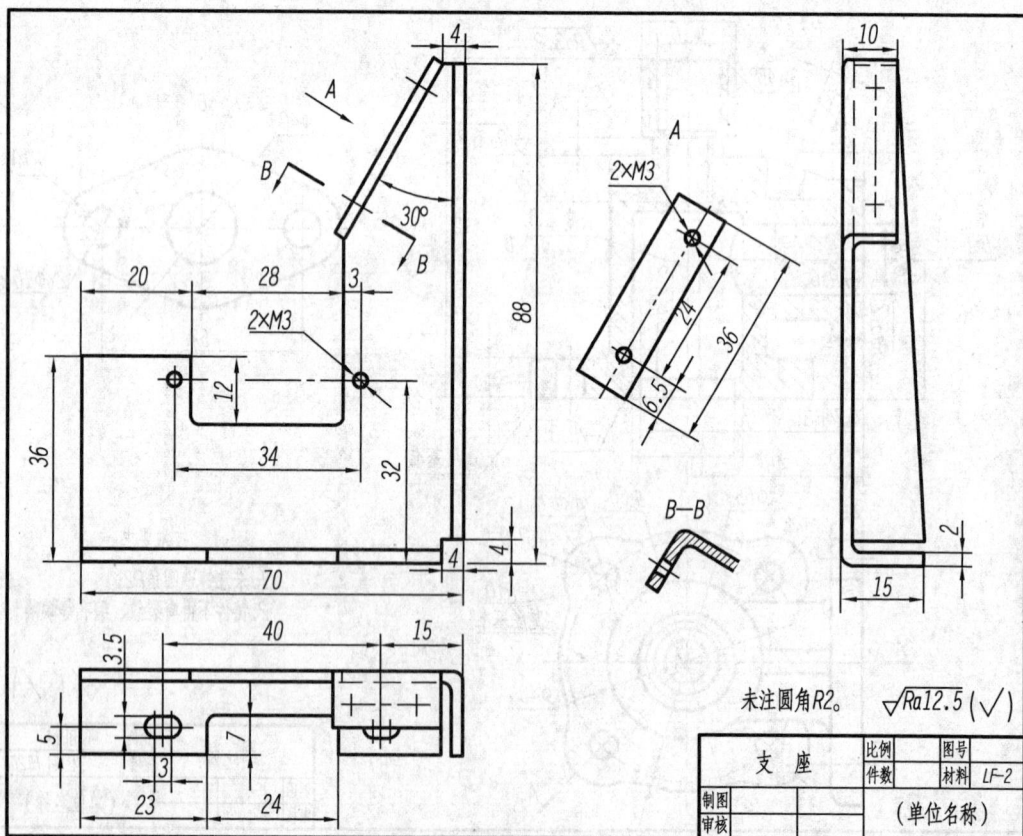

图 8.19　支座的零件图

8.4.6 注塑与镶嵌零件

这类零件是将熔融的塑料压注在模具内,冷却后成型,或者将金属材料与非金属材料镶嵌在一起成型。因此,在视图表达和尺寸标注方面与前述相同。镶嵌零件是一个组件,零件图可按照装配图的画法来绘制,在图中需要编排零部件的序号,并在明细栏内说明其组成零件的名称、数量和材料等相关信息。如图 8.20 所示为镶嵌零件手柄,该手柄由胶木制成的握手 1 和由 Q235 钢制成的螺钉 2 经过镶嵌而成的,手柄的零件图如图 8.21 所示。

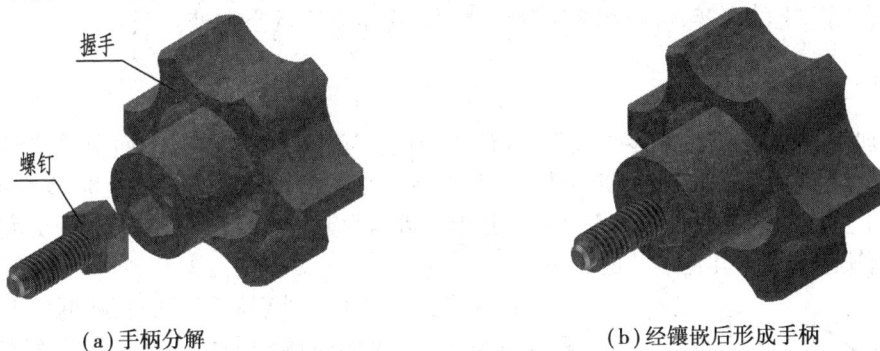

（a）手柄分解 （b）经镶嵌后形成手柄

图 8.20 手柄的结构形状

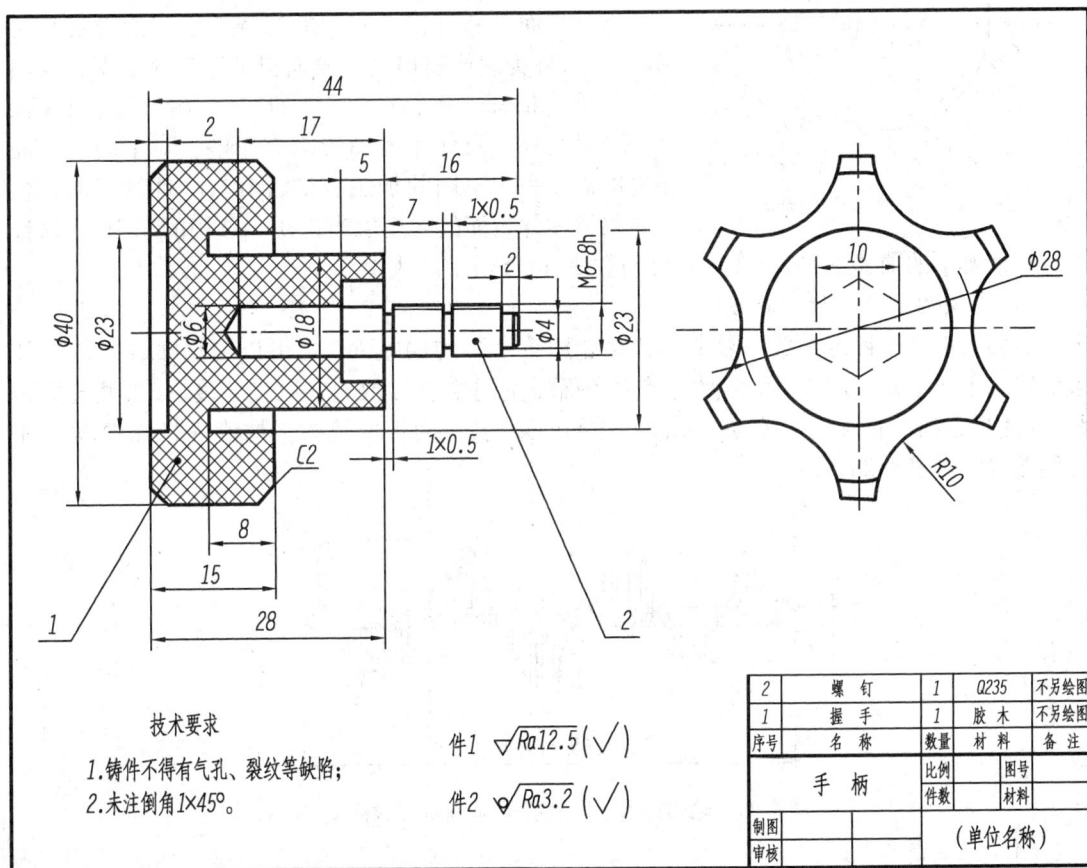

技术要求

1.铸件不得有气孔、裂纹等缺陷;
2.未注倒角1×45°。

件1 √Ra12.5(√)

件2 √Ra3.2(√)

2	螺 钉	1	Q235	不另绘图
1	握 手	1	胶木	不另绘图
序号	名 称	数量	材料	备注

手 柄	比例		图号	
	件数		材料	

制图		
审核		（单位名称）

图 8.21 手柄的零件图

8.5 零件图的技术要求

零件图上除了有表达零件结构形状的图形和尺寸外,还必须有制造零件时应达到的技术要求,如表面粗糙度、极限与配合、几何公差、热处理和表面处理等方面的内容。

零件图上的技术要求,应按照国家标准规定的符号、代号、文字标注在图形上。对于一些无法标注在图形上的内容,可以用文字分别注写在图纸下方的空白处。

8.5.1 表面粗糙度

零件加工时,由于刀具在零件表面上留下的刀痕、切削分裂材料时表面金属的塑形变形、机床的振动等各种因素的影响,使零件表面存在着微小间距的轮廓峰谷。图 8.22 是零件表面在放大镜下呈现的景象。零件表面结构是指上述因素引起的几何形貌,是表面粗糙度、表面波纹度、表面缺陷和表面几何形状的总称。

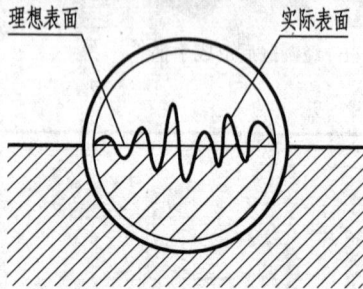

图 8.22 表面结构的概念

机件表面经过加工处理后得到的轮廓可分为三种,即粗糙度轮廓、波纹度轮廓和原始轮廓。对一般的机械零件,粗糙度轮廓是常见的。

这种表面上具有较小间距的峰谷所组成的微观几何形状特性,称为表面粗糙度。表面粗糙度是评定零件表面质量的重要指标之一,它对零件的配合、耐磨性、耐腐蚀性、密封性、外观及使用寿命等都有影响。对不同的表面粗糙度需要采用不同的加工方法,因此,零件的表面粗糙度应根据零件表面的功用恰当选用。选用的原则:在保证机器性能要求的前提下,尽量选择较大的数值,以降低生产成本。

(1)表面粗糙度的评定参数

表面粗糙度的评定参数一般常用的是轮廓算术平均偏差 Ra,也可以用轮廓最大高度 Rz 来评定。生产中常采用 Ra 作为评定零件表面质量的主要参数。在取样长度内,被测轮廓偏距(在测量方向上轮廓线上的点与基准线之间的距离)绝对值的算数平均值,称为轮廓算术平均偏差 Ra,如图 8.23 所示。

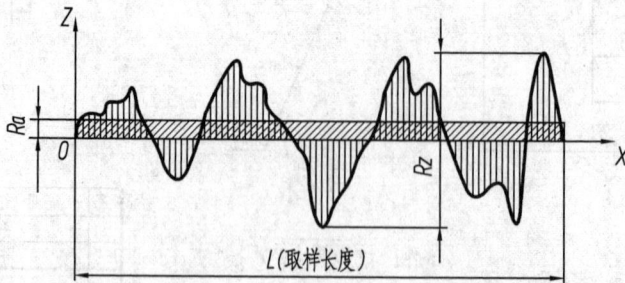

图 8.23 轮廓算术平均偏差 Ra 和轮廓最大高度 Rz

用公式可表示为:

$$Ra = \frac{1}{l}\int_0^l |Z(x)|\,\mathrm{d}x$$

近似为

$$Ra = \frac{1}{n} \sum_{i=1}^{n} |Z_i|$$

常选用的轮廓算术平均偏差值见表 8.3。

表 8.3　常选用的轮廓算术平均偏差 Ra 的数值　　　　　　　　单位：μm

0.012	0.05	0.2	0.8	3.2	12.5	50
0.025	0.1	0.4	1.6	6.3	25	100

轮廓最大高度 Rz 是在取样长度内轮廓峰顶线和谷底线之间的距离，它在评定某些不允许出现较大加工痕迹的零件表面时有实用意义。

(2) 表面粗糙度代号、符号及其标注

GB/T 131—2006 规定了表面粗糙度代号、符号及其注法。图样上所标注的表面粗糙度代号，是该表面完工后的要求，表面粗糙度代号包括表面粗糙度符号、表面粗糙度参数值及其他有关规定。表面粗糙度的符号及意义见表 8.4，画法如图 8.24 所示，字母的含义见表 8.5。

表 8.4　表面粗糙度的符号及意义

符　号	意　义
	基本符号，表示表面可用任何方法获得。当不加注粗糙度参数值或有关说明（如表面处理、局部热处理状况等）时，仅适用于简化代号标注
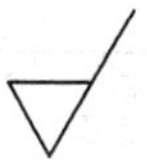	基本符号加一短画，表示表面是用去除材料的方法获得，如车、铣、钻、磨、剪切、抛光、腐蚀、电火花加工、气割等；仅当其含义是"被加工表面"时可单独使用
	基本符号加一小圆，表示表面是用不去除材料的方法获得，如铸、锻、冲压变形、热冷轧、粉末冶金等，或者是用于保持原供应状况的表面（包括保持上道工序的状况）
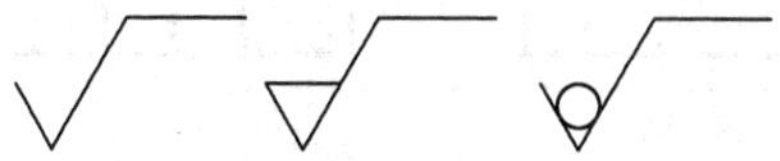	在上述三个符号的长边上均可加一横线，用于标注有关参数的说明
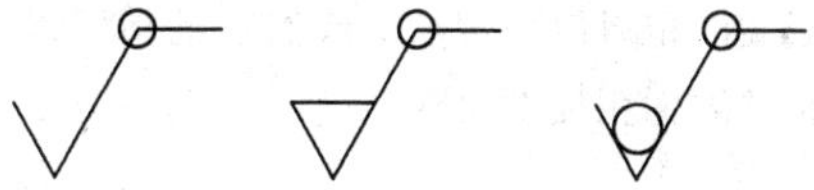	在上述三个符号上均可加一小圆，表示周边表面具有相同的表面粗糙度要求

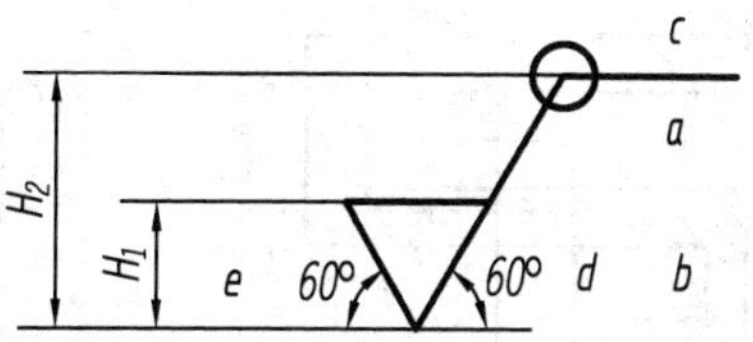

图 8.24　表面粗糙度符号的画法及有关规定在符号中的位置

表 8.5　表面粗糙度符号中各字母的含义

名　称	含　义	名　称	含　义
H_1	$H_1 = 1.4h$（h 为字体高度）	H_2	$H_2 = 2H_1$
d'	符号的线宽 $d' = h/10$	a	粗糙度高度参数代号及其数值,单位为 μm
b	第 i 个粗糙度高度参数值	c	加工方法,如"车""磨"等
d	加工纹理方向符号	e	加工余量,单位为 mm

（3）表面粗糙度高度参数值的标注

表面粗糙度高度参数 Ra、Rz 在代号中用数值标注时,在参数前需要标注出相应的参数代号 Ra 或 Rz,标注示例见表 8.6。

表 8.6　表面粗糙度代号及其含义示例

代　号	含　义
$\sqrt{}$ Ra3.2	表示用不去除材料的方法获得,轮廓算术平均偏差 Ra 的上限值为 3.2 μm
$\sqrt{}$ Rzmax3.2	表示用去除材料的方法获得,轮廓最大高度 Rz 的最大值为 3.2 μm

（4）表面粗糙度在图样上的标注方法

表面粗糙度要求的标注示例见表 8.7。

表 8.7　表面粗糙度标注示例

图例	
说明	表面粗糙度符号一般标注在可见轮廓线、尺寸界线、引出线或它们的延长线上,且每个表面只标注一次;符号的尖端必须从材料外指向该表面 表面粗糙度代号的注写和读取方向与尺寸的注写和读取方向一致	必要时也可以用带箭头或黑点的指引线引出标注表面粗糙度要求
图例	

续表

说明	圆柱和棱柱的表面粗糙度要求只标注一次	如果棱柱的每个表面有不同的表面粗糙度要求,则应分别单独标注
图例	$\sqrt{z} = \sqrt{Ra1.6}$　$\sqrt{y} = \sqrt{Ra3.2}$	$\sqrt{} = \sqrt{Ra3.2}$　$\sqrt{} = \sqrt{Ra3.2}$　$\sqrt{} = \sqrt{Ra3.2}$
说明	在图形或标题栏附近对有相同表面粗糙度要求的表面用带字母的完整符号简化标注	在图形或标题栏附近对有相同表面粗糙度要求的表面用表面粗糙度基本符号或扩展符号的简化注法
图例	$\sqrt{Ra1.6}$ ⟂ 0.2　　$\sqrt{Rz6.3}$ $\phi10\pm0.1$ $\oplus$ $\phi0.2$ A B	$\phi12H7$ $\sqrt{Rz12.5}$　$\phi12h6$ $\sqrt{Ra6.3}$
说明	表面粗糙度要求标注在几何公差框格的上方	在不致引起误解时,表面粗糙度要求标注在特征尺寸的尺寸线上
图例	$\sqrt{Rz6.3}$　$\sqrt{Rz1.6}$　$\sqrt{Ra3.2}(\sqrt{})$	$\sqrt{Rz6.3}$　$\sqrt{Rz1.6}$　$\sqrt{Ra3.2}(\sqrt{Rz1.6} \sqrt{Rz6.3})$
说明	在括号内给出无任何其他标注的基本符号	在括号内给出不同的表面粗糙度要求
说明	有相同表面粗糙粗度要求的简化注法:如果在工件的多数(包括全部)表面有相同的表面粗糙度要求时,则其表面粗糙度要求可统一标注在图样的标题栏附近(不同的表面粗糙度要求应直接标注在图形中),有上述两种注法	
图例	$\sqrt{Ra3.2}$　$\sqrt{Ra1.6}$　$\sqrt{} = \sqrt{Ra6.3}$	$\sqrt{Ra12.5}$
说明	零件上连续表面或重复要素(孔、齿、槽)的表面,其表面粗糙度代号只标注一次	对连续表面或用细实线连接不连续的同一表面,其表面粗糙度符号或代号只需标注一次

续表

图例	
说明	由几种不同工艺方法获得的同一表面,当需要明确每种工艺方法的表面粗糙度要求时,可按上图进行标注。图中:Fe 表示零件基体为铁,Ep 表示电镀,镀层材料为 Cr,镀层厚度为 50 μm,磨削工序仅对 50 mm 的圆柱表面有效

8.5.2 极限与配合

(1)零件的互换性概念

在装配机器时,在同一批规格大小相同的零件中,任取其中一件,而不需加工就能装配到机器上去,并能保持机器的原有性能,零件的这种性质称为互换性。零件具有互换性,不但给机器装配、维修带来方便,更重要的是为机器的现代化大批量生产提供了可能性。

(2)尺寸公差的概念

由于加工设备、工夹具及测量误差等因素影响,每个零件制造都会产生误差,为使零件具有互换性,对零件的实际尺寸规定一个允许的变动范围,这个变动范围就是尺寸公差。

(3)有关尺寸公差的术语及定义

尺寸公差的有关术语的含义如图 8.25 所示。

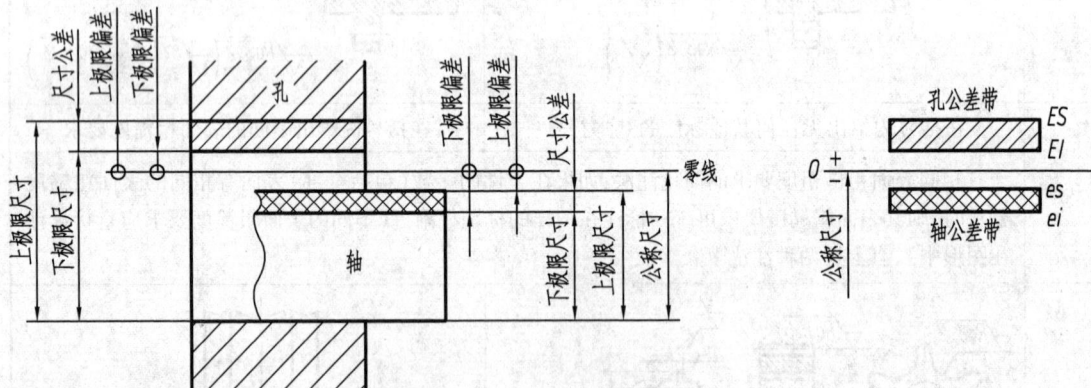

图 8.25　尺寸公差术语及公差带图

①公称尺寸:理想形状要素的尺寸。

②实际尺寸:零件加工完毕后,通过实际测量所得的尺寸。

③极限尺寸:允许零件尺寸变化的两个极端。其中较大的一个尺寸称为上极限尺寸,较小的一个尺寸称为下极限尺寸。

④极限偏差:极限偏差分为上极限偏差(ES、es)和下极限偏差(EI、ei)。上极限偏差为上

极限尺寸减去其公称尺寸所得到的代数差,下极限偏差为下极限尺寸减去其公称尺寸所得到的代数差。上下极限偏差可以是正值、负值或零。

$$上极限偏差 = 上极限尺寸 - 公称尺寸$$

$$下极限偏差 = 下极限尺寸 - 公称尺寸$$

孔的上下偏差分别用 ES、EI 表示,轴的上下偏差分别用 es、ei 表示。

⑤尺寸公差(简称"公差"):允许零件尺寸的变动量,即为上极限尺寸与下极限尺寸之代数差的绝对值,也等于上极限偏差与下极限偏差之代数差的绝对值,所以,尺寸公差一定是正值。

⑥零线:在公差带图中,用以确定极限偏差的一条基准直线,即为零偏差线,简称"零线",通常以零线表示公称尺寸。

⑦尺寸公差带(简称"公差带"):在公差带图中,由代表上下偏差的两条直线所限定的一个带状区域。

⑧标准公差:国家标准规定用以确定公差带大小的一系列公差值。标准公差数值与基本尺寸和公差等级有关,其值可查阅国家标准。

标准公差分为 20 个等级,即 IT01、IT0、IT1、IT2、⋯、IT18。"IT"为标准公差代号,阿拉伯数字表示公差等级,它是确定尺寸精确程度的等级。从 IT01 至 IT18,公差等级依次降低。

⑨基本偏差:国家标准规定用以确定公差带相对零线位置的上偏差或下偏差,一般为靠近零线的那个偏差。当公差带在零线的上方时,基本偏差为下偏差;反之,则为上偏差。

图 8.26 所示为孔、轴的基本偏差系列。孔和轴分别共规定了 28 个基本偏差,用拉丁字母按其顺序表示,大写表示孔,小写表示轴。

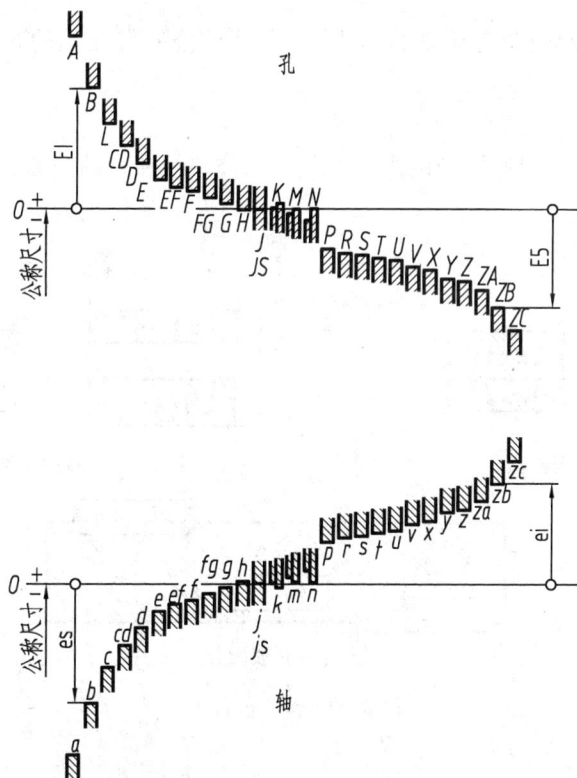

图 8.26　基本偏差系列示意图

孔和轴的基本偏差对称分布在零线两侧。图中公差带的一端画成开口,表示不同等级的公差带宽度有变化。

根据公称尺寸可以从有关标准中查孔和轴的基本偏差数值,再根据给定的标准公差即可计算出孔和轴的另一极限偏差。

轴的另一极限偏差(上极限偏差 es 或下极限偏差 ei)为:

$$es = ei + IT \ \text{或}\ ei = es - IT$$

孔的另一极限偏差(上极限偏差 ES 或下极限偏差 EI)为

$$ES = EI + IT \ \text{或}\ EI = ES - IT$$

⑩孔、轴的公差带代号:由基本偏差代号和公差等级代号组成。例如:

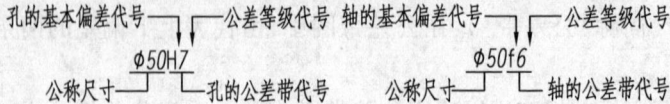

(4)配合的概念

公称尺寸相同的轴和孔(或类似轴与孔的结构)装配在一起,轴和孔的公差带之间的关系称为配合,这种配合反映了轴和孔之间所要求达到的松紧程度。

根据使用的要求不同,零件间的配合分为以下三类:

1)间隙配合

具有间隙(包括最小间隙等于零)的配合。其孔的公差带在轴的公差带之上,如图 8.27(a)所示。

2)过盈配合

具有过盈(包括最小过盈等于零)的配合。其孔的公差带在轴的公差带之下,如图 8.27(b)所示。

3)过渡配合

可能具有间隙也可能具有过盈的配合。其孔的公差带和轴的公差带相互交叠,如图 8.27(c)所示。

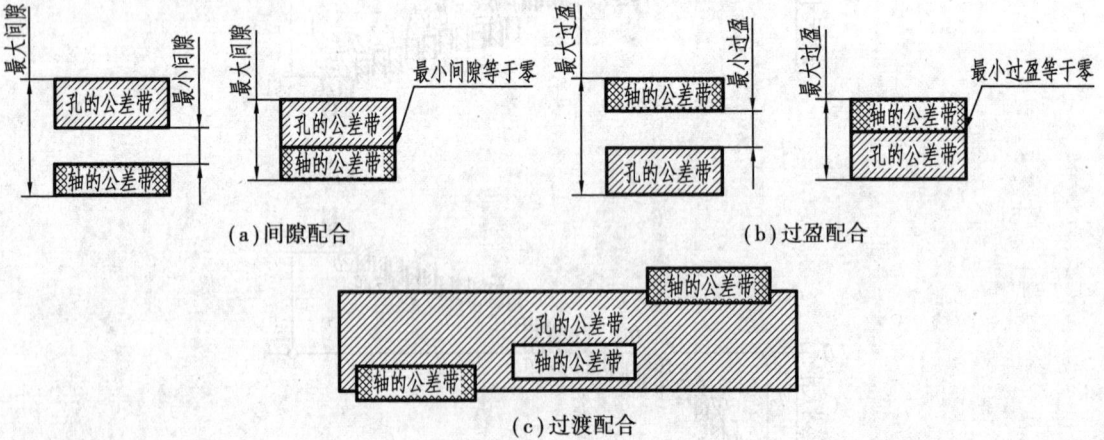

(a)间隙配合　　　　　　　　　　　　　　　　　(b)过盈配合

(c)过渡配合

图 8.27　配合的种类

(5)配合制度

根据设计要求,孔和轴之间可能有各种不同的配合,如果孔和轴两者之间都可以任意变动,则情况变化极多,这样不便于零件的设计和制造。为此,国家标准规定了配合的两种基准制度,即基孔制和基轴制。

1)基孔制

基本偏差为一定的孔的公差带,与不同基本偏差的轴形成各种配合的一种制度,如图8.28(a)所示。国标规定,基孔制配合中的孔为基准孔,代号为H,其下偏差为零。

2)基轴制

基本偏差为一定的轴,与不同基本偏差的孔形成各种配合的一种制度,如图8.28(b)所示。国标规定,基轴制配合中的轴为基准轴,代号为h,其上偏差为零。

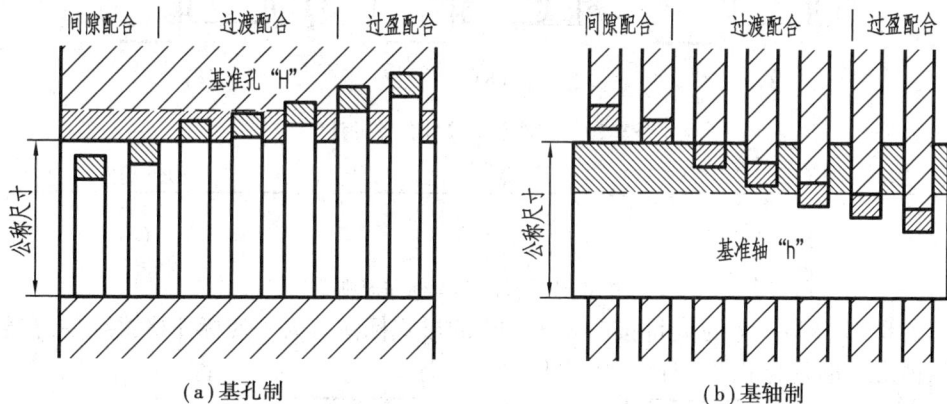

图8.28 配合制度

国家标准根据机械产品生产使用的需要,考虑到定值刀具、量具规格的统一,规定了优先选用、常用和一般用途孔和轴的配合,尽量选用优先配合。另外,在一般情况下,应优先选用基孔制,只有在特殊情况下或与标准件配合时,才选用基轴制。

(6)公差与配合的标注方法及查表

1)在零件图上的标注

在零件图上标注尺寸公差有以下三种形式:

①在基本尺寸后面注公差带代号,如图8.29(a)所示,这种注法适合于大批量生产。

②在基本尺寸后面注极限偏差数值,如图8.29(b)所示,这种注法适合于单件、小批量生产,便于加工、检验时对照。

③在基本尺寸后面同时注公差带代号和极限偏差数值,这时极限偏差数值必须加括号,如图8.29(c)所示,这种注法主要用于产量不定的情况。

需要说明的是,为了使图样上的尺寸公差格式一致,这三种格式只能采用其中的一种,不能混合使用。

标注极限偏差时应当注意:上下极限偏差的字号比公称尺寸的字号小一号,且下极限偏差与公称尺寸注写在同一底线上,上下极限偏差的小数点应当对齐及小数点后位数相同,如图8.30(a)所示;若上极限偏差或下极限偏差为"0"时,必须与另一极限偏差的小数点前的个位数对齐,如图8.30(b)所示;若上下极限偏差对称于零线,则如图8.30(c)所示标注。

2)在装配图上的标注

在装配图中,孔和轴的配合代号是由孔和轴的公差带代号组成,用分数形式表示,分子为孔的公差带代号,分母为轴的公差带代号。在装配图中标注配合时,在基本尺寸后面标注配合

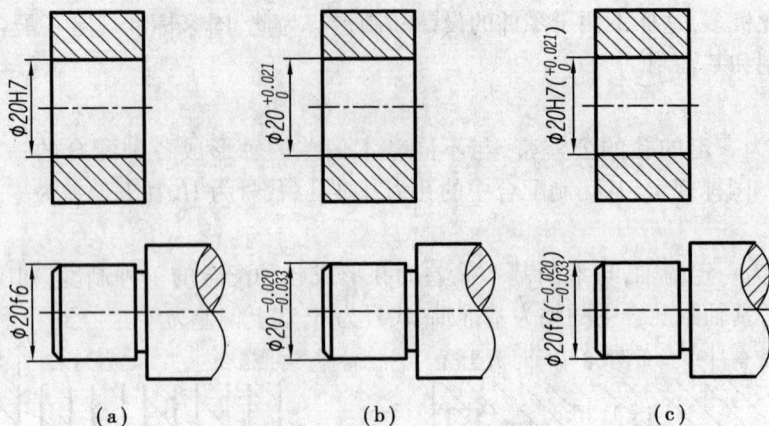

图 8.29　零件图上尺寸公差的注法

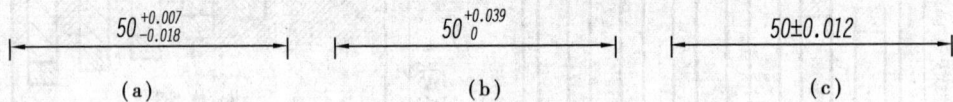

图 8.30　极限偏差标注规则

代号,如图 8.31(a)所示,也允许按图 8.31(b)的形式标注。为了使标注格式统一,在装配图中,这两种格式也只能采用一种。

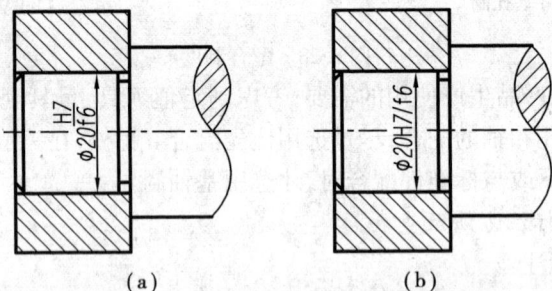

图 8.31　装配图上配合代号的标注

3)极限偏差的查表方法

根据轴或孔的公称尺寸、基本偏差代号和公差等级,可由附录 V 中分别查得轴或孔的极限偏差值。

例如,查 $\phi50H8/f7$ 的极限偏差值。

首先,确定出该配合为基孔制间隙配合;其次,查孔的极限偏差表,由公称尺寸查得孔的极限偏差为 $\phi50^{+0.039}_{0}$;最后,查轴的极限偏差表,由公称尺寸查得轴的极限偏差为 $\phi50^{-0.025}_{-0.050}$。

8.5.3　几何公差

在零件加工中,不仅会产生尺寸误差,还会产生形状和位置上的几何误差。形状公差和位置公差合称几何公差。国家标准 GB/T 1182—2008 中,对形位公差的定义、术语、代号及注法等都进行了规定。

零件表面的实际形状对理想形状所允许的变动量,称为形状公差。如图 8.32(a)所示,轴经过加工后,轴线变弯曲了,产生了直线度误差。如图 8.32(b)所示,阶梯轴加工后,小圆柱的轴线不垂直于大圆柱的端面,因而产生了小圆柱的轴线与大圆柱的端面之间的垂直度误差。

位置误差是指工件个表面间、轴线间、轴线与表面间的实际位置对其理想位置的变动量。如图 8.32(c)所示,阶梯轴加工后,其两段圆柱轴线不在同一条直线上,因而两段圆柱轴线间产生了同轴度误差。如图 8.32(d)所示,阶梯轴加工后,大圆柱表面上的点相对于理想轴线的径向距离发生变化,因而产生径向圆跳动误差。

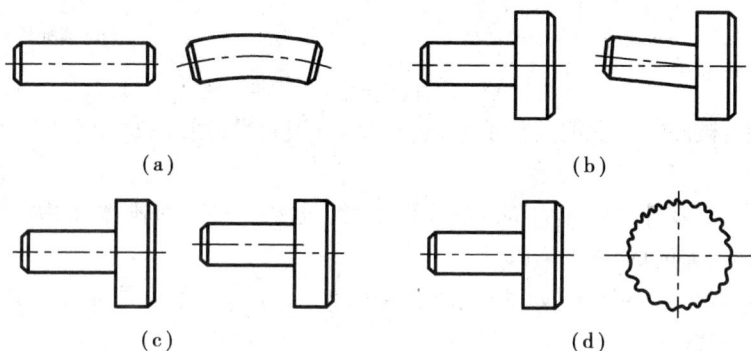

(a) (b)

(c) (d)

图 8.32 形状、方向、位置和跳动误差

零件存在严重的几何误差会造成装配困难,影响机器的性能和质量。因此,对于精度要求较高的零件,除了给出尺寸公差外,应根据设计要求,合理地确定几何误差的最大允许量和表面的限制范围,即几何公差。

(1)几何公差特征符号

国家标准 GB/T 1182—2008 中,规定用代号来标注几何公差。几何公差代号包括:几何公差项目的符号,几何公差框格和指引线,几何公差数值和其他有关符号,以及基准代号等。几何公差特征代号及符号见表 8.8。

表 8.8 几何公差特征项目及符号

分 类	特征项目	符 号	分 类	特征项目	符 号
形状公差	直线度	—	位置公差	定向 平行度	//
	平面度	▱		垂直度	⊥
	圆度	○		倾斜度	∠
	圆柱度	⌀		定位 同轴度	◎
	线轮廓度	⌒		对称度	=
	面轮廓度	⌓		位置度	⊕
				跳动 圆跳动	/
				全跳动	//

几何公差代号和基准代号如图 8.33 所示。

(2)几何公差标注

1)几何公差的一些基本术语

①要素:构成零件几何形体的几何要素,包括点、线(包含轴线、轮廓线等)和面(零件上的表面、对称平面等)。

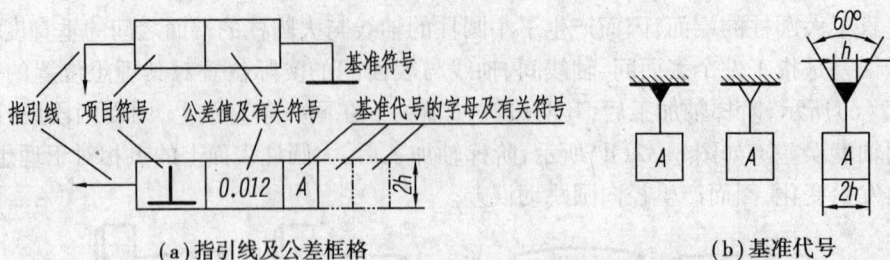

(a)指引线及公差框格　　　　(b)基准代号

图 8.33　几何公差代号和基准代号

②被测要素:被测零件上的几何要素,包括点、线(包含轴线、轮廓线等)和面(零件上的表面、对称平面等)。

③基准要素:对零件可以作为基准的几何要素,包括基准点、基准线和基准面等。

2)标注几何公差时的注意事项

①若被测要素是中心要素(如轴线、对称平面等),则几何公差框格的指引线的箭头应当与被测要素的尺寸线对齐;否则,应当相互错开。

②若基准要素是中心要素(如轴线、对称平面等),则基准代号应当与基准要素的尺寸线对齐;否则,应当相互错开。

图 8.34 所示为气门阀杆零件图上的几何公差标注的实例,可供标注时参考。

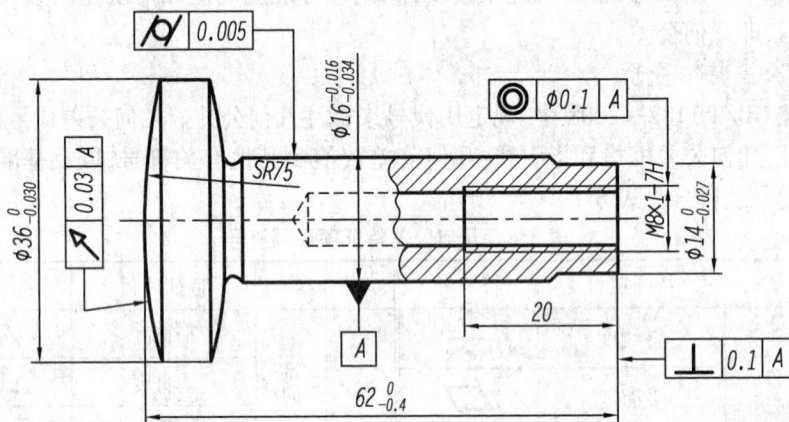

图 8.34　零件图上几何公差标注实例

从图中几何公差的标注可知:

①$SR75$ 的球面对轴线的圆跳动公差为 0.03;

②$\phi16^{-0.016}_{-0.034}$杆身的圆柱度公差为 0.005;

③M8×1-7H 的螺纹孔轴线对于轴线的同轴度公差为 $\phi0.1$;

④右端面对于 $\phi16^{-0.016}_{-0.034}$轴线的垂直度公差为 0.1。

8.6　零件结构的工艺性简介

零件的结构形状可以分为主体结构、局部功能结构和工艺结构。主体结构,是根据它在机器或部件中的作用决定的:局部功能结构,取决于它与其他零件的连接和定位关系;工艺结构取决于该零件的加工工艺,或者说零件上的工艺结构是为了方便零件的加工制造而设计的结构。本节主要介绍一些常见的工艺结构,供画图时参考。

8.6.1　铸造零件工艺结构

（1）拔模斜度

用铸造的方法制造零件毛坯时,为了便于在砂型中取出模样,一般沿着模样拔模方向制作成约 1:20 的斜度,称为拔模斜度,铸件上的拔模斜度如图 8.35(a)所示。拔模斜度在图样上可以不予标注,也不一定要画出来,必要时可以在技术要求中用文字予以说明,如图 8.35(b)所示。

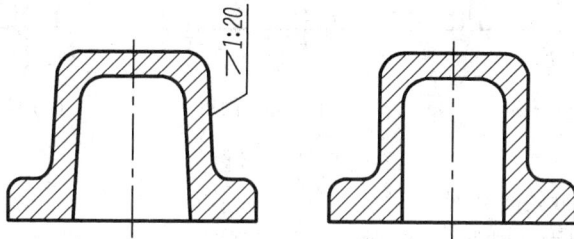

图 8.35　拔模斜度

（2）铸造圆角

在铸件毛坯各表面的相交处都有铸造圆角,如图 8.36 所示。这样,既能方便起模,又能防止浇铸金属熔液时将砂型转角处冲坏,还可以避免铸件在冷却时产生缩孔或裂纹。铸造圆角在图样上一般不予标注,只需在技术要求中统一注写。

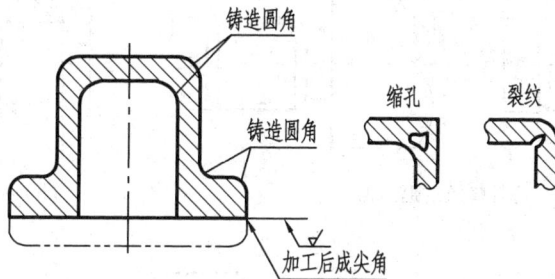

图 8.36　铸造圆角

图 8.36 所示的铸件毛坯的底面(这个底面作为安装底面),需要经过切削加工。这时,铸造圆角就被切削掉。

（3）铸件壁厚

在浇铸零件毛坯时,为了避免因各部分冷却速度的不同而产生裂纹或缩孔,铸件壁厚应设计成大致相等或逐渐变化,如图 8.37 所示。

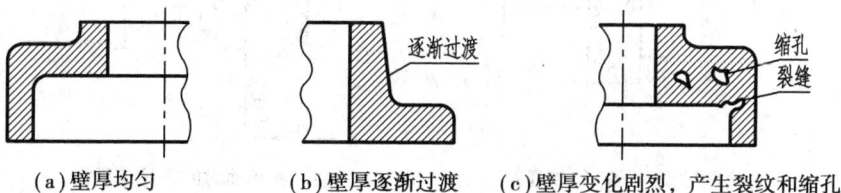

（a）壁厚均匀　　　　（b）壁厚逐渐过渡　　　（c）壁厚变化剧烈,产生裂纹和缩孔

图 8.37　铸件壁厚

8.6.2 零件加工面的工艺结构

(1)倒角和倒圆

如图 8.38 所示,为了去除零件的毛刺、锐边和便于装配,一般在轴或孔的端部都加工成倒角。为了避免因应力集中而产生裂纹,在轴肩处往往加工成圆角的过渡形式,称为倒圆。倒角可以是 30°或 60°。

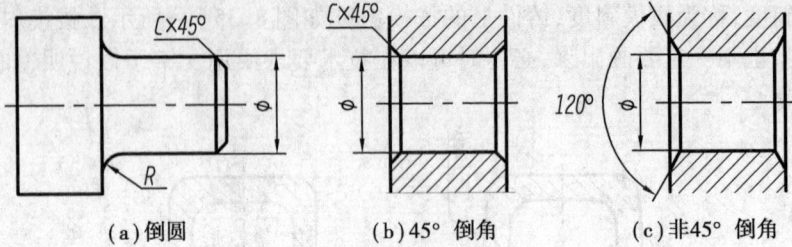

| (a)倒圆 | (b)45° 倒角 | (c)非45° 倒角 |

图 8.38 倒圆和倒角

(2)螺纹退刀槽和砂轮越程槽

在切削加工的过程中,特别是在车削螺纹和磨削时,为了便于退出刀具或使砂轮可以稍微越过加工面,常常在零件的待加工面的末端预先车出螺纹退刀槽或砂轮越程槽,如图 8.39 和图 8.40 所示。

螺纹退刀槽和砂轮越程槽的结构尺寸系列,可查阅相关手册。

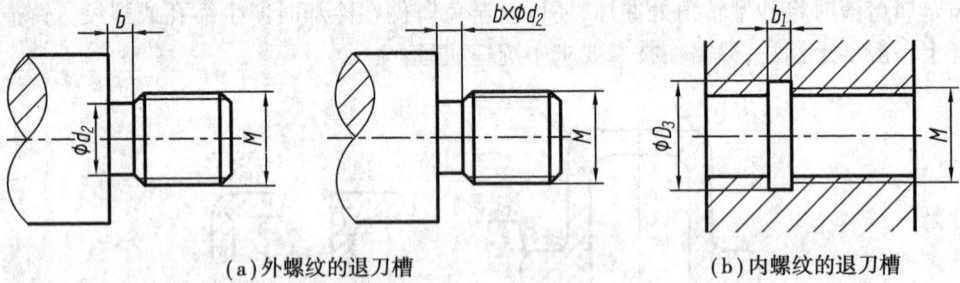

(a)外螺纹的退刀槽   (b)内螺纹的退刀槽

图 8.39 退刀槽

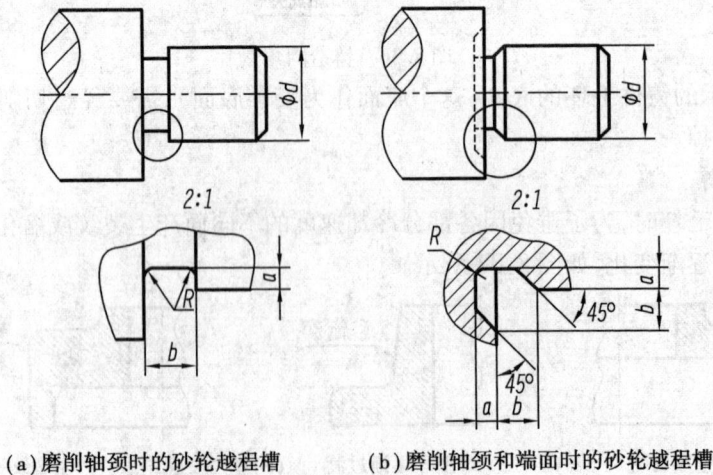

(a)磨削轴颈时的砂轮越程槽   (b)磨削轴颈和端面时的砂轮越程槽

图 8.40 砂轮越程槽

174

（3）钻孔结构

用钻头钻出的盲孔，在底部有一个 120°锥角。钻孔深度指的是圆柱部分的长度，不包括锥坑，如图 8.41（a）所示。在阶梯形钻孔的过渡处，同样存在锥角 120°的内圆台，其画法及尺寸标注，如图 8.41（b）所示。

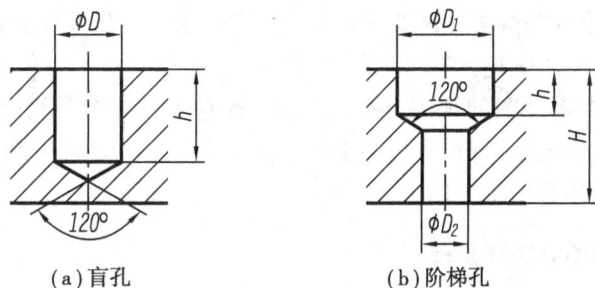

（a）盲孔　　　　　　　　　　（b）阶梯孔

图 8.41　钻孔结构

用钻头钻孔时，要求钻头轴线尽可能垂直于被钻孔零件的端面，以保证钻孔准确和避免钻头因受力不均而折断。图 8.42 表示了三种钻孔端面的正确结果。

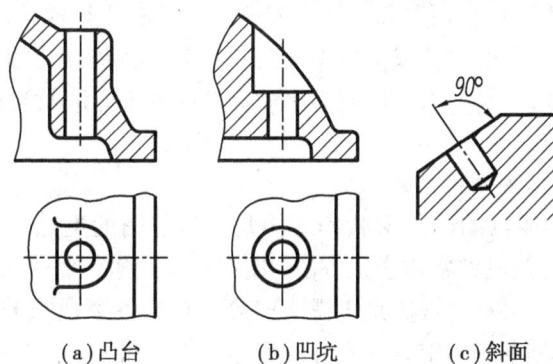

（a）凸台　　　　　　（b）凹坑　　　　　　（c）斜面

图 8.42　钻孔的端面

（4）凸台和凹坑

零件上与其他零件的接触面，一般都要进行加工。为了减少加工面积和节约成本，并保证零件表面之间有良好的接触，常常在零件上设计出凸台或者凹坑。如图 8.43（a）和（b）所示是螺栓连接的支撑面，做成凸台或凹坑的形式；如图 8.43（c）和（d）所示是为了减少加工面积，而做成凹槽或凹腔的结构形式。

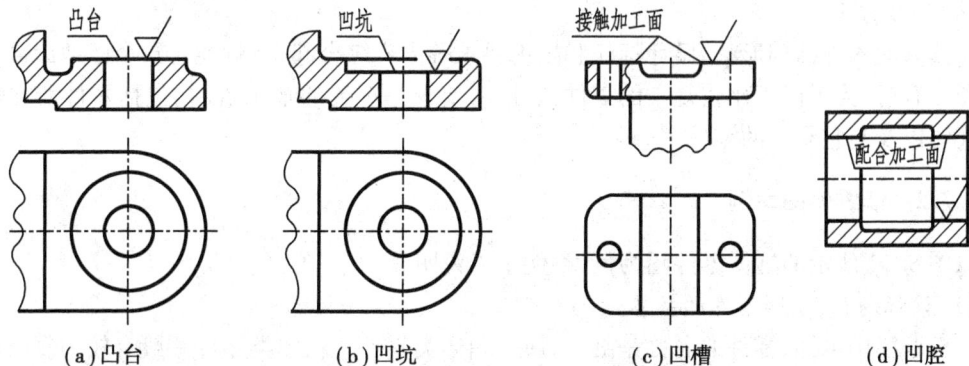

（a）凸台　　　　　　（b）凹坑　　　　　　（c）凹槽　　　　　　（d）凹腔

图 8.43　凸台、凹坑、凹槽、凹腔等结构

175

8.7 读零件图

本节着重讨论读零件图的方法和步骤。通过一个实例,结合零件的结构分析、视图选择、尺寸标注和技术要求,具体阐述读零件图的过程。

看零件图就是根据零件图的视图分析,想象出该零件的结构形状;根据零件图的尺寸标注,想象出该零件的形状大小;根据零件图上的技术要求了解该零件的制造检验等方面的质量要求,从而对零件的整体有一个全面了解。

8.7.1 读零件图的方法和步骤

(1)阅读标题栏,了解零件的基本情况

阅读一张零件图,首先从阅读标题栏入手,了解零件的名称、数量、质量、画图比例及制造该零件的材料等基本信息。从零件的名称上,大体可以判断出该零件属于哪一类零件(轴套类、盘盖类、叉架类、箱体类),从而可以想到该零件应该具有什么样的形状和结构;从数量上,可以判断出该零件在它所在的机器或部件中安装了几个;从画图比例上,可以判断出该零件结构形状的复杂程度;从零件材料上,可以判断出该零件的加工方法及与这种加工方法相适应的工艺结构。

(2)分析视图,想象零件的结构形状

正确、完整地想象出零件的内外形状和结构是读零件图的重点。组合体的读图方法(形体分析法和线面分析法)及机件常用表达方法,仍然适用于读零件图。

分析视图,首先,确定出哪个视图是主视图;其次,判断各个视图的表达方法与表达重点;然后,用结构分析法,从基本视图中看出零件的大体内外形状,结合局部视图、斜视图及断面图等表达方法,读懂零件的局部结构形状;最后,从设计和加工方面的要求,了解零件一些结构的作用。

(3)分析尺寸和技术要求

分析零件的尺寸,首先,确定出零件的尺寸基准;其次,了解零件各部分的定形、定位尺寸和零件的总体尺寸;最后,从表面粗糙度、公差与配合及几何公差等方面了解零件的加工质量要求。

(4)综合考虑

将读懂的零件结构形状、尺寸标注和技术要求等内容综合起来,就能比较全面地读懂这张零件图。有时,为了读懂比较复杂的零件图,还需要参考有关的技术资料,包括零件所在部件的装配图以及与它有关的零件图。

8.7.2 读零件图举例

以图8.44所示的缸体零件图为例,举例予以说明。

(1)读标题栏,了解零件的基本情况

从标题栏中可知,零件的名称是缸体,属于箱体类零件。箱体类零件一般有较为复杂的内腔和外形;同时,联系液压缸或汽缸等零件,大体上可以判断出该零件应具有的结构以及功能。

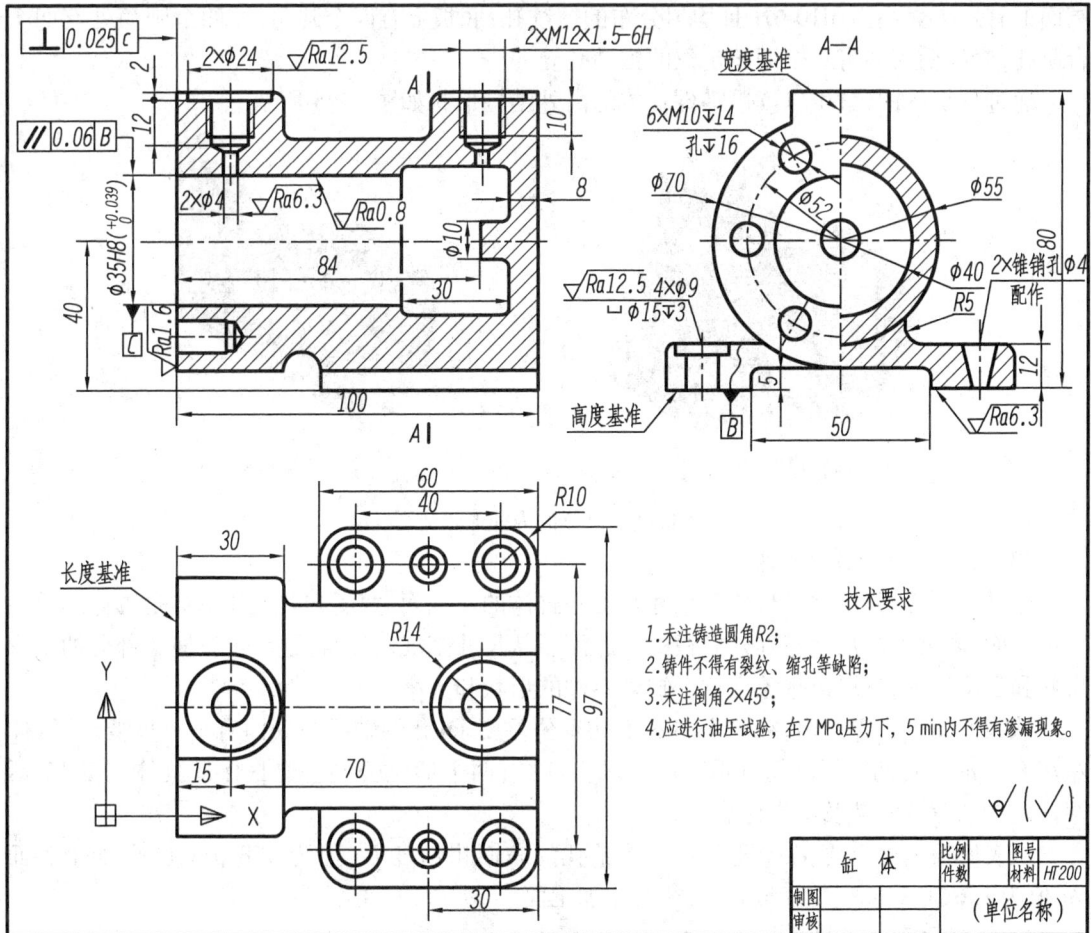

图 8.44 缸体的零件图

如缸体主体结构为空心圆柱,主要用来容纳活塞及活塞杆并与之产生相对运动,有进油孔及出油孔,有缸体与其他零件的安装结构,有与密封端盖相连接的螺纹孔等。

从标题栏中可知,缸体的材料为 HT200。该零件是由灰铸铁制造毛坯,然后经过机械加工而成。因此,缸体上必然有铸造工艺结构(如铸造圆角、铸件壁厚和拔模斜度等)以及与机械加工相适应的工艺结构。

(2)分析视图,想象零件的结构形状

首先,从表达缸体零件的视图数量上来看,共有三个,其形状结构较为复杂;其次,确定出左上角的视图为主视图,其他两个视图分别是俯视图、左视图;第三,确定每个视图的表达方法及表达重点,其中,主视图采用单一剖后所得的全剖视图,剖切位置为前后对称平面,表达内部形状;俯视图采用基本视图,表达外部形状;左视图采用 A—A 半剖视图和局部剖视的表达方法,主要表达外形及内部结构。

由形体分析可知:该零件主要由上部的"U"形凸台、中部的空心台阶孔以及下部带有圆角和凹槽的长方体底板组成。

再看缸体零件的局部结构:上部的"U"形凸台上有两个台阶孔,孔内有 M12 × 1.5-6H 的螺纹孔及 φ4 的小孔;中部有 φ35 和 φ40 的台阶孔,孔 φ40 的底部有 φ10 的圆柱凸台;缸体左端面上有六个大小为 M10-6H 且均匀分布的螺纹孔;底板上有四个圆角,在四个圆角处有四个台阶孔,底板前后各有一个用于定位的锥销孔。

通过分析视图,就可以读懂零件缸体的内外结构形状如图 8.45 所示。

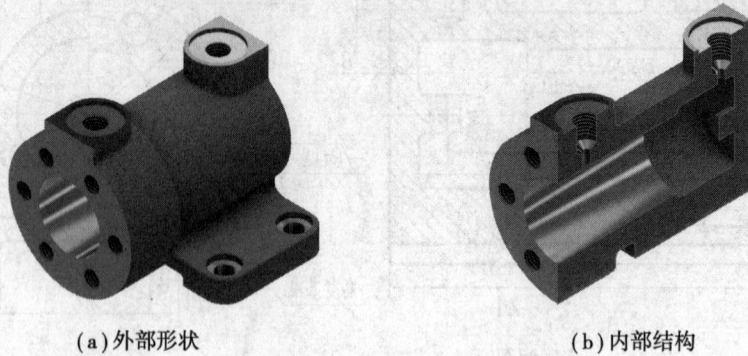

(a)外部形状　　　　　　　　　　　　　(b)内部结构

图 8.45　缸体的内外形状结构

(3)尺寸分析和技术要求

通过尺寸分析可以看出,长度尺寸基准是缸体的左端面,宽度方向尺寸基准是缸体的前后对称平面,高度方向尺寸基准是底板的下底面。从尺寸基准出发,再进一步看懂各部分的定形尺寸和定位尺寸,就可以想象出这个缸体零件的形状和大小。

从零件图中可以看出,缸体中部 $\phi35$ 孔有公差要求,孔的轴线与底面有平行度要求,缸体左端面与 $\phi35$ 孔的轴线之间有垂直度要求。其中,两个形位公差主要是保证缸体与活塞、活塞杆及左端盖的安装及工作性能。

从表面粗糙度上看,$\phi35$ 孔和定位锥销孔的表面粗糙度 Ra 值为 0.8 μm,其余加工表面 Ra 值为 1.6、3.2、6.3、12.5 μm 等,还有非加工面。

另外,还需要注意图中用文字书写的技术要求。

(4)综合考虑

将上述各项内容综合起来,就能从形状结构、尺寸大小、技术要求等方面较为全面地读懂零件图。

第 **9** 章

装配图

任何复杂的机器都是由若干个部件组成,而部件又是由许多零件装配而成的。因此,各个零件之间具有一定的相对位置、连接方式、配合性质和拆装顺序等关系,这些关系通常称为装配关系。将加工好的一些零件按一定的装配关系装配成的机器或部件,称为装配体。表达装配体结构的图样,称为装配图。

9.1 装配图的作用和内容

9.1.1 装配图的作用

装配图是表达机器或部件工作原理、装配关系、结构形状和技术要求等内容的图样。在机械产品的设计过程中,一般先设计并画出装配图,然后根据装配图画出零件图。在生产过程中,根据装配图将零件装配成机器或部件。在使用过程中,装配图可帮助使用者了解机器或部件的结构、性能,为安装、检验和维修提供技术资料。因此,装配图是工程设计人员设计思想和意图的载体,是设计、制造、调整、试验、验收、使用和维修机器或部件以及进行技术交流不可缺少的重要技术文件。图 9.1 所示的齿轮油泵是机器润滑、供油系统中的一个部件分解图。图 9.2 是齿轮油泵的装配图。

图 9.1 齿轮油泵分解图

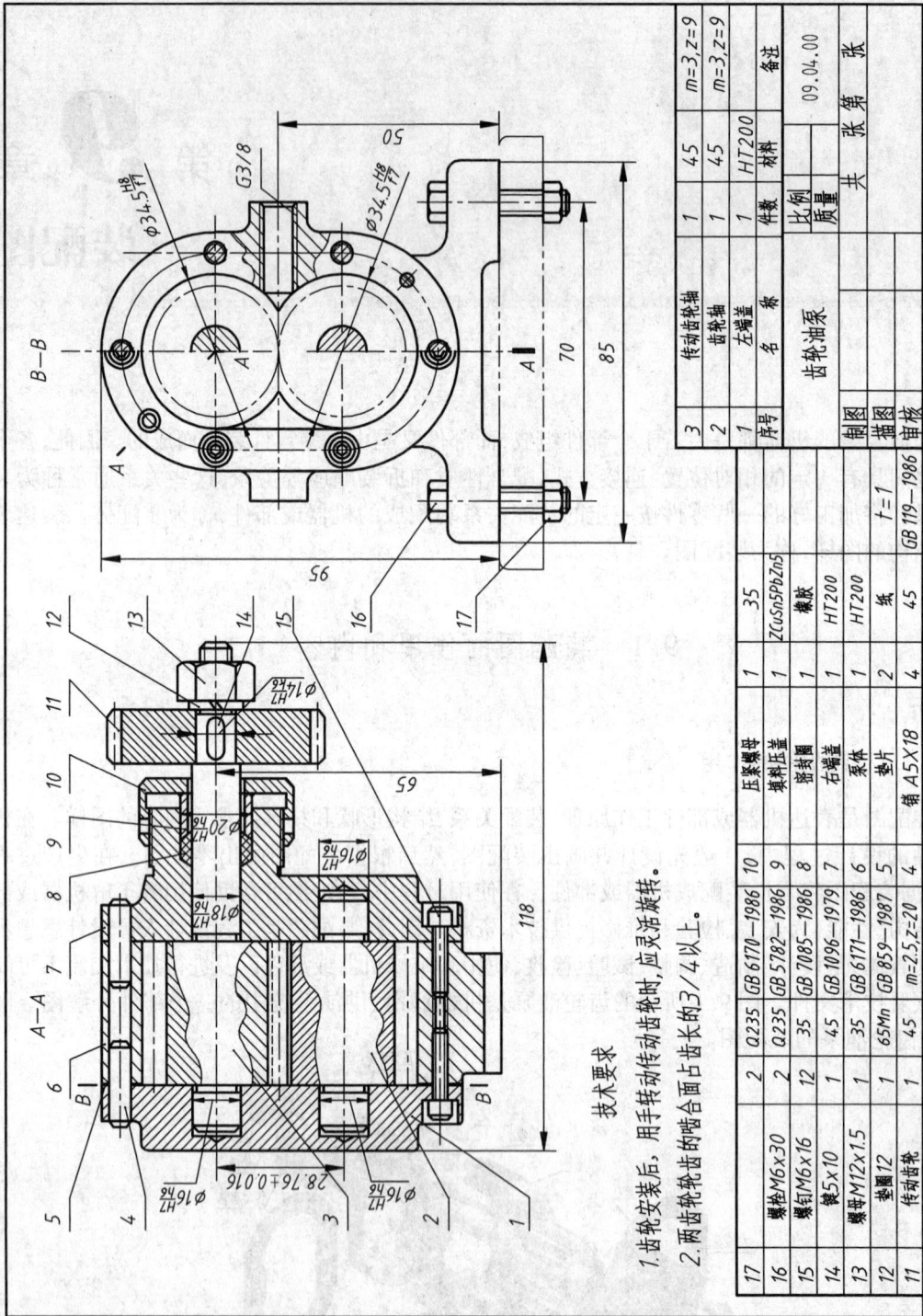

技术要求

1. 齿轮安装后，用手转动传动齿轮时，应灵活旋转。
2. 两齿轮轮齿的啮合面占齿长的3/4以上。

3		传动齿轮轴	1	45	m=3,z=9
2		齿轮轴	1	45	m=3,z=9
1		左端盖	1	HT200	
序号		名 称	件数	材料	备注

		齿轮油泵		比例	09.04.00
				质量	
制图					共 张 第 张
描图					
审核				GB 119—1986	

17		传动齿轮	1	45	
16	螺栓M6x30		2	Q235	GB 6170—1986	10	压紧螺母	1	35	
15	螺钉M6x16		2	Q235	GB 5782—1986	9	填料压盖	1	ZCuSn5Pb5Zn5	
14	键5x10		12	35	GB 708S—1986	8	密封圈	1	橡胶	
13	螺母M12x1.5		1	45	GB 1096—1979	7	右端盖	1	HT200	
12	垫圈12		1	35	GB 6171—1986	6	泵体	1	HT200	
11	传动齿轮		1	65Mn	GB 859—1987	5	垫片	2	纸	t=1
			1	45	m=2.5,z=20	4	销 A5X18	4	45	

图9.2 齿轮油泵装配图

9.1.2 装配图的内容

从图9.2上可以看出，一张完整的装配图一般包括以下四项内容：

（1）一组图形

用一组图形清晰、完整地表达机器或部件的工作原理、各零件间的装配关系（包括配合关系、连接关系、相对位置及传动关系）和主要零件的基本结构形状。

（2）必要的尺寸

在装配图中只标注机器或部件的规格（性能）尺寸、装配尺寸、安装尺寸、总体尺寸以及其他重要尺寸。

（3）技术要求

用文字或符号说明机器或部件在装配、安装、调试和检验等方面应达到的技术指标。

（4）序号、标题栏和明细栏

用于说明各零（组）件的名称、数量、材料、规格，以及机器或部件的名称、图号、比例等内容。

9.2 装配图的表达方法

绘制装配图时，除了按照规定使用第 6 章"机件的常用表达方法"所介绍的视图、剖视图和断面图等各种图样画法外，还有一些规定画法、特殊画法和简化画法。

9.2.1 规定画法

（1）剖面线的画法

在剖视图和断面图中，同一个零件的剖面线倾斜方向与间隔应保持一致；相邻两零件的剖面线方向应相反或者方向一致，间隔不同。

如图 9.2 所示主视图中左端盖 1 和泵体 6 剖面线的倾斜方向相反，泵体 6 主视图和左视图上的剖面线倾斜方向和间隔是一致的。对于视图上两轮廓线的距离不大于 2 mm 的剖面区域，其剖面符号应用涂黑表示，如图 9.4 中的垫片用涂黑表示。

（2）标准件及实心件的表达方法

在装配图中，对于标准件（如螺纹紧固件、键、销等）和实心零件（轴、连杆、球、杆件、手柄等），当剖切平面沿它们的轴线或对称面剖切时，均按不剖绘制。若实心轴上有需要表示的结构，如凹槽、键槽、销孔等，可采用局部剖视图表示。

如图 9.2 所示主视图中齿轮轴 2、传动齿轮轴 3、销 4、螺钉 15、垫圈 12、螺母 13 剖切后都按不剖绘制，要表达两齿轮的啮合关系、齿轮轮齿与泵体空腔的装配关系用局部剖视图表达。

（3）零件接触面与配合面的画法

在装配图中，两个零件的接触表面和配合表面只画一条线，而不接触的表面或非配合表面之间则应画成两条线，分别表示各零件的轮廓。

如图 9.2 中齿轮轴 2、传动齿轮轴 3 与左端盖 1、右端盖 7 的中间孔是配合表面，轴与孔之间画成一条线；在图 9.3 中螺栓杆与轴承盖、轴承座中间的孔不接触，应画成两条线。

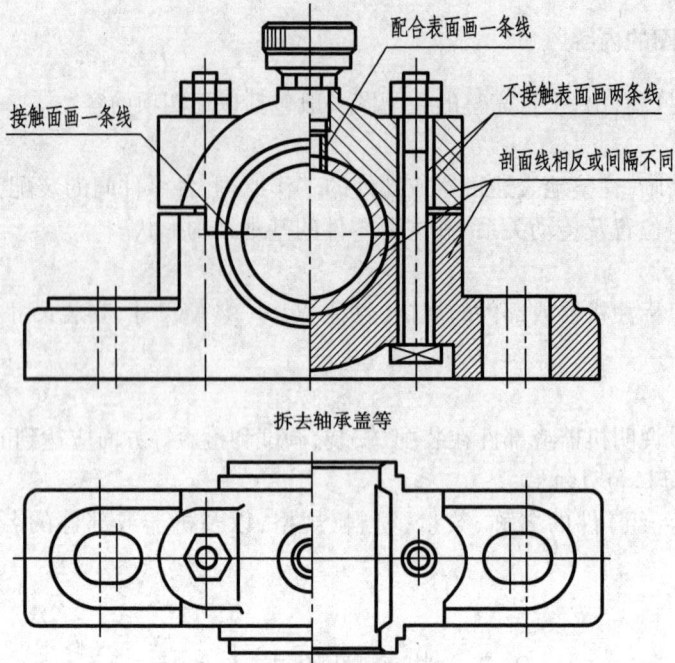

接触面画一条线
配合表面画一条线
不接触表面画两条线
剖面线相反或间隔不同

拆去轴承盖等

图 9.3　滑动轴承

9.2.2　特殊画法

（1）拆卸画法

为了表示被遮挡零件的装配关系，可以假想将一些零件拆去后再画出剩余部分的视图，需要说明时，可加注"拆去××零件"。如图 9.3 所示的俯视图右侧拆去了轴承盖、上轴瓦和螺栓、螺母，则加注"拆去轴承盖等"。

（2）沿零件结合面剖切画法

为了表示被遮挡零件的装配关系，还可假想沿某些零件的结合面剖切。此时，在零件的结合面上不画剖面线，但被切断的零件断面上必须画出剖面线。如图 9.2 所示中的左视图（B—B 剖视图），即沿泵体和垫片的结合面剖切，被切断的螺钉、销、齿轮轴等剖面上应画出剖面线。

（3）假想画法

为了表示与本部件有装配关系但又不属于本部件的其他相邻零部件时，可用细双点画线画出相邻零部件的部分轮廓，以说明二者之间的联系。如图 9.2 所示的左视图中，在下方用细双点画线画出了安装齿轮油泵的安装板。

（4）夸大画法

对薄片零件、细丝弹簧、微小间隔、较小的斜度和锥度等结构，无法正常画出和清晰表达结构时，可将零件或间隙不按比例而采用适度夸大画出。如图 9.4 所示的垫片的厚度作了夸大处理。

9.2.3　简化画法

①装配图中若干相同的零件组（如螺栓连接），可仅详细地画出一组或几组，其余只需用细点画线表示其装配位置，如图 9.4 所示的螺钉组的处理用点画线表示中心位置。

②装配图中零件的工艺结构(如圆角、倒角、退刀槽等)细节可不画出,如图9.4所示螺栓头部的简化、轴的简化。

③装配图中的滚动轴承,可只画出一半,另一半按规定简化画法画出,如图9.4所示轴承的简化画法。

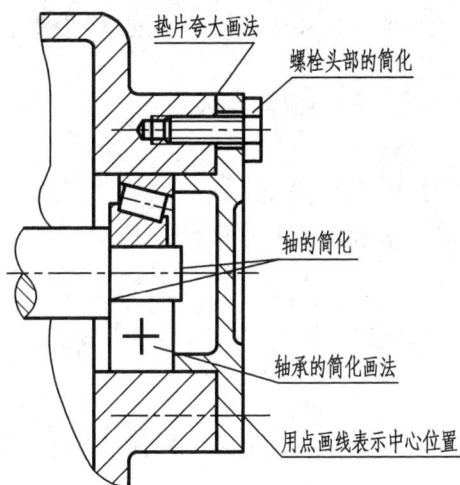

图9.4 简化画法

9.3 装配图的尺寸标注和技术要求

9.3.1 装配图的尺寸标注

根据装配图的作用,需要标注机器或部件的性能、规格、装配、安装等有关尺寸。

(1)性能规格尺寸

表示机器或部件性能(规格)的尺寸,在设计时就已经确定,是设计和选用该机器或部件的依据。如图9.2所示中吸、压油口尺寸 G3/8,确定了齿轮油泵的供油量。

(2)装配尺寸

装配尺寸包括保证有关零件间配合性质的尺寸、零件间相对位置的尺寸和装配时需要进行加工的有关尺寸等。如图9.2所示中齿轮与泵体、齿轮轴与左右端盖的配合尺寸 ϕ34.5H8/f7、ϕ16H7/h6,两啮合齿轮的中心距(28.76 ± 0.016) mm 等。

(3)安装尺寸

机器或部件安装时所需的尺寸。如图9.2所示与安装有关的尺寸 70 mm、65 mm 等。

(4)外形尺寸

表示机器或部件的总长、总宽和总高的尺寸。它反映了机器或部件的大小,为包装、运输和安装提供参考。如图9.2所示中齿轮油泵的总长、总宽和总高尺寸为 118 mm、85 mm、95 mm。

(5)其他重要尺寸

除上述四种尺寸外,在设计或装配时需要保证的还有其他重要尺寸。如运动零件的极限尺寸、主体零件的重要尺寸等。

必须指出,上述五类尺寸,并不是每张装配图上都全部具有的,并且装配图上的一个尺寸有时兼有几种意义。因此,应根据具体情况来考虑装配图上的尺寸标注。

9.3.2 装配图的技术要求

用文字或符号在装配图上说明对机器或部件的装配、检验要求和使用方法等。装配图上的技术要求一般包括以下三方面内容:

①对机器或部件在装配、调试和检验时的具体要求。

②关于机器性能指标方面的要求。

③有关机器安装、运输及使用方面的要求。

技术要求一般写在明细栏上方或图样下方的空白处。

9.4 装配图的零、部件序号和明细栏

为了便于看图、组织生产及图纸管理,装配图中所有零、部件都必须编写序号,并在标题栏上方编制相应的明细栏。

9.4.1 零、部件序号的编排

(1)零、部件序号的编排方法

序号是装配图中对各零件或部件按一定顺序的编号。编写零件序号的方法有以下两种:

①将装配图上的所有标准件的数量、标记按规定注写在图上,而将非标准件按顺序进行编号,如图9.2所示。

②将装配图上所有零件(包括标准件)按顺序进行编号,如图9.2所示。

(2)编排零部件序号的规定

①装配图中所有的零、部件都必须编写序号,应按顺序编排并标明序号。

②同一装配图中相同的零、部件(即每一种零、部件)只编写一个序号。相同的零、部件用同一个序号,其数量填写在明细栏内。装配图中零、部件的序号,应与明细栏中的序号一一对应。

③序号应注写在视图的周围。按水平或垂直方向排列整齐,编号顺序应按顺时针(或逆时针)方向顺次排列整齐。

④零、部件序号和所指零件之间用指引线连接,如图9.5所示。在所指的零、部件的可见轮廓内画一圆点,并自圆点用细实线画出倾斜的指引线,在指引线的端部用细实线画一水平线或圆,然后将序号注写在水平线上或圆内,序号的字高应比尺寸数字大一号或两号,如图9.5(a)所示;也可直接在指引线附近注写序号,序号的字高比尺寸数字大两号,如图9.5(b)所示;对较薄的零件或涂黑的剖面,可在指引线末端画出箭头,并指向该部分的轮廓,如图9.5(c)所示。

⑤指引线相互不能相交;当通过有剖面线的区域时,指引线不应与剖面线平行;必要时,指引线可以画成折线,但只允许曲折一次,如图9.5(d)所示。

⑥一组紧固件以及装配关系清楚的零件组,可采用公共指引线,如图9.5(e)所示。

⑦标准化的组件(如油杯、滚动轴承、电动机等)看成一个整体,在装配图上只编写一个序号。

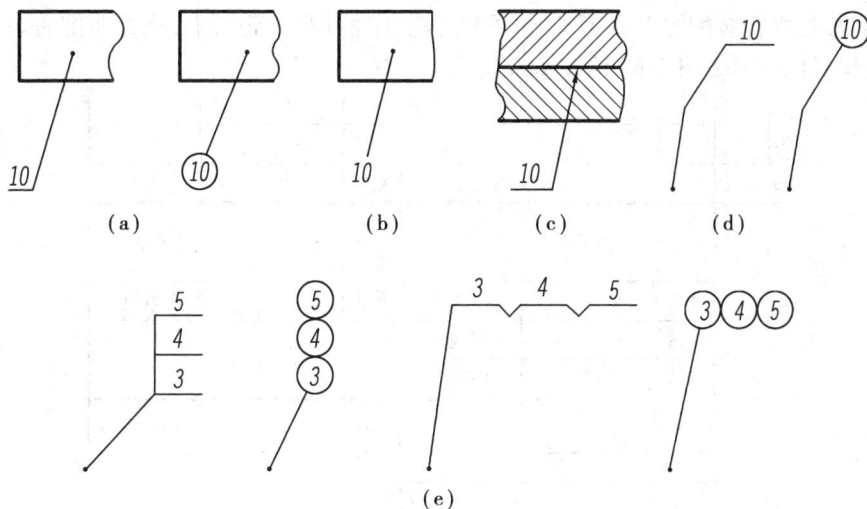

图9.5 零、部件序号的标注形式

9.4.2 明细栏

明细栏是机器或部件中全部零、部件的详细目录,其内容与格式国家标准GB/T 10609.2—2009《技术制图 明细栏》中规定了明细栏的样式,如图9.6所示。制图作业中的可以采用简化的格式,如图9.7所示。在填写明细栏时应注意以下三点:

①明细栏应画在标题栏的上方,左边外框线为粗实线,内格线和顶线为细实线。如果上方位置不够,可将明细栏分段,画在标题栏的左方再画一排,如图9.7所示。

图9.6 标准的标题栏和明细栏

②零件编号按从小到大的顺序由下而上填写,以便添加漏标的零件。

③对于标准件,应在零件名称一栏填写规定标记。

如果明细栏画在装配图上有困难,也可以单独编写在另一张纸上,称为明细表。在明细表中,零件及组件的序号要自上而下填写。

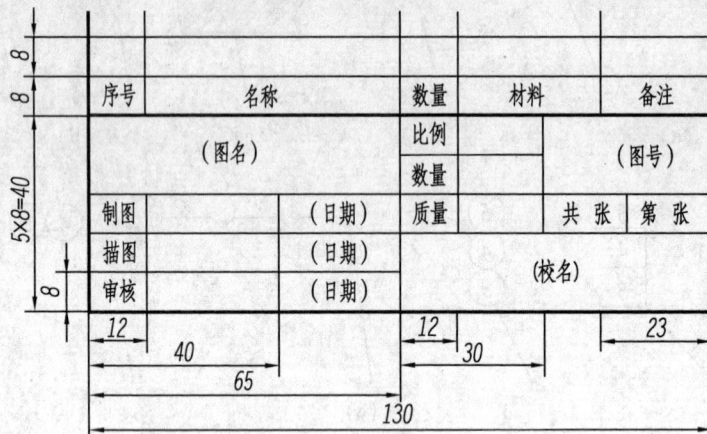

序号	名称		数量	材料	备注
(图名)			比例		(图号)
			数量		
制图		(日期)	质量		共 张 第 张
描图		(日期)	(校名)		
审核		(日期)			

图9.7 学生作业中使用的标题栏和明细栏

9.5 常见的合理装配结构

9.5.1 两零件接触面结构

合理的装配结构要确保零件接合处精确可靠,为保证装配质量,必须使装配、调整和拆卸方便,而且拆卸后再装配也能确保工作精度等。

(1)接触面的数量

当两个零件接触时,在同一方向(轴向或径向)上只允许有一对接触面或配合面,这样,既保证装配工作能顺利地进行,又给加工带来方便;否则,就要提高接触面的尺寸精度,增大加工成本。如图9.8中(a)、(b)、(c)是平面接触,(d)是圆柱面接触。

(2)接触面拐角结构

两零件如有两个互相垂直的表面同时接触,则在其转角处应制出倒角、凹槽或倒圆,如图9.9(a)所示。当轴和孔配合且阶梯轴的轴肩与孔的端面相互接触时,应在孔的接触端面制成倒角或在肩根部切槽,以保证两零件接触良好,如图9.9(b)所示。

(3)被连接件的接触面结构

为保证连接件与被连接件的良好接触,应在被连接件接触面上加工出沉孔、凸台、埋头孔等,如图9.10所示。

9.5.2 可拆连接结构

零件可拆连接结构主要考虑拆装方便、连接可靠。

好　　　　　不好

（a）

不好　　　　　好

（b）

不好　　　好　　　好

（c）

不好　　　　　好

（d）

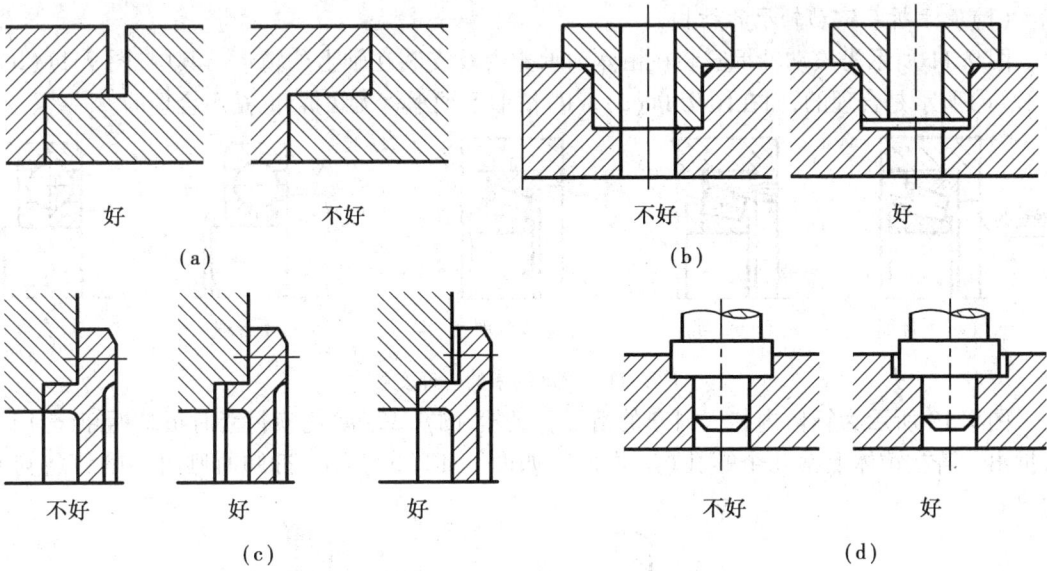

图 9.8　避免在同一方向有两对面同时接触

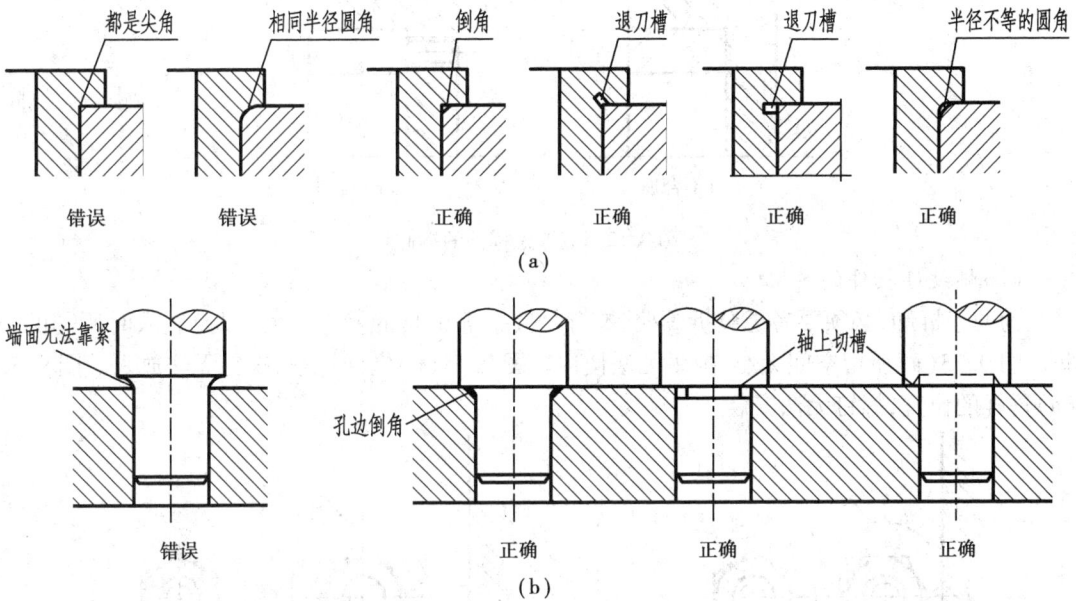

都是尖角　　相同半径圆角　　倒角　　退刀槽　　退刀槽　　半径不等的圆角

错误　　　错误　　　正确　　　正确　　　正确　　　正确

（a）

端面无法靠紧

孔边倒角　　　　　　　　　　　　　轴上切槽

错误　　　　正确　　　正确　　　正确

（b）

图 9.9　转角处的圆角、倒角和退刀槽

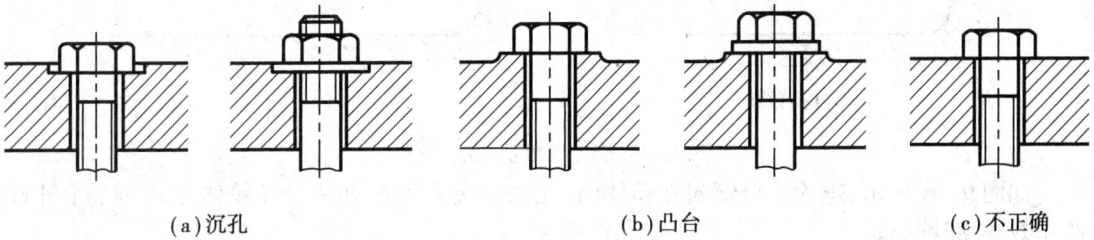

（a）沉孔　　　　　　　（b）凸台　　　　　（c）不正确

图 9.10　被连接件的接触面结构

187

（1）便于拆装滚动轴承的结构

图9.11所示为滚动轴承安装在箱体轴承孔内及安装在轴上的情形。其中，图9.11(b)、(c)、(e)所示是合理的，而在图9.11(a)、(d)情形下轴承将无法拆卸，是不合理的。

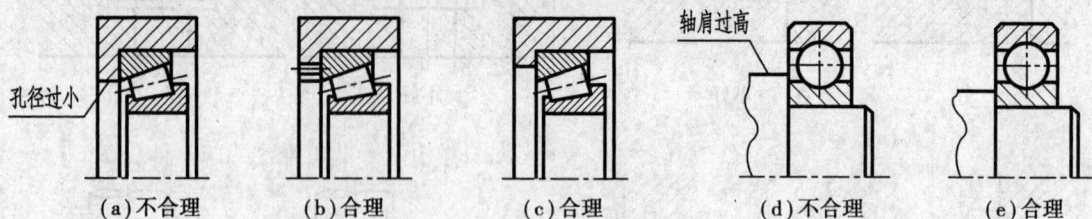

图9.11　滚动轴承的合理安装

图9.12所示为箱体内装入衬套的情形。显然，图9.12(a)更换衬套时很难拆卸，套筒无法拆出。若在箱体上钻几个螺孔（工艺孔），如图9.12(b)所示，拆卸时则可用螺钉将衬套顶出。

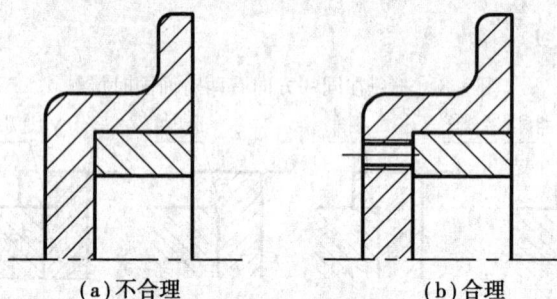

图9.12　应考虑零件的拆卸

（2）螺纹连接件的装配

为便于拆卸，必须要考虑装拆螺栓、螺钉时扳手等工具的操作空间，以及装入时所需的空间。图9.13(a)所留空间太小，扳手无法使用。图9.14(a)空间过小，螺钉无法放入。图9.15(a)这样的位置，螺钉无法安装。

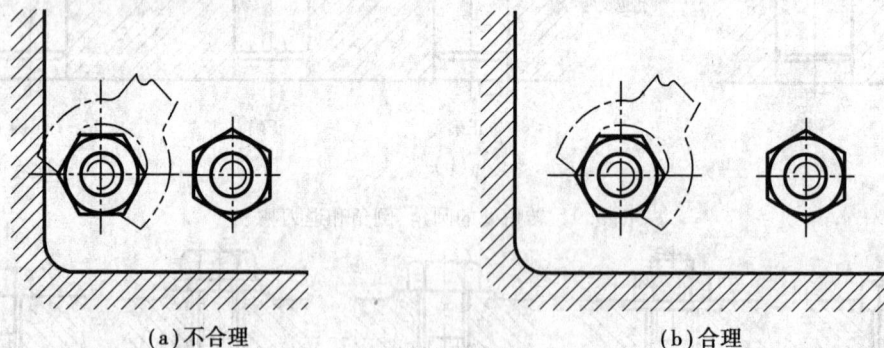

图9.13　应考虑扳手的活动空间

如图9.16所示，螺栓头全部封在箱体内，无法安装。解决办法是在箱体上开一个手孔或改用双头螺柱结构。

（3）定位销的装配结构

为了加工销孔和拆卸销子方便，在可能的条件下，尽量将销孔做成通孔，如图9.17所示。

（a）不合理　　　　　　　　　　　　（b）合理

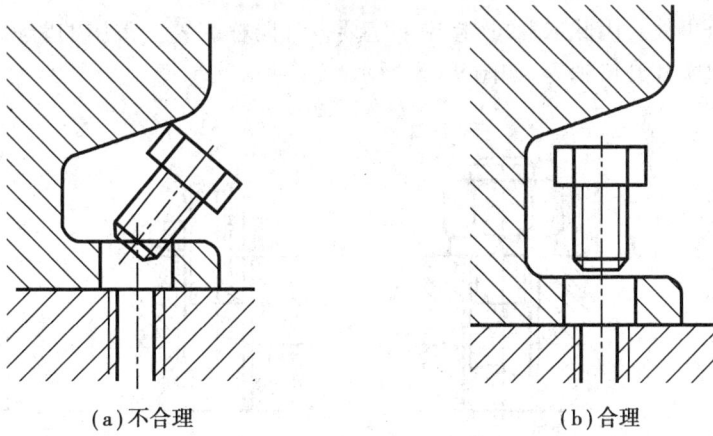

图 9.14　应考虑螺钉装入所需的空间

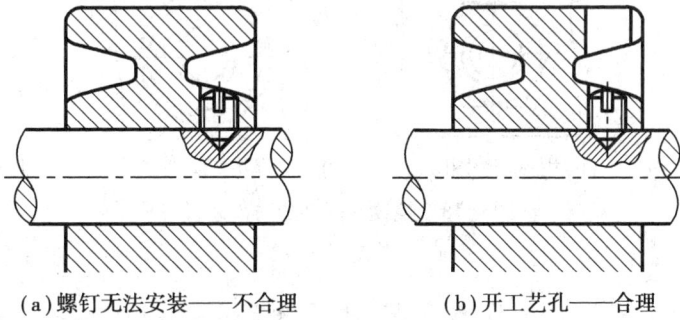

（a）螺钉无法安装——不合理　　　　　（b）开工艺孔——合理

图 9.15　应考虑便于安装

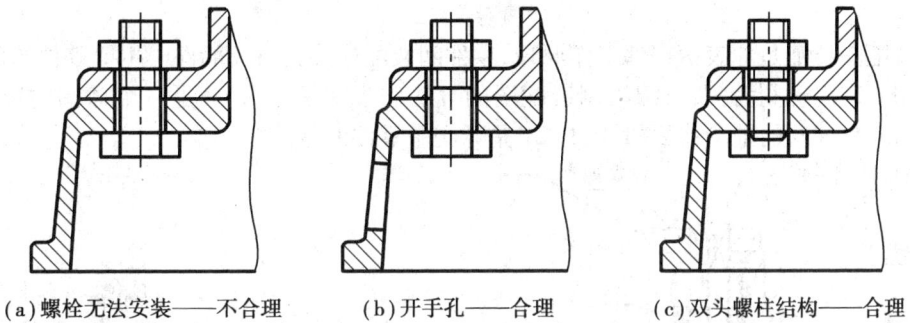

（a）螺栓无法安装——不合理　　　（b）开手孔——合理　　　（c）双头螺柱结构——合理

图 9.16　应考虑便于安装

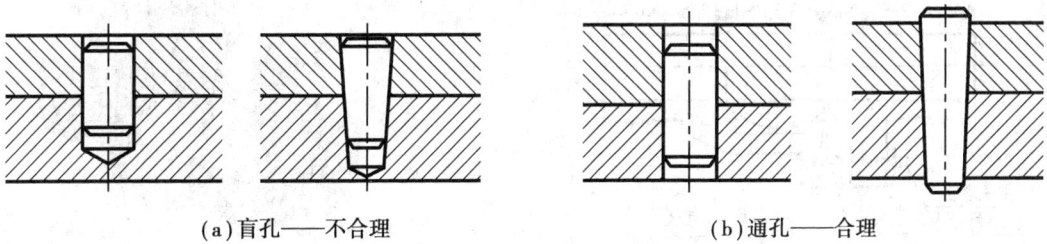

（a）盲孔——不合理　　　　　　　　（b）通孔——合理

图 9.17　应考虑拆卸方便

9.5.3　螺纹紧固件的防松结构

大部分机器在工作时常会产生震动或冲击,因而导致螺纹紧固件松动,影响机器的正常工作,甚至诱发严重事故。因此,螺纹连接中一定要设计防松装置。常用的防松装置有双螺母、弹簧垫圈、止退垫圈和开口销等,如图9.18所示。

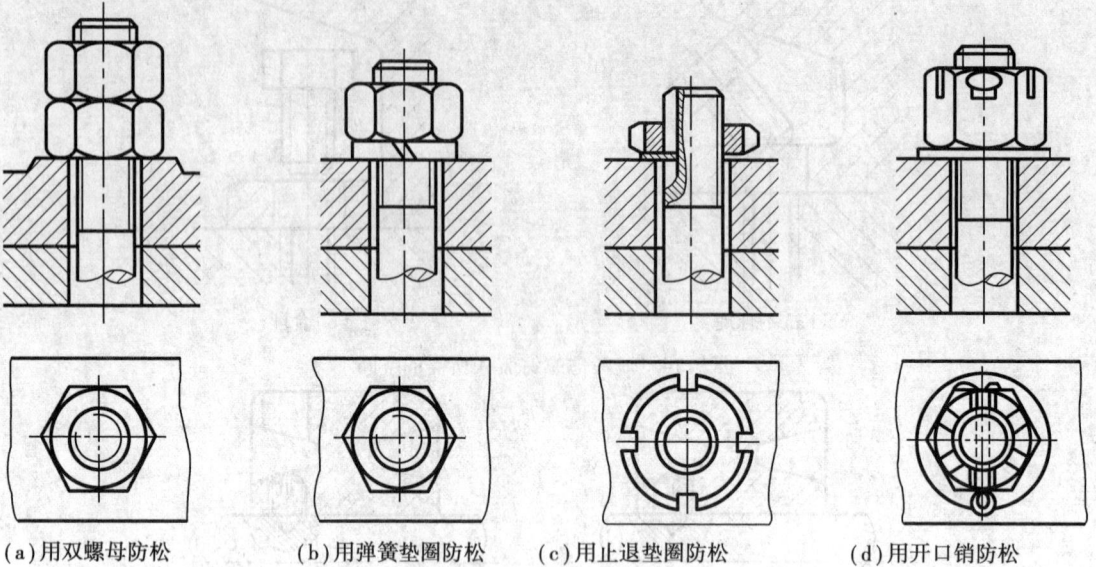

(a)用双螺母防松　　　(b)用弹簧垫圈防松　　　(c)用止退垫圈防松　　　(d)用开口销防松

图9.18　螺纹紧固件的防松装置

9.6　装配图的画法

画装配图要清楚地表达部件工作原理、零件间装配连接关系及部件中主要零件的形状、结构与作用。现以球阀为例,介绍绘制装配图的方法和步骤。图9.19是一个球阀的装配示意图,图9.20是球阀的轴测装配图,图9.21是球阀中零件的零件图。

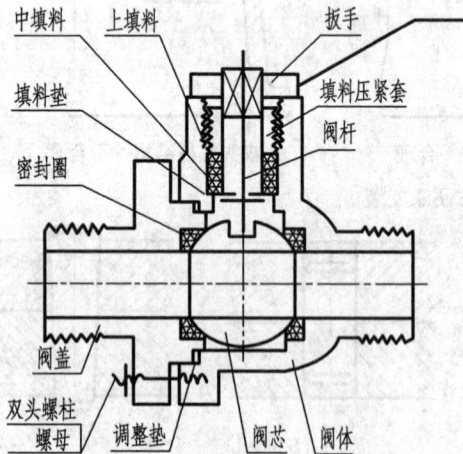

图9.19　球阀装配示意图

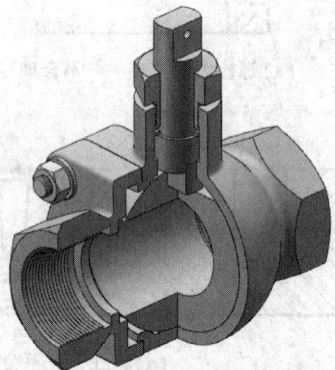

图9.20　球阀轴测图

9.6.1　装配图的视图选择

装配图视图选择的基本出发点是有利于生产和便于读图。因此,要求装配图的视图表达

必须正确、完全、清晰,即:

①视图的表达方法要正确,符合国家标准的规定。

②部件的功用、工作原理、结构、零件之间的装配关系表达要完全。

③图样清晰,便于读图。

视图选择大致可按以下步骤进行(以图 9.23 所示的球阀为例说明):

(1)了解和分析所画的部件

画装配图之前,必须对所画的对象有全面的认识,即了解部件的工作原理、传动路线、结构特点和各零件间的装配关系等。球阀是管路中用来启闭及调节流体流量的一种部件,它由 12 种零件组成。

1)球阀的工作原理

阀体 12 内装有阀芯 11,阀芯 11 上的凹槽与阀杆 9 的扁头榫接。当用扳手旋转阀杆 9 并带动阀芯 11 转动时,即可改变阀体通孔与阀芯通孔的相对位置,从而达到启闭及调节管路内流体流量的作用。为防止泄漏,由环 10、填料 7、压盖 8 和密封圈 5、垫圈 6 分别在两个部位组成密封装置。

2)零件间的装配关系

阀体 12 和阀盖 4 均带有方形凸缘,它们用四组双头螺柱(1、2、3)连接,并用适当厚度的垫圈 6 调节阀芯 11 与密封圈 5 之间的松紧程度。阀体的中心处装上阀芯,阀芯上端装有阀杆 9,并将阀杆扁头嵌入阀芯凹槽使两者相连。在阀体与阀杆之间的填料函内装入填料 7 并旋紧压盖 8。

(2)确定部件的视图表达方案

装配图的视图选择与零件图一样,应使所选的每个视图都有其表达的重点内容,具有独立存在的意义。一般来讲,选择表达方案时应遵循这样的思路:以装配体的工作原理为线索,从装配干线入手,用主视图及其他基本视图来表达对部件功能起决定作用的主要装配干线,兼顾次要装配干线,再辅以其他视图表达基本视图中没有表达清楚的部分,最后达到将装配体的工作原理、装配关系等正确、完整、清晰地表达出来。

1)装配图的主视图选择

①一般将部件按工作位置放置或将其放正,即使装配体的主要轴线、主要安装面等呈水平或铅垂位置。以便了解装配体的情况及与其他机器的装配关系。

②选择最能反映部件的工作原理、传动路线、零件间装配关系及主要零件的主要结构的视图作为主视图。为此,主视图大多要采用恰当的剖视图。

图 9.23 球阀的工作位置有多种情况,一般是将其通道放成水平位置。从对球阀各零件间装配关系的分析中可以看出,阀芯、阀杆、压盖等部分和阀体、密封圈、阀盖等部分为球阀的两条主要装配轴线,它们互相垂直相交。因此,使其通道成水平位置,以剖切面过该两装配轴线的全剖视图作为球阀的主视图。

2)确定其他视图

根据装配图表达要求,对部件几条装配线逐一检查,针对在主视图中没有表达清楚的部分,选择合适的视图或剖视。即考虑还有哪些装配关系、工作原理以及主要零件的主要结构还没有表达清楚,可灵活地选用局部视图、局部剖视或断面等来补充表达。

如图 9.23 所示的球阀中连接阀盖及阀体的螺柱分布、阀盖及阀体等零件的主要结构形状还没有完全表达清楚,于是选取左视图。根据球阀前后对称的特点,左视图采用半剖视图,可补充表达阀体、阀芯和阀杆的结构形状。同时,在左视图的阀杆上端采用局部剖视表达阀杆上的销孔结构。选用 *B—B* 局部剖视图表达螺柱紧固件与阀体和阀盖的连接关系。

9.6.2 画装配图

①根据部件的大小、复杂程度选取适当的比例及图幅大小,画出图框和标题栏、明细栏外框。

②布置视图。估计各视图的大小,在适当位置画出各视图的作图基线,即画出主体零件的主要轴线、中心线或对称线、基面或端面,确定出各视图的位置,如图9.23所示。布置视图时,要注意在视图之间为标注尺寸和编写序号留有足够的位置,并力求图面布置均称。

③画底稿。画图时,一般应从主视图开始,几个视图配合进行,先画基本视图。从主体零件的主要轴线或中心线入手,先画主体零件的主要结构,再画与其有装配关系的零件轮廓,最后画细部结构及螺栓等紧固件。画剖视图时,依装配轴线由内向外逐个画出各个零件,也可由外向里画,视作图方便而定。图9.22表示了绘制球阀装配图底稿的画图步骤。

④底稿线完成后,检查、校核,画剖面线,标注尺寸,加深图线。

⑤编写零、部件序号,填写技术要求、明细栏、标题栏。完成后的球阀装配图如图9.23所示。

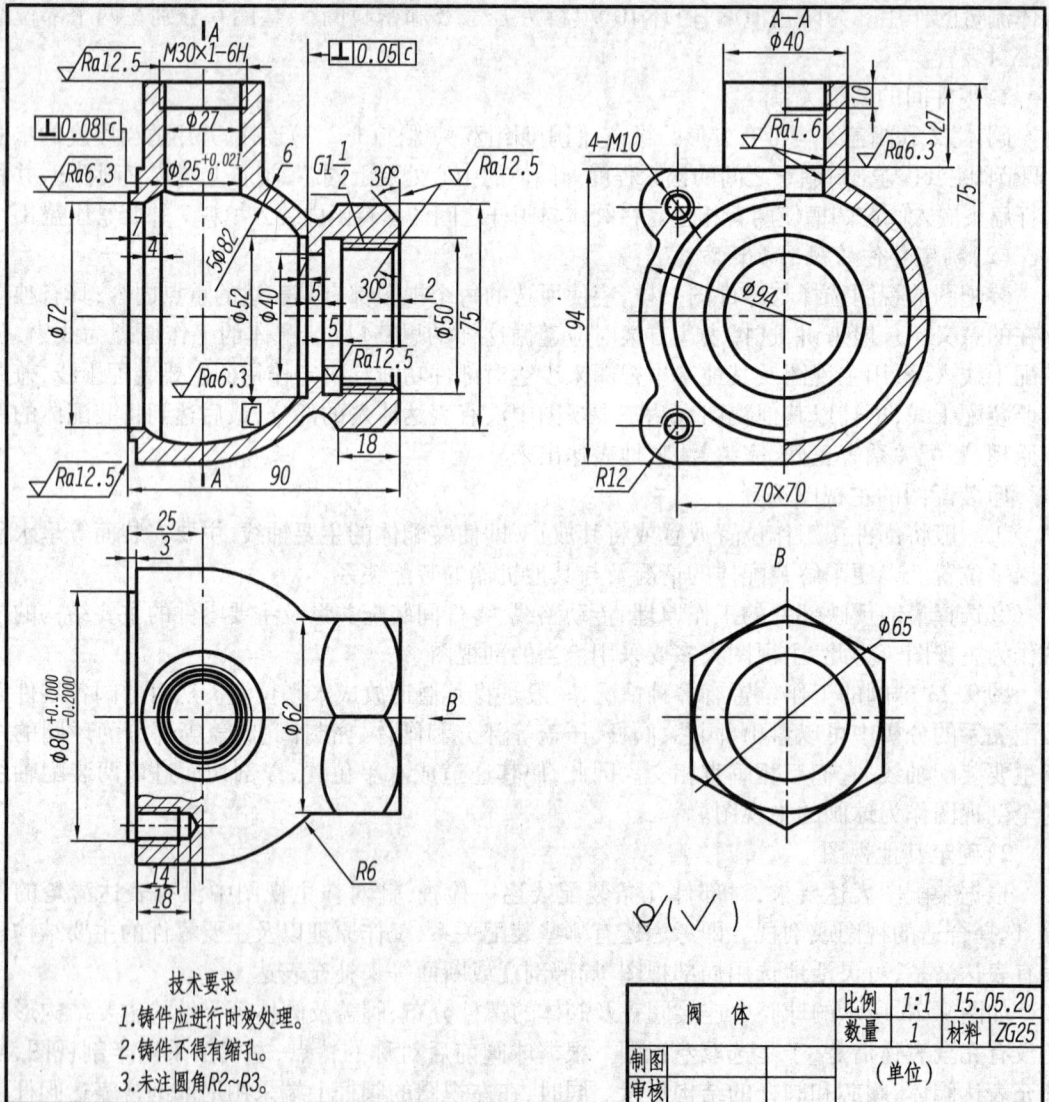

(a) 阀体

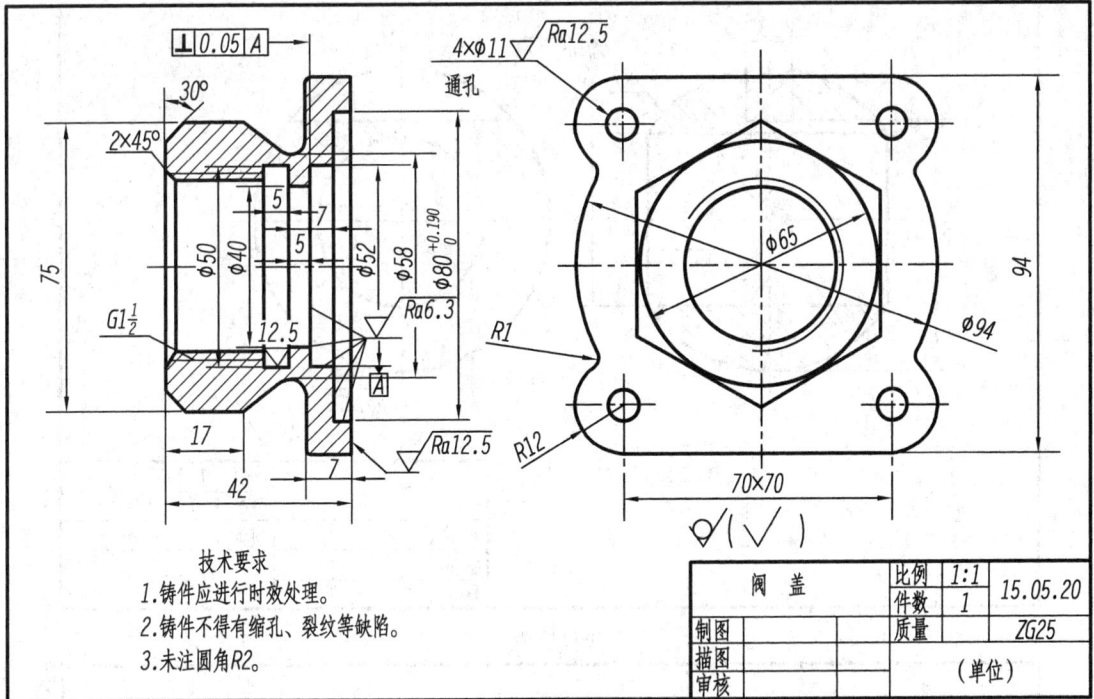

技术要求
1.铸件应进行时效处理。
2.铸件不得有缩孔、裂纹等缺陷。
3.未注圆角R2。

阀 盖		比例	1:1	15.05.20
		件数	1	
制图		质量		ZG25
描图				
审核		(单位)		

(b)阀盖

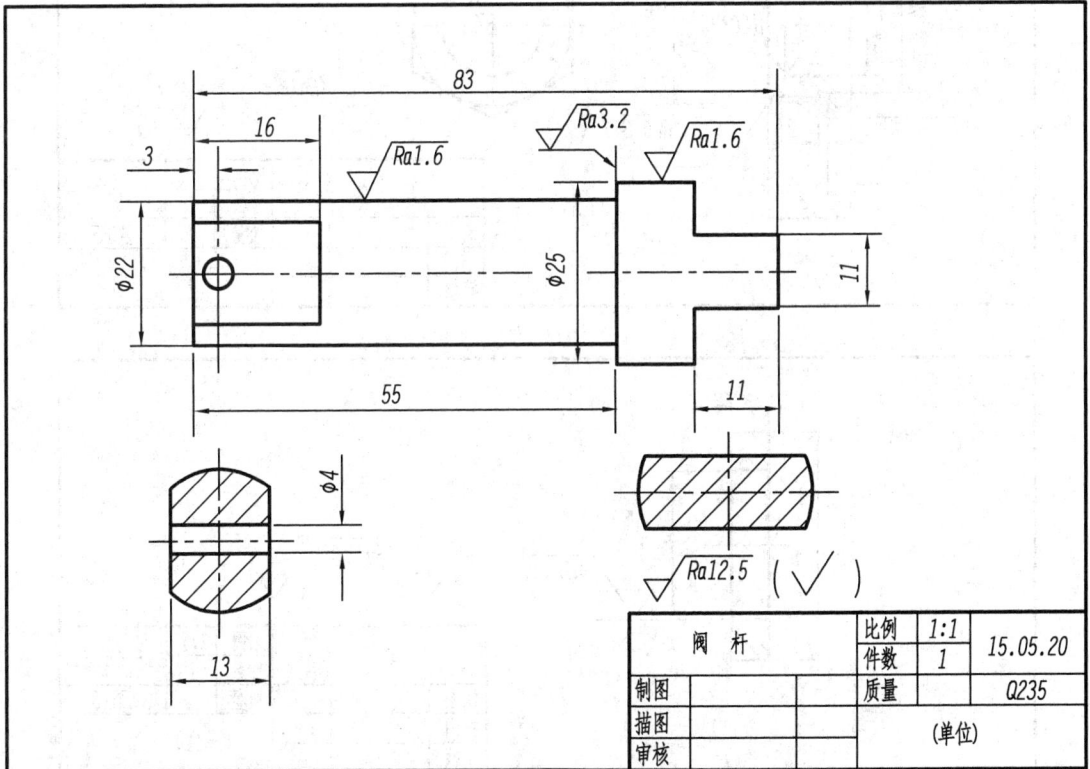

阀 杆		比例	1:1	15.05.20
		件数	1	
制图		质量		Q235
描图				
审核		(单位)		

(c)阀杆

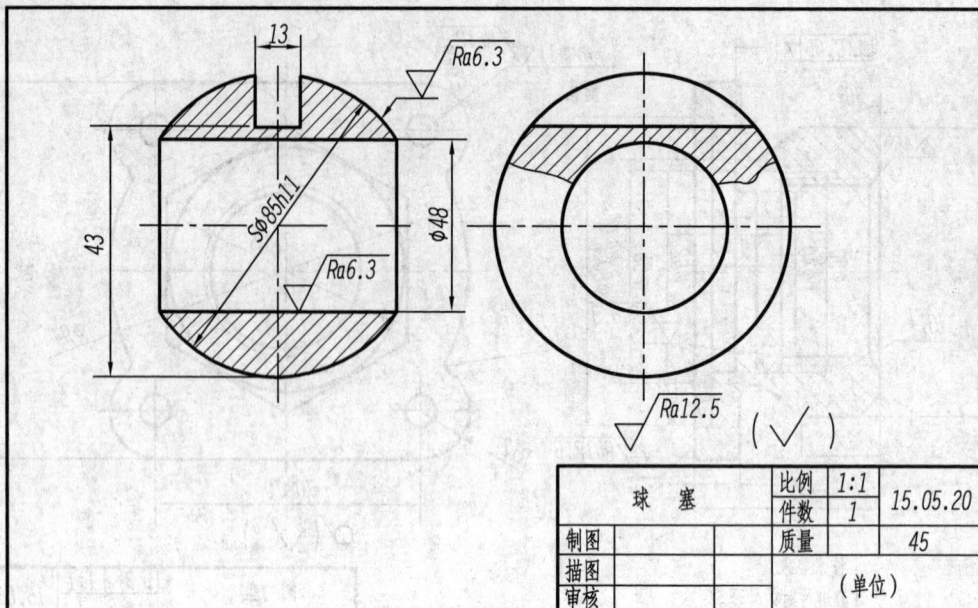

球 塞	比例	1:1	15.05.20
	件数	1	
制图		质量	45
描图			(单位)
审核			

（d）球塞

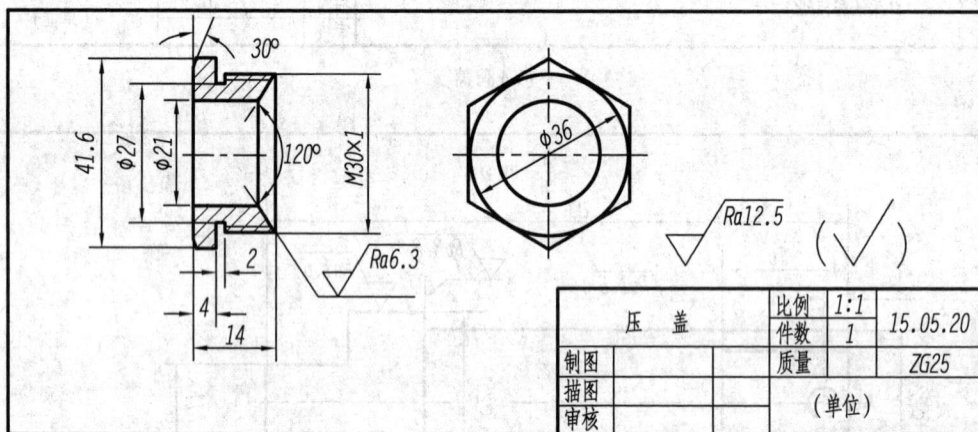

压 盖	比例	1:1	15.05.20
	件数	1	
制图		质量	ZG25
描图			(单位)
审核			

（e）压盖

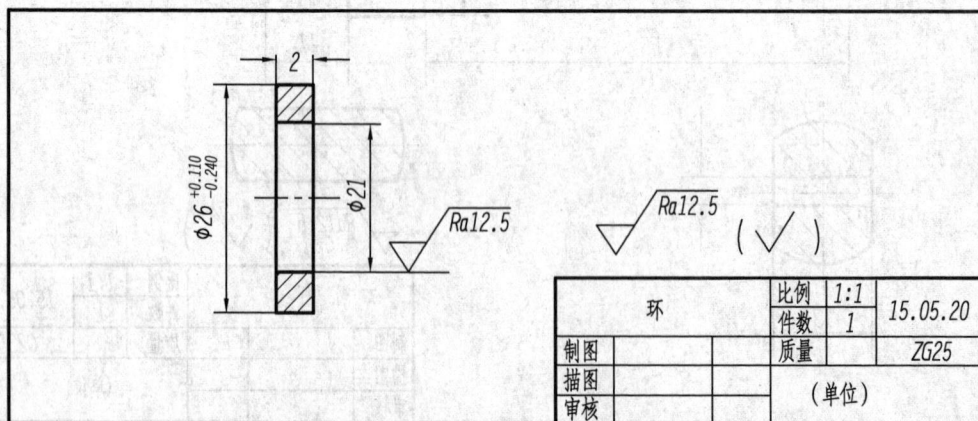

环	比例	1:1	15.05.20
	件数	1	
制图		质量	ZG25
描图			(单位)
审核			

（f）环

图 9.21　球阀零件图

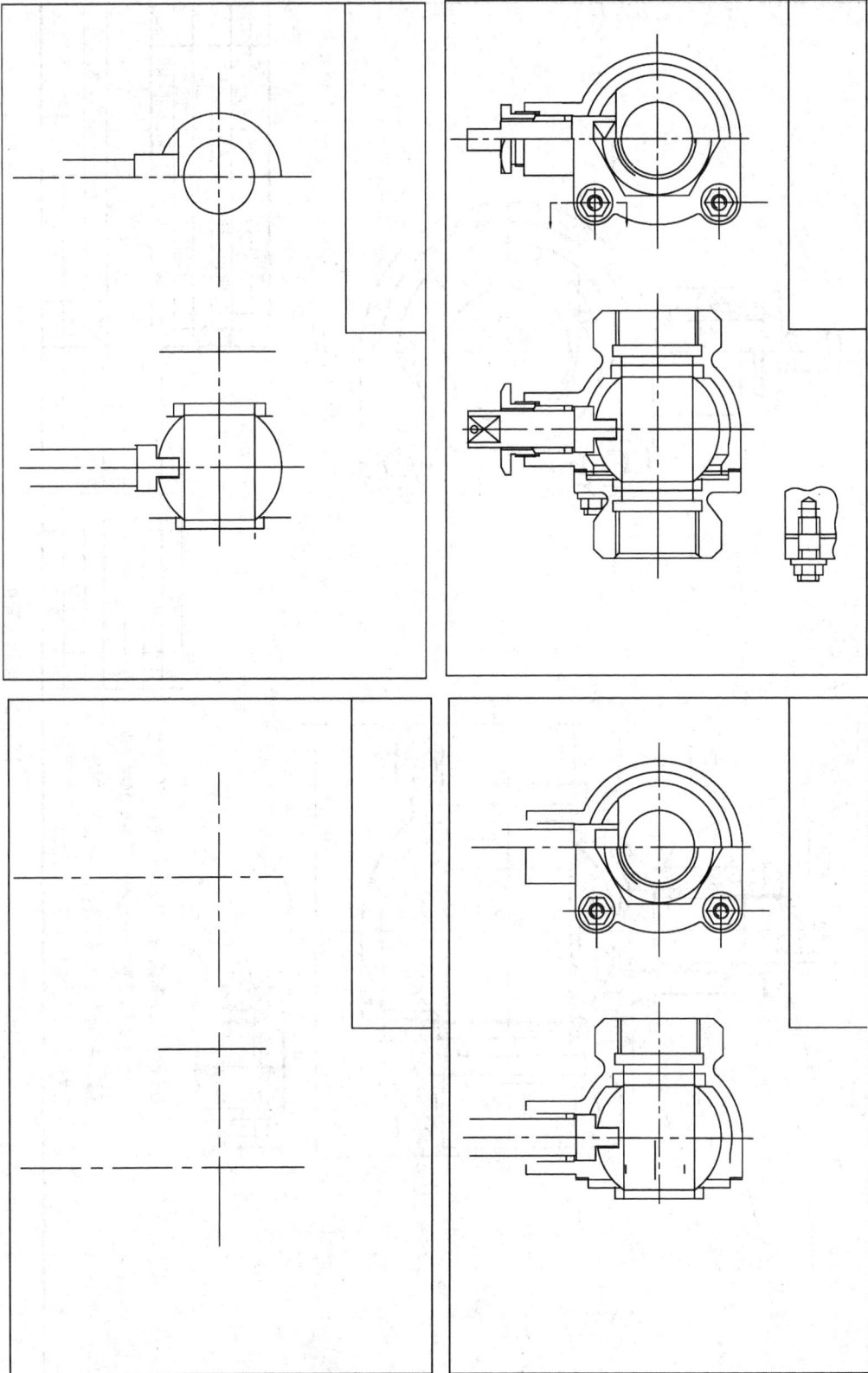

图9.22　画球阀装配图底稿的步骤

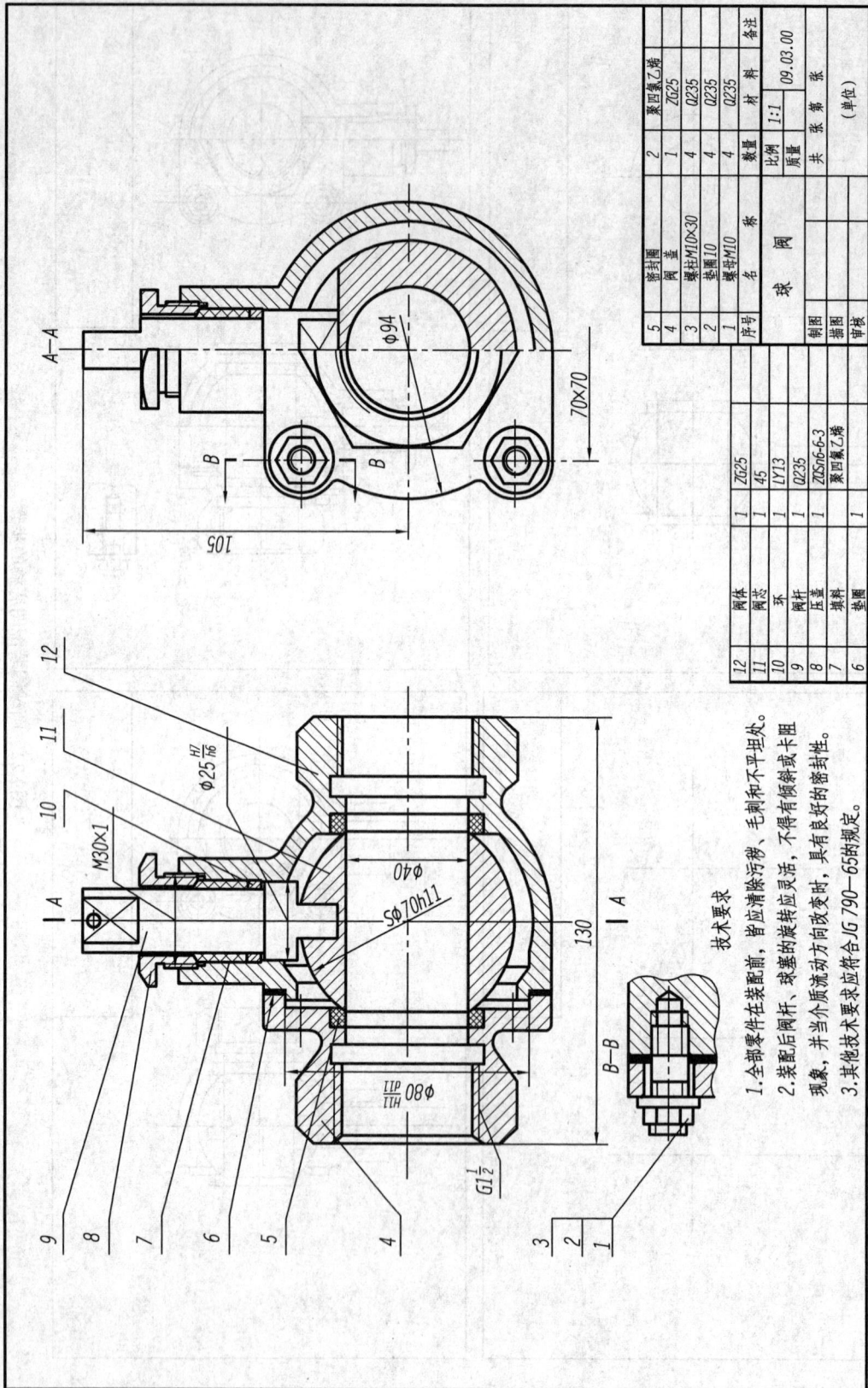

技术要求

1. 全部零件在装配前，皆应清除污秽、毛刺和不平坦处。
2. 装配后阀杆、球塞的转动应灵活，不得有倾斜或卡阻现象，并当小质流动方向改变时，具有良好的密封性。
3. 其他技术要求应符合JG 790—65的规定。

图9.23 球阀装配图

12	阀体	1	ZG25		
11	阀芯	1	45		
10	环	1	LY13		
9	阀杆	1	Q235		
8	压盖	1	ZQSn6-3		
7	填料	1	聚四氟乙烯		
6	垫圈	1			
5	密封圈	2	聚四氟乙烯		
4	阀盖	1	ZG25		
3	螺柱M10×30	4	Q235		
2	垫圈10	4	Q235		
1	螺母M10	4	Q235		
序号	名　称	数量	材　料		备注

球　阀 09.03.00

制图		比例 1:1	共　张　第　张
描图		质量	
审核			（单位）

9.7 读装配图

阅读装配图,主要是了解机器或部件的用途、工作原理、各零件间的关系和装拆顺序,以便正确地进行装配、使用和维修。

9.7.1 读装配图的方法和步骤

装配图比较复杂,因而读懂装配图需要一个由浅入深逐步分析的过程。现以图 9.2 所示的齿轮油泵装配图为例,介绍读装配图的一般方法和步骤。

(1)概括了解

齿轮油泵是机器中用来输送润滑油的一个部件。图 9.2 所示的齿轮油泵是由泵体,左右端盖、运动零件(传动齿轮、齿轮轴等)、密封零件以及标准件等所组成。对照零件序号及明细栏可以看出:齿轮油泵共由 17 种零件装配而成,并采用两个视图表达。全剖视的主视图,反映了组成齿轮油泵各个零件间的装配关系。左视图是采用沿左端盖 1 与泵体 6 结合面剖切后移去了垫片 5 的半剖视图 B—B,它清楚地反映了油泵的外部形状,齿轮的啮合情况以及吸、压油的工作原理;再以局部剖视反映吸、压油的情况。齿轮油泵的外形尺寸为 118 mm、85 mm、95 mm,由此知道齿轮油泵的体积不大。

(2)分析视图

了解各视图、剖视、剖面的投影方向、剖切平面位置,并弄清其表达意图。

由图 9.2 看出,齿轮油泵装配图由两个视图表达。主视图用 A—A 旋转剖视图,反映了齿轮油泵的装配关系、传动方式等;表达了两齿轮的啮合关系、齿轮轮齿与泵体空腔的装配关系用局部剖视图表达。左视图采用 B—B 半剖视图,用以表达齿轮油泵的工作原理、安装结构、外形轮廓等;进出油口采用局部剖;安装齿轮油泵的安装板采用假想画法。

(3)分析装配关系和工作原理

泵体 6 是齿轮油泵中的主要零件之一,它的内腔容纳一对吸油和压油的齿轮。将齿轮轴 2、传动齿轮轴 3 装入泵体后,两侧有左端盖 1、右端盖 7 支承这一对齿轮轴的旋转运动。由销 4 将左右端盖与泵体定位后,再用螺钉 15 将左右端盖与泵体连接成整体。为了防止泵体与端盖结合面处以及传动齿轮轴 3 伸出端漏油,分别用垫片 5 及密封圈 8、填料压盖 9、压紧螺母 10 密封。

齿轮轴 2、传动齿轮轴 3、传动齿轮 11 是油泵中的运动零件。当传动齿轮 11 按逆时针方向(从左和图观察)转动时,通过键 14,将扭矩传递给传动齿轮轴 3,经过齿轮啮合带动齿轮轴 2,从而使后者作顺时针方向转动。如图 9.24 所示,当一对齿轮在泵体内作啮合传动时,啮合区内右边空间的压力降低而产生局部真空,油池内的油在大气压力作用下进入油泵低压区内的吸油口,随着齿轮的转动,齿槽中的油不断沿箭头方向被带至左边的压油口将油压出,送至机器中需要润滑的部分。

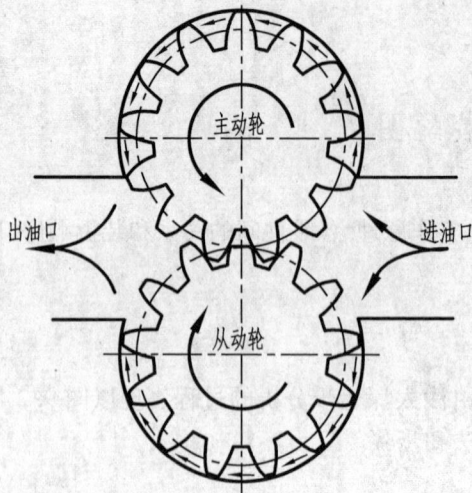

图 9.24　齿轮油泵工作原理　　　　图 9.25　齿轮油泵装配轴测图

（4）对齿轮油泵中一些配合和尺寸的分析

根据零件在部件中的作用和要求，应注出相应的公差带代号。例如，传动齿轮 11 要带动传动齿轮轴 3 一起转动。除了靠键将两者连成一体传递扭矩外，还需定出相应的配合。在图中可以看到，它们之间的配合尺寸为 $\phi14H7/k6$，由附录 V 附表查得：$\phi14H7$ 孔的公差带是 $\phi14^{+0.018}_{0}$；$\phi14k6$ 轴的公差带为 $\phi14^{+0.012}_{+0.001}$，它属于基孔制过渡配合。

齿轮轴与端盖在支承处的配合尺寸为 $\phi16H7/h6$；轴套与右端盖的配合尺寸为 $\phi20H7/h6$；齿轮轴的齿顶圆与泵体内腔的配合尺寸为 $\phi34.5H8/f7$。它们各是什么配合？请读者自行解答。

尺寸（28.76 ±0.016）mm 为一对啮合齿轮的中心距，这个尺寸准确与否将会直接影响齿轮的啮合传动。尺寸 65 mm 为传动齿轮轴线离泵体安装面的高度尺寸，（28.76 ±0.016）mm 和 65 mm 分别是设计和安装所要求的尺寸。

吸、压油口的尺寸 G3/8 和两个螺栓 16 之间的尺寸 70 mm，为什么要在装配图中注出，请读者思考。

9.7.2　拆画右端盖零件图

现以右端盖（序号 7）为例，对拆画零件图进行简单分析。

由主视图可见：右端盖上部有传动齿轮轴 3 穿过，下部有齿轮轴 2 轴颈的支承孔，在右部的凸缘外圆柱面上有外螺纹，用压紧螺母 10 通过填料压盖 9 将密封圈 8 压紧在轴的四周。

由左视图可见：右端盖的外形为长圆形，沿周围分布有六个螺钉沉孔和两个圆柱销孔。

拆画此零件时，先从主视图上区分出右端盖的视图轮廓，由于在装配图的主视图上右端盖的一部分可见投影被其他零件所遮盖，因而它是一幅不完整的图形，如图 9.26（a）所示。根据此零件的作用及装配关系，可以补全所缺的轮廓线。这样的盘盖类零件一般可用两个视图表达，从装配图的主视图中拆画右端盖的图形，显示了右端盖各部分的结构，分离后补全图线后的右端盖全剖的主视图，如图 9.26（b）所示。

图 9.26（b）所示作主视图尽管能表达右端盖各部分的结构，但是应将外螺纹凸缘部分向

左布置,必须调整位置。图 9.27 是调整位置后的右端盖零件图。在图中按零件图的要求标注全部尺寸和技术要求,有关的尺寸公差按装配图中已表达的要求注写。

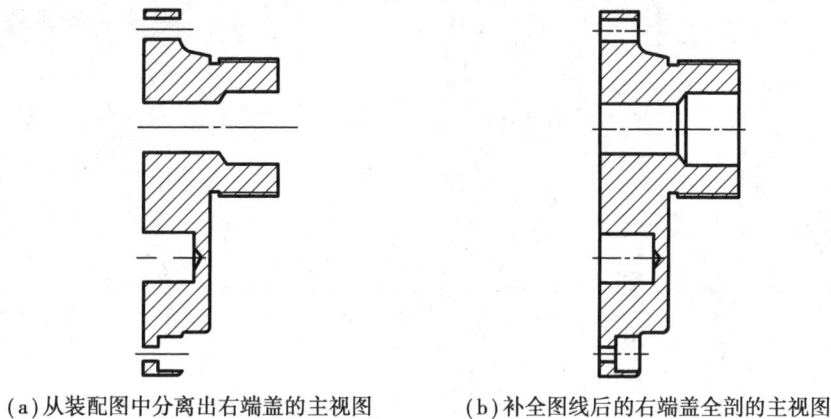

(a)从装配图中分离出右端盖的主视图 (b)补全图线后的右端盖全剖的主视图

图 9.26 由齿轮油泵装配图拆画右端盖零件图

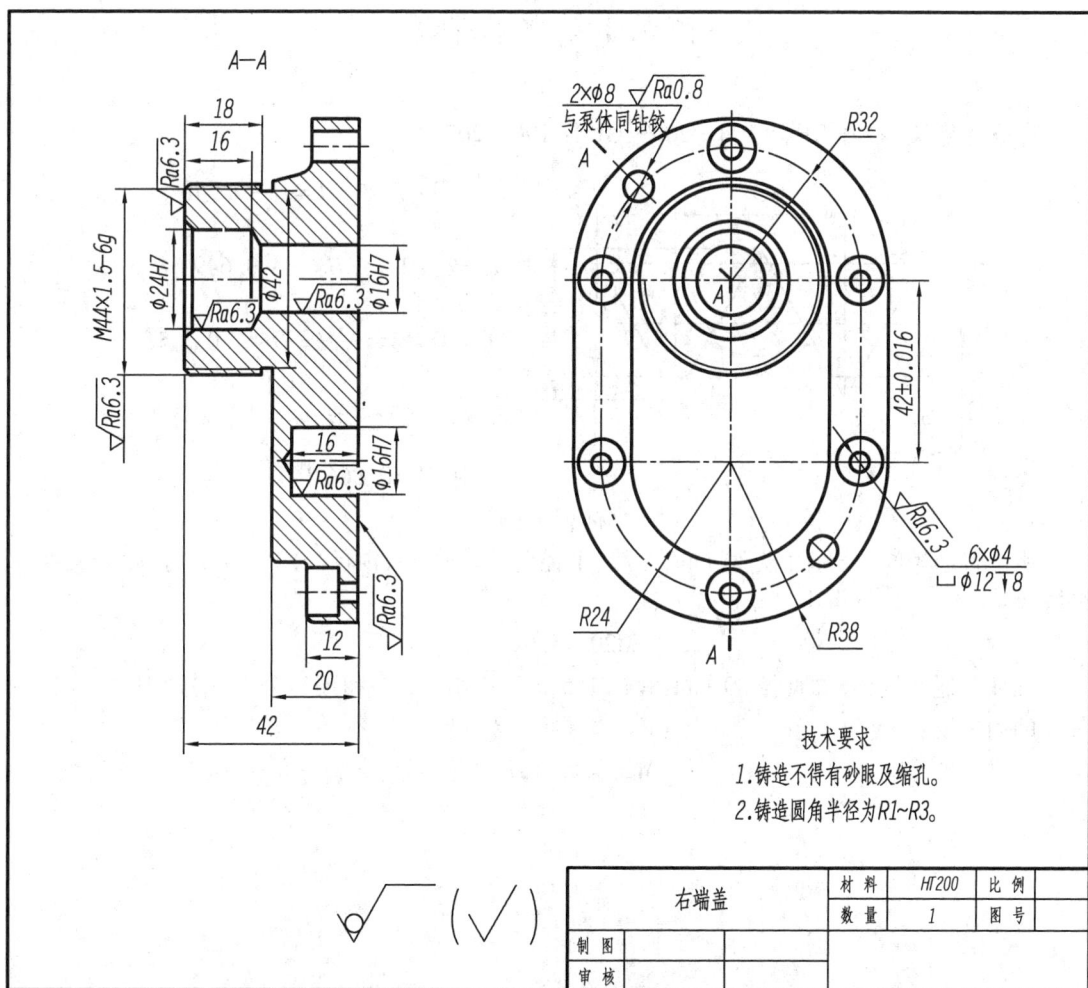

技术要求

1.铸造不得有砂眼及缩孔。

2.铸造圆角半径为 R1～R3。

图 9.27 右端盖零件图

199

附　录

附录Ⅰ　常用螺纹

1. 普通螺纹(摘自 GB/T 193—2003、GB/T 196—2003)

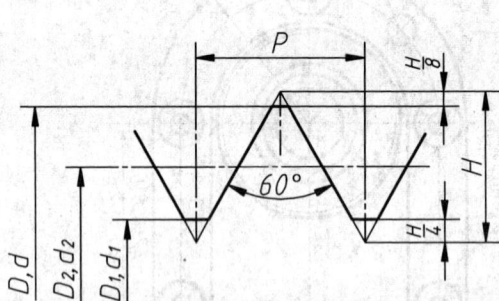

$$D_2 = D - 2 \times \frac{3}{8}H = D - 0.649\,5P$$

$$d_2 = d - 2 \times \frac{3}{8}H = d - 0.649\,5P$$

$$D_1 = D - 2 \times \frac{5}{8}H = D - 1.082\,5P$$

$$d_1 = d - 2 \times \frac{5}{8}H = d - 1.082\,5P$$

其中:$H = 0.866P$

标记示例

粗牙普通螺纹,公称直径 20 mm,右旋,中径公差代号 5g,顶径公差代号 6g,长旋合长度的外螺纹:

$$M20 - 5g6g - L$$

细牙普通螺纹,公称直径 20 mm,螺距 1.5 mm,左旋,中径和顶径公差代号 6H,中等旋合长度的内螺纹:

$$M20 \times 1.5LH - 6H$$

附表 1.1　直径与螺距系列　　　　　　　　　　　　　　单位:mm

公称直径 D、d		螺距 P		粗牙小径 D_1、d_1	公称直径 D、d		螺距 P		粗牙小径 D_1、d_1
第一系列	第二系列	粗牙	细牙		第一系列	第二系列	粗牙	细牙	
3		0.5	0.35	2.459		22	2.5	2,1.5,1	19.294
	3.5	0.6		2.850	24		3	2,1.5,1	20.752
4		0.7		3.242		27	3		23.752
	4.5	0.75	0.5	3.688	30		3.5	(3),2,1.5,1	26.211
5		0.8		4.134		33	3.5	(3),2,1.5	29.211
6		1	0.75	4.917	36		4	3,2,1.5	31.670
8		1.25	1,0.75	6.647		39	4		34.670
10		1.5	1.25,1,0.75	8.376	42		4.5		37.129
12		1.75	1.25,1	10.106		45	4.5	4,3,2,1.5	40.129
	14	2	1.5,1.25,1	11.835	48		5		42.587
16		2	1.5,1	13.835		52	5		46.587
	18	2.5	2,1.5,1	15.294	56		5.5	4,3,2,1.5	50.046
20		2.5		17.294		60	5.5		50.046

注:(1)优先选用第一系列,括号内尺寸尽可能不用。

(2)公称直径 D、d 第三系列尺寸和中径 D_2、d_2 未列入。

(3)M14×1.25 仅用于火花塞。

2.55°非螺纹密封的管螺纹(摘自 GB/T 7307—2001)

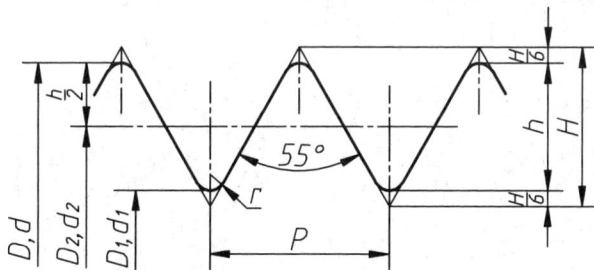

$$P = 25.4/n, H = 0.960\ 491P, h = 0.640\ 327P$$

标记示例

(1)尺寸代号为 2 的右旋圆柱内螺纹:G2,左旋时为:G2-LH。

(2)尺寸代号为 3 的 A 级右旋圆柱外螺纹:G3A,左旋时为:G3A-LH。

(3)尺寸代号为 4 的 B 级右旋圆柱外螺纹:G4B,左旋时为:G4B-LH。

附表 1.2　螺纹基本尺寸

尺寸代号	每 25.4 mm 内的牙数 n	螺距 P/mm	牙高 h/mm	圆弧半径 r/mm	基本直径/mm		
					大径 $d = D$	中径 $d_2 = D_2$	小径 $d_1 = D_1$
1/16	28	0.907	0.581	0.125	7.723	7.142	6.561
1/8	28	0.907	0.581	0.125	9.728	9.147	8.566
1/4	19	1.337	0.856	0.184	13.157	12.301	11.445
3/8	19	1.337	0.856	0.184	16.662	15.806	14.950
1/2	14	1.814	1.162	0.249	20.955	19.793	18.631
5/8	14	1.814	1.162	0.249	22.911	21.749	20.587
3/4	14	1.814	1.162	0.249	26.441	25.279	24.117
7/8	14	1.814	1.162	0.249	30.201	29.039	27.877
1	11	2.309	1.479	0.317	33.249	31.770	30.291
11/3	11	2.309	1.479	0.317	37.897	36.418	34.939
11/2	11	2.309	1.479	0.317	41.910	40.431	38.952
12/3	11	2.309	1.479	0.317	47.803	46.324	44.845
13/4	11	2.309	1.479	0.317	53.746	52.267	50.788
2	11	2.309	1.479	0.317	59.614	58.135	56.656
21/4	11	2.309	1.479	0.317	65.710	64.231	62.752
21/2	11	2.309	1.479	0.317	75.184	73.705	72.226
23/4	11	2.309	1.479	0.317	81.534	80.055	78.576
3	11	2.309	1.479	0.317	87.884	86.405	84.926
31/2	11	2.309	1.479	0.317	100.330	98.851	97.372
4	11	2.309	1.479	0.317	113.030	111.551	110.072
41/2	11	2.309	1.479	0.317	125.730	124.251	122.772
5	11	2.309	1.479	0.317	138.430	136.951	135.472
51/2	11	2.309	1.479	0.317	151.130	149.651	148.172
6	11	2.309	1.479	0.317	163.830	162.351	160.872

注：本标准适用于管接头、旋塞、阀门及其附件。

附录Ⅱ　螺纹紧固件

1. 六角头螺栓—C 级(摘自 GB/T 5780—2016)
　六角头螺栓—A 和 B 级(摘自 GB/T 5782—2016)

GB/T 5780　　　　　　　　　　　　　　　GB/T 5782

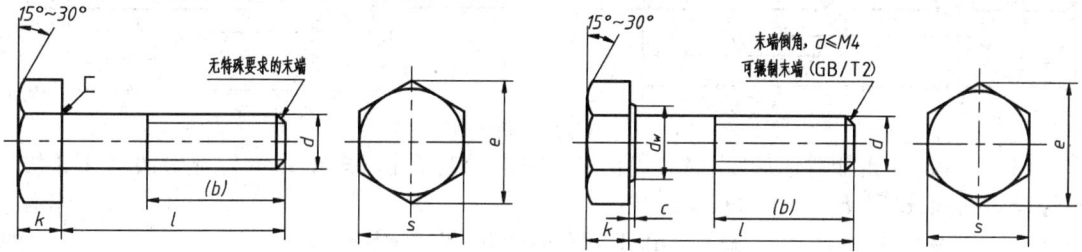

标记示例

螺纹规格 d = M12,公称长度 l = 80 mm,性能等级为 8.8 级,表面氧化,A 级的六角头螺栓:

螺栓　GB/T 5782—2016　M12×80

附表 2.1　　　　　　　　　　　　　　　　　　　　　　单位:mm

螺纹规格 d		M3	M4	M5	M6	M8	M10	M12	M16	M20	M24	M30	M36	M42
b 参考	$l \leqslant 125$	12	14	16	18	22	26	30	38	46	54	66	78	—
	$125 < l \leqslant 200$	18	20	22	24	28	32	36	44	52	60	72	84	96
	$l > 200$	31	33	35	37	41	45	49	57	65	73	85	97	109
c(max)		0.4	0.4	0.5	0.5	0.6	0.6	0.6	0.8	0.8	0.8	0.8	0.8	1
d_w (min)	产品 等级 A	4.57	5.88	6.88	8.88	11.63	14.63	16.63	22.49	28.19	33.61	—	—	—
	B、C	4.45	5.74	6.74	8.74	11.47	14.47	16.47	22	27.7	33.25	42.75	51.11	59.95
e (min)	产品 等级 A	6.01	7.66	8.79	11.05	14.38	17.77	20.03	26.75	33.53	39.98	—	—	—
	B、C	5.88	7.50	8.63	10.89	14.20	17.59	19.85	26.17	32.95	39.55	50.85	60.79	72.02
k(公称)		2	2.8	3.5	4	5.3	6.4	7.5	10	12.5	15	18.7	22.5	26
r(min)		0.1	0.2	0.2	0.25	0.4	0.4	0.6	0.6	0.8	0.8	1	1	1.2
s(公称)		5.5	7	8	10	13	16	18	24	30	36	46	55	65
l(商品规格范围)		20 ~ 30	25 ~ 40	25 ~ 50	30 ~ 60	40 ~ 80	45 ~ 100	50 ~ 120	65 ~ 160	80 ~ 200	90 ~ 240	110 ~ 300	140 ~ 360	160 ~ 440
l 系列		12,16,20,25,30,35,40,45,50,55,60,65,70,80,90,100,110,120,130,140,150, 160,180,200,220,240,260,280,300,320,340,360,380,400,420,440,460,480,500												

注:①A 级用于 $d \leqslant 24$ 和 $l \leqslant 10d$ 或 $l \leqslant 150$ mm 的螺栓;B 级用于 $d > 24$ 和 $l > 10d$ 或 $l > 150$ mm 的螺栓。

②螺纹规格 d 的范围:GB/T 5780 为 M5 ~ M64;GB/T 5782 为 M1.6 ~ M64。

③工程长度范围:GB/T 5780 为 25 ~ 500 mm;GB/T 5782 为 12 ~ 500 mm。

2. 双头螺柱

$b_m = 1d$（摘自 GB/T 897—1988）　　$b_m = 1.25d$（摘自 GB/T 898—1988）

$b_m = 1.5d$（摘自 GB/T 899—1988）　　$b_m = 2d$（摘自 GB/T 900—1988）

A 型　　　　　　　　　　　　　　　　　　B 型

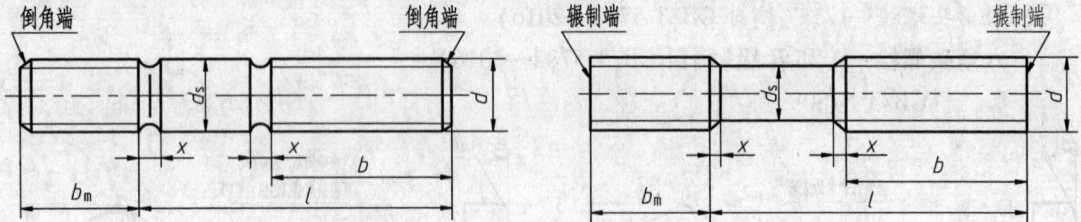

标记示例

（1）两端均为粗牙普通螺纹，螺纹规格 $d = M10$，公称直径 $l = 50$ mm，性能等级为 4.8 级，不经表面处理，B 型，$b_m = 1d$ 的双头螺柱：

螺柱 GB/T 897—1988　M10 × 50

（2）旋入端为粗牙普通螺纹，紧固端为螺距 $P = 1$ mm 的细牙普通螺纹，$d = 10$ mm，$l = 50$ mm，性能等级为 4.8 级，不经表面处理，A 型，$b_m = 1.25d$ 的双头螺柱：

螺柱 GB/T 898—1988　A M10—M10 × 1 × 50

附表 2.2　　　　　　　　　　　　　　　　　　　　　　　单位：mm

螺纹规格 d	b_m				x (max)	l/b
	GB/T 897—1988	GB/T 898—1988	GB/T 899—1988	GB/T 900—1988		
M5	5	6	8	10		$\dfrac{16\sim20}{10}$, $\dfrac{25\sim50}{16}$
M6	6	8	10	12		$\dfrac{20}{10}$, $\dfrac{25\sim30}{14}$, $\dfrac{35\sim70}{18}$
M8	8	10	12	16		$\dfrac{20}{12}$, $\dfrac{25\sim30}{16}$, $\dfrac{35\sim90}{22}$
M10	10	12	15	20		$\dfrac{20}{14}$, $\dfrac{30\sim35}{16}$, $\dfrac{40\sim120}{26}$, $\dfrac{130}{22}$
M12	12	15	18	24		$\dfrac{25\sim30}{16}$, $\dfrac{35\sim40}{20}$, $\dfrac{45\sim120}{30}$, $\dfrac{130\sim180}{36}$
(M14)	14	18	21	28	$2.5P$	$\dfrac{30\sim35}{18}$, $\dfrac{38\sim45}{25}$, $\dfrac{55\sim120}{34}$, $\dfrac{130\sim180}{40}$
M16	16	20	24	32		$\dfrac{35\sim38}{20}$, $\dfrac{45\sim55}{30}$, $\dfrac{60\sim120}{38}$, $\dfrac{130\sim200}{44}$
(M18)	18	22	27	36		$\dfrac{35\sim40}{22}$, $\dfrac{45\sim60}{35}$, $\dfrac{65\sim120}{42}$, $\dfrac{130\sim200}{48}$
M20	20	25	30	40		$\dfrac{35\sim40}{25}$, $\dfrac{45\sim60}{35}$, $\dfrac{70\sim120}{46}$, $\dfrac{130\sim200}{52}$
(M22)	22	28	33	44		$\dfrac{40\sim45}{30}$, $\dfrac{50\sim70}{40}$, $\dfrac{75\sim120}{50}$, $\dfrac{130\sim200}{56}$
M24	24	30	36	48		$\dfrac{45\sim50}{30}$, $\dfrac{55\sim75}{45}$, $\dfrac{80\sim120}{54}$, $\dfrac{130\sim200}{60}$

注：①$b_m = d$，一般用于旋入机体为钢的场合；$b_m = (1.25\sim1.5)d$，一般用于旋入机体为铸铁的场合；$b_m = 2d$，一般用于旋入机体为铝合金的场合。

②P 为粗牙螺纹的螺距。

③不带括号的为优先序列，仅 GB/T 898—1988 有优先序列。

3. 螺钉

(1)开槽圆柱头螺钉(摘自 GB/T 65—2000)

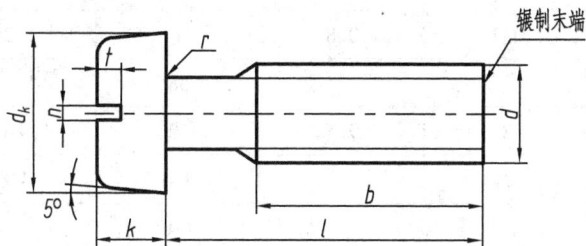

标记示例

螺纹规格 d = M5,公称长度 l = 20 mm,性能等级为 4.8 级,不经表面处理的开槽圆柱头螺钉:

螺钉 GB/T 65—2000　M5×20

附表 2.3

单位:mm

螺纹规格 d	M4	M5	M6	M8	M10
P(螺距)	0.7	0.8	1	1.25	1.5
b(max)			38		
d_k(max)	7	8.5	10	13	16
k(max)	2.6	3.3	3.9	5	6
n(nom)		1.2	1.6	2	2.5
r(nom)		0.2	0.25		0.4
t(nom)	1.1	1.3	1.6	2	2.4
公称长度 l	5~40	6~50	8~60	10~80	12~80
l 系列	5,6,8,10,12,(14),16,20,25,30,35,40,45,50,(55),60,(65),70,(75),80				

注:①公称长度 l≤40 的螺钉,制出全螺纹。

②括号内的规格尽可能不采用。

③螺纹规格 d = M1.6 mm ~ M10 mm 时,公称长度 l = 2 ~ 80 mm。

(2)开槽盘头螺钉(摘自 GB/T 67—2016)

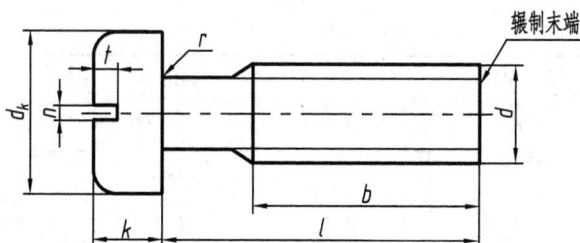

标记示例

螺纹规格 d = M5,公称长度 l = 20 mm,性能等级为 4.8 级,不经表面处理的 A 级开槽盘头螺钉:

螺钉 GB/T 67—2016　M5×20

附表 2.4 单位:mm

螺纹规格 d	M4	M5	M6	M8	M10
P(螺距)	0.7	0.8	1	1.25	1.5
b(max)			38		
d_k(公称)	8	9.5	12	16	20
k(公称)	2.4	3	3.6	4.8	6
n(公称)		1.2	1.6	2	2.5
r(min)		0.2	0.25		0.4
t(min)	1	1.2	1.4	1.9	2.4
公称长度 l	5~40	6~50	8~60	10~80	12~80
l 系列	5,6,8,10,12,(14),16,20,25,30,35,40,45,50,(55),60,(65),70,(75),80				

注:①括号内的规格尽可能不采用。

②M1.6 mm ~ M3 mm 的螺钉,公称长度 $l \leq 30$ 时,制出全螺纹。

③M14 mm ~ M10 mm 的螺钉,公称长度 $l \leq 40$ 时,制出全螺纹。

（3）开槽沉头螺钉（摘自 GB/T 68—2000）

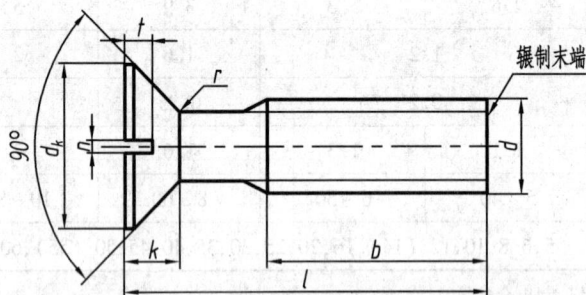

标记示例

螺纹规格 d = M5,公称长度 l = 20 mm,性能等级为 4.8 级,不经表面处理的开槽沉头螺钉:

螺钉 GB/T 68—2000 M5×20

附表 2.5 单位:mm

螺纹规格 d	M4	M5	M6	M8	M10
P(螺距)	0.7	0.8	1	1.25	1.5
b(min)			38		
d_k(公称)	8.4	9.3	11.3	15.8	18.3
k(公称)		2.7	3.3	4.65	5
n(nom)		1.2	1.6	2	2.5
r(max)	1	1.3	1.5	2	2.5
t(max)	1.3	1.4	1.6	2.3	2.6

螺纹规格 d	M4	M5	M6	M8	M10
公称长度 l	6～40	8～50	8～60	10～80	12～80
l 系列	6,8,10,12,(14),16,20,25,30,35,40,45,50,(55),60,(65),70,(75),80				

注:①括号内的规格尽可能不采用。

　　②M1.6 mm～M3 mm 的螺钉,公称长度 l≤30 时,制出全螺纹。

　　③M14 mm～M10 mm 的螺钉,公称长度 l≤45 时,制出全螺纹。

（4）内六角圆柱头螺钉（摘自 GB/T 70.1—2008）

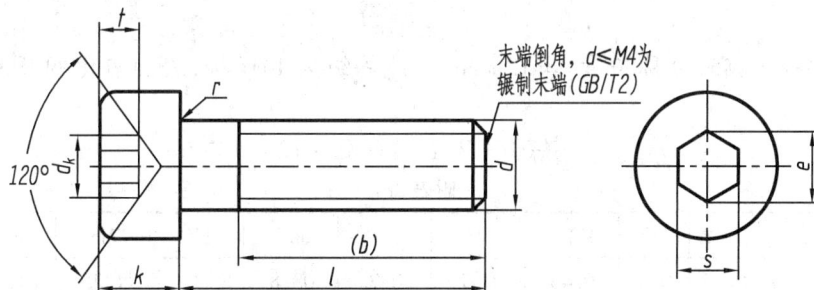

标记示例

螺纹规格 d＝M5,公称长度 l＝20 mm,性能等级为8.8级,表面氧化的内六角圆柱头螺钉:

螺钉 GB/T 70.1—2008　M5×20

附表2.6　　　　　　　　　　　　　　　　　　　　单位:mm

螺纹规格 d	M4	M5	M6	M8	M10	M12	M16	M20
P(螺距)	0.7	0.8	1	1.25	1.5	1.75	2	2.5
b(参考)	20	22	24	28	32	36	44	52
d_k(max)	7	8.5	10	13	16	18	24	30
e(min)	3.44	4.58	5.72	6.86	9.15	11.43	16.00	19.44
k(max)	4	5	6	8	10	12	16	20
t(min)	2	2.5	3	4	5	6	8	10
s(公称)	3	4	5	6	8	10	14	17
r(min)	0.2		0.25	0.4		0.6		0.8
公称长度 l	6～40	8～50	10～60	12～80	16～100	20～120	25～160	30～200
l≤表中数值时,制成全螺纹	25		30	35	40	45	55	65
L 系列	6,8,10,12,(14),(16),20,25,30,35,40,45,50,(55),60,(65),70,80,90,100, 110,120,130,140,150,160,180,200							

注:①GB/T 70.1—2008 包括 M1.6～M36 的螺钉,本表仅摘录部分常用规格。

　　②尽可能不采用括号内的规格长度。

　　③螺钉部分细小结构尺寸表中已省略。

（5）紧定螺钉

开槽锥端紧定螺钉	开槽平端紧定螺钉	开槽长圆柱端紧定螺钉
（GB/T 71—1985）	（GB/T 73—1985）	（GB/T 73—1985）

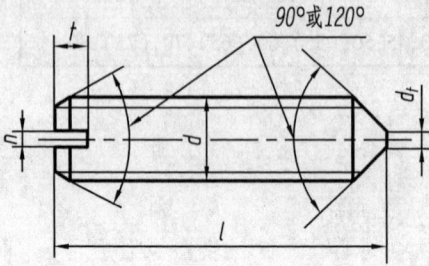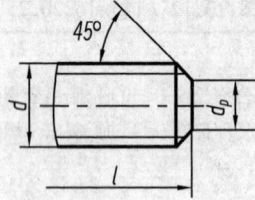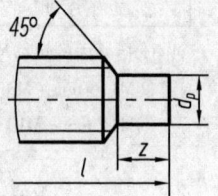

标记示例

螺纹规格 d = M5，公称长度 l = 12 mm，性能等级为 14H 级，表面氧化的开槽平端紧定螺钉：

螺钉 GB/T 73　M5 × 12

附表 2.7

单位：mm

螺纹规格 d		M1.6	M2	M2.5	M3	M4	M5	M6	M8	M10	M12
P（螺距）		0.35	0.4	0.45	0.5	0.7	03.8	1	1.25	1.5	1.75
d_t		0.16	0.2	0.25	0.3	0.4	0.5	1.5	2	2.5	3
d_p		0.8	1	1.5	2	2.5	3.5	4	5.5	7	8.5
n		0.25	0.25	0.4	0.4	0.6	0.8	1	1.2	1.6	2
t		0.74	0.84	0.95	1.05	1.42	1.63	2	2.5	3	3.6
z		1.05	1.25	1.25	1.75	2.25	2.75	3.25	4.3	5.3	6.3
l	GB/T 71—1985	2 ~ 8	3 ~ 10	3 ~ 12	4 ~ 16	6 ~ 20	8 ~ 25	8 ~ 30	10 ~ 40	12 ~ 50	14 ~ 60
	GB/T 73—1985	2 ~ 8	2 ~ 10	2.5 ~ 12	3 ~ 16	4 ~ 20	5 ~ 25	6 ~ 30	8 ~ 40	10 ~ 50	12 ~ 60
	GB/T 75—1985	2.5 ~ 8	3 ~ 10	4 ~ 10	5 ~ 16	6 ~ 20	8 ~ 25	10 ~ 30	10 ~ 40	12 ~ 50	14 ~ 60
l 系列		2,2.5,3,4,5,6,8,10,(14),16,20,25,30,35,40,45,50,(55),60									

注：① l 为公称长度。

② 括号内规格尽可能不选用。

4．螺母

六角螺母—C 级	I 型六角螺母—A 和 B 级	六角薄螺母
（GB/T 41—2006）	（GB/T 6170—2015）	（GB/T 6172.1—2016）

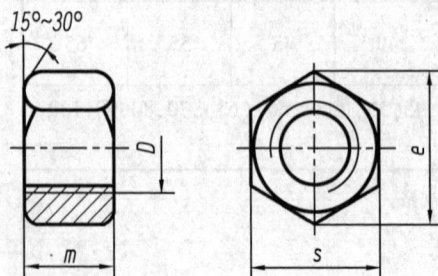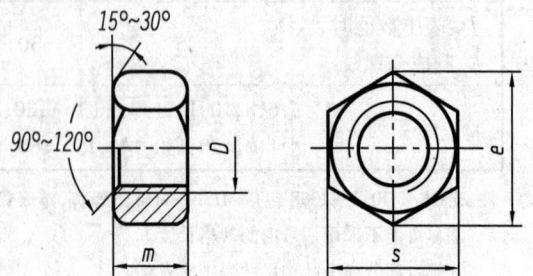

标记示例

螺纹规格 D = M12,性能等级为 5 级,不经表面处理,C 级的六角螺母:

螺母　GB/T 41 M12

螺纹规格 D = M12,性能等级为 8 级,不经表面处理,A 级的 I 型六角螺母:

螺母　GB/T 6170 M12

附表 2.8　　　　　　　　　　　　　　　　　　　　　　　单位:mm

螺纹规格 D		M5	M6	M8	M10	M12	M16	M20	M24	M30
e	GB/T 41—2006	8.63	10.89	14.20	17.59	19.85	26.17	32.95	39.55	50.85
	GB/T 6170—2015	8.79	11.05	14.38	17.77	20.03	26.75			
	GB/T 6172.1—2016									
s		8	10	13	16	18	24	30	36	46
m	GB/T 41—2006	5.6	6.1	7.9	9.5	12.2	15.9	18.7	22.3	26.4
	GB/T 6170—2015	4.7	5.2	6.8	8.4	10.8	14.8	18	21.5	25.6
	GB/T 6172.1—2016	2.7	3.2	4	5	6	8	10	12	15

注:①A 级用于 $D \leqslant 16$ 的螺母;B 级用于 $D > 16$ 螺母。本表仅按商品规格和通用规格列出。

②螺纹规格为 M8 ~ M64、细牙、A 级和 B 级的 I 型六角螺母,请查阅 GB/T 6170。

5. 垫圈

(1)平垫圈

小垫圈—A 级(GB/T 848—2002)　　　　平垫圈 倒角型—A 级(GB/T 97.2—2002)

平垫圈—A 级(GB/T 97.1—2002)

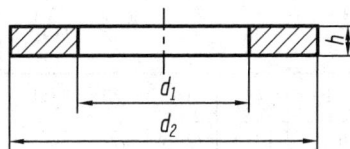

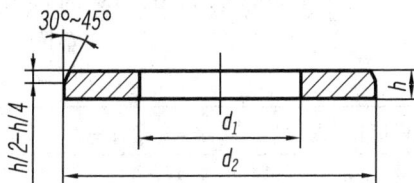

标记示例

①标准系列、公称规格 8 mm,硬度等级为 140HV 级,不经表面处理,产品等级为 A 级的平垫圈:

垫圈 GB/T 97.1　8

②标准系列、公称规格 8 mm,钢制,硬度等级为 200HV 级,不经表面处理,产品等级为 A 级,倒角型平垫圈:

垫圈 GB/T 97.2　8

附表 2.9　　　　　　　　　　　　　　　　　　　　　　　单位:mm

公称规格(螺纹大径 d)		2	2.5	3	4	5	6	8	10	12	14	16	20	24	30
d_1	GB/T 848—2002	2.2	2.7	3.2	4.3	5.3	6.4	8.4	10.5	13	15	17	21	25	31
	GB/T 97.1—2002	2.2	2.7	3.2	4.3	5.3	6.4	8.4	10.5	13	15	17	21	25	31
	GB/T 97.2—2002	—	—	—	—	5.3	6.4	8.4	10.5	13	15	17	21	25	31

续表

公称规格(螺纹大径 d)		2	2.5	3	4	5	6	8	10	12	14	16	20	24	30
d_2	GB/T 848—2002	4.5	5	6	8	9	11	15	18	20	24	28	34	39	50
	GB/T 97.1—2002	5	6	7	9	10	12	16	20	24	28	30	37	44	56
	GB/T 97.2—2002	—	—	—	10	12	16	20	24	28	30	37	44	56
h	GB/T 848—2002	0.3	0.5	0.5	0.5	1	1.6	1.6	1.6	2	2.5	2.5	3	4	4
	GB/T 97.1—2002	0.3	0.5	0.5	0.8	1	1.6	1.6	2	2.5	2.5	3	3	4	4
	GB/T 97.2—2002	—	—	—	1	1.6	1.6	2	2.5	2.5	3	3	4	4

（2）弹簧垫圈

标准型弹簧垫圈　　　　　　　　　　轻型弹簧垫圈
（GB/T 93—1987）　　　　　　　　（GB/T 859—1987）

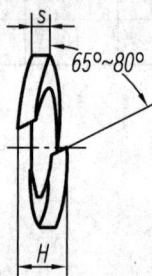

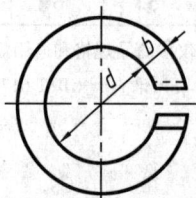

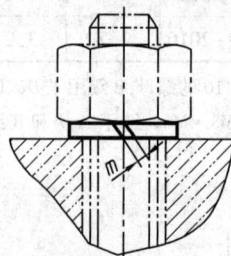

标记示例

公称直径 16，材料为 65Mn，表面氧化的标准型弹簧垫圈：

垫圈　GB/T 93　16

附表 2.10　　　　　　　　　　　　　　　　单位：mm

规格(螺纹大径)		3	4	5	6	8	10	12	16	20	24	30
d		3.1	4.1	5.1	6.1	8.1	10.2	12.2	16.2	20.2	24.5	30.5
H	GB/T 93	1.6	2.2	2.6	3.2	4.2	5.2	6.2	8.2	10	12	15
	GB/T 859	1.2	1.6	2.2	2.6	3.2	4	5	6.4	8	10	12
$S(b)$	GB/T 93	0.8	1.1	1.3	1.6	2.1	2.6	3.1	4.1	5	6	7.5
S	GB/T 859	0.6	0.8	1.1	1.3	1.6	2	2.5	3.2	4	5	6
$m\leqslant$	GB/T 93	0.4	0.55	0.65	0.8	1.05	1.3	1.55	2.05	2.5	3	3.75
	GB/T 859	0.3	0.4	0.55	0.65	0.8	1	1.25	1.6	2	2.5	3
b	GB/T 859	1	1.2	1.5	2	2.5	3	3.5	4.5	5.5	7	9

附录 Ⅲ　键与销

1.普通平键键槽的剖面尺寸(GB/T 1095—2003)

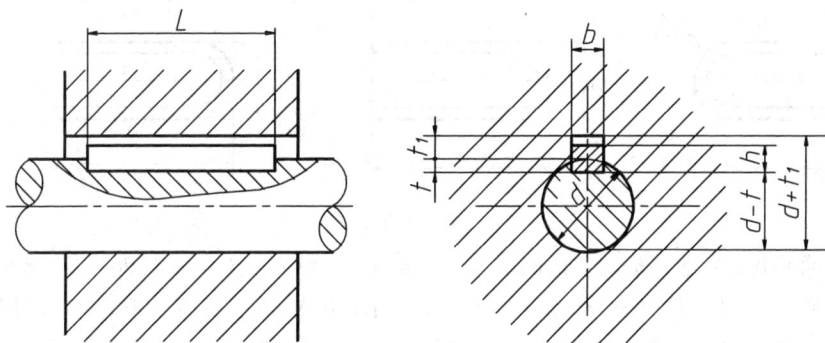

附表 3.1　　　　　　　　　　　　　　　　　　　　　　　　　　　单位:mm

轴	键	键 槽											
		宽度 b						深 度				半径 r	
公称直径 d	公称尺寸 b×h	公称尺寸 b	极限偏差					轴 t		毂 t₁			
			松连接		正常连接		紧密连接						
			轴 H9	毂 D10	轴 N9	毂 Js9	轴和毂 P9	公称	偏差	公称	偏差	最小	最大
6～8	2×2	2	+0.0250 +0.020	+0.060 +0.020	−0.004 −0.029	±0.012 5	−0.006 −0.031	1.2	+0.10	1	+0.10	0.08	0.16
>8～10	3×3	3						1.8		1.4			
>10～12	4×4	4	+0.0300 +0.030	+0.078 +0.030	0 −0.030	±0.015	−0.012 −0.042	2.5		1.8		0.16	0.25
>12～17	5×5	5						3.0		2.3			
>17～22	6×6	6						3.5		2.8			
>22～30	8×7	8	+0.0360 +0.040	+0.098 +0.040	0 −0.036	±0.018	−0.015 −0.051	4.0		3.3		0.25	0.40
>30～38	10×8	10						5.0		3.3			
>38～44	12×8	12	+0.0430 +0.050	+0.120 +0.050	0 −0.043	±0.021 5	−0.018 −0.061	5.0	+0.20	3.3	+0.20		
>44～50	14×9	14						5.5		3.8			
>50～58	16×10	16						6.0		4.3			
>58～65	18×11	18						7.0		4.4			
>65～75	20×12	20	+0.0520 +0.065	+0.149 +0.065	0 −0.052	±0.026	−0.022 −0.074	7.5		4.9		0.40	0.60
>75～85	22×14	22						9.0		5.4			
>85～95	25×14	25						9.0		5.4			
>95～110	28×16	28						10.0		6.4			

2. 普通平键的形式和尺寸(GB/T 1096—2003)

A 型　　　　　　　　　B 型　　　　　　　　C 型　　　　　A—A

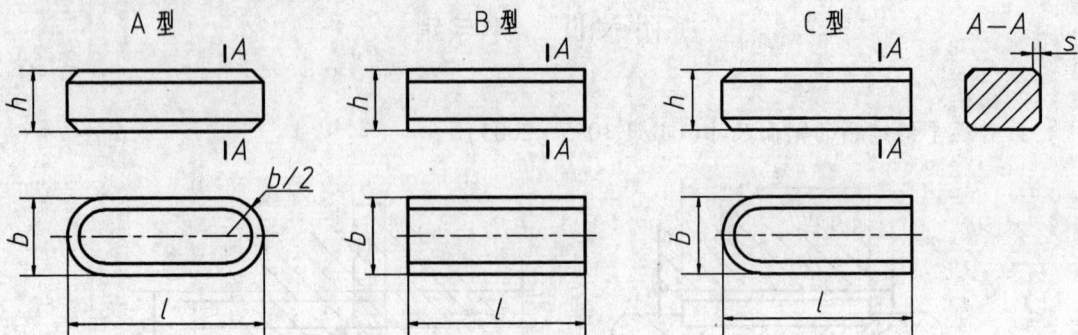

标记示例

圆头普通平键(A 型),$b = 18$ mm,$h = 11$ mm,$L = 100$ mm:GB/T 1096　键 18×11×100

方头普通平键(B 型),$b = 18$ mm,$h = 11$ mm,$L = 100$ mm:GB/T 1096　键 B 18×11×100

单圆头普通平键(C 型),$b = 18$ mm,$h = 11$ mm,$L = 100$ mm:GB/T 1096　键 C 18×11×100

附表 3.2　　　　　　　　　　　　　　单位:mm

宽度 b	2	3	4	5	6	8	10	12	14	16	18	20	22	25
高度 h	2	3	4	5	6	7	8	8	9	10	11	12	14	14
s	0.16~0.25			0.25~0.40			0.40~0.60					0.60~0.80		
l	6~20	6~36	8~45	10~56	14~70	18~90	22~110	28~140	36~160	45~180	50~200	56~220	63~250	70~280
l 系列	6,8,10,12,14,16,18,20,22,25,28,32,36,40,45,50,56,63,70,80,90,100,110,125,140,160,180,200,220,250,280													

3. 圆柱销——不淬硬钢和奥氏体不锈钢(GB/T 119.1—2000)

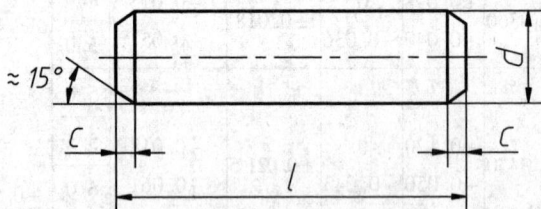

标记示例

公称直径 $d = 8$ mm,公差为 m6,长度 $l = 30$ mm,材料为钢,不经淬火,不经表面处理的圆柱销:

销 GB/T 119.1　8m6×30

d(公称)	0.6	0.8	1	1.2	1.5	2	2.5	3	4	5
$c\approx$	0.12	0.16	0.20	0.25	0.30	0.35	0.40	0.50	0.63	0.80
l(商品规格范围公称长度)	2~6	2~8	4~10	4~12	4~16	6~20	6~24	8~30	8~40	10~50
d(公称)	6	8	10	12	16	20	25	30	40	50
$c\approx$	1.2	1.6	2.0	2.5	3.0	3.5	4.0	5.0	6.3	8.0
l(商品规格范围公称长度)	12~60	14~80	18~95	22~140	26~180	35~200	50~200	60~200	80~200	95~200
l(系列)	2,3,4,5,6,8,10,12,14,16,18,20,22,24,26,28,30,32,35,40,45,50,55,60,65,70,75,80,85,90,95,100,120,140,160,180,200									

注:(1)材料用钢的强度要求为 125~245HV30,用奥氏体不锈钢 A1(GB/T 3098.6)时硬度要求 210~280HV30。

　　(2)公差 m6:$Ra\leqslant0.8$ μm;公差 m8:$Ra\leqslant1.6$ μm。

4.圆锥销(GB/T 117—2000)

A型(磨削)　　　　　　　　　　　　　　　　　B型(切削或冷镦)

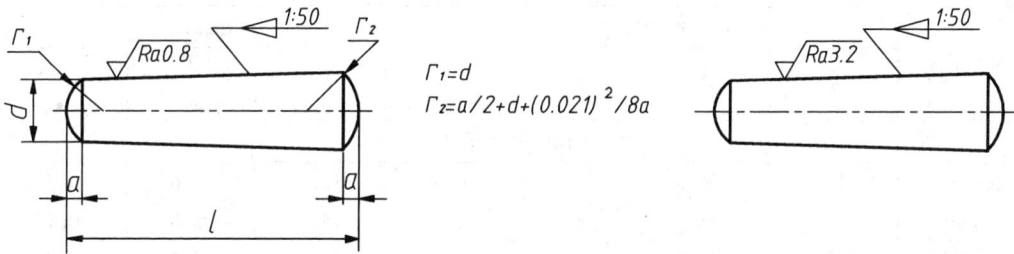

$r_1=d$
$r_2=a/2+d+(0.021)^2/8a$

标记示例

公称直径 $d=10$ mm,公称长度 $l=60$ mm,材料为 35 钢,热处理硬度 28~38 HRC,表面氧化处理的 A 型圆锥销:

销 GB/T 117　10×60

d(公称)	0.6	0.8	1	1.2	1.5	2	2.5	3	4	5
$a\approx$	0.08	0.1	0.12	0.16	0.2	0.25	0.3	0.4	0.5	0.63
l(商品规格范围公称长度)	4~8	5~12	6~16	6~20	8~24	10~35	10~35	12~45	14~55	18~60
d(公称)	6	8	10	12	16	20	25	30	40	50
$a\approx$	0.8	1	1.2	1.6	2	2.5	3	4	5	6.3
l(商品规格范围公称长度)	22~90	22~120	26~160	32~180	40~200	45~200	50~200	55~200	60~200	65~200
l(系列)	2,3,4,5,6,8,10,12,14,16,18,20,22,24,26,28,30,32,35,40,45,50,55,60,65,70,75,80,85,90,95,100,120,140,160,180,200									

附录Ⅳ　常用滚动轴承

深沟球轴承(GB/T 276—2013)

60000 型

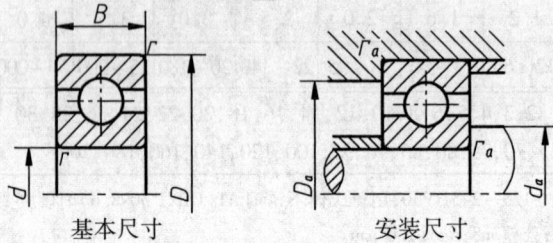

基本尺寸　　　　　安装尺寸

标记示例

内径 $d = 20$ mm,尺寸系列为(0)2,组合代号为 62 的 60000 型深沟球轴承:

滚动轴承 6204 GB/T 276—2013

附表 4.1　　　　　　　　　　　　　　　　　　单位:mm

轴承代号	外形尺寸				安装尺寸		
	d	D	B	r_s (min)	d_a (min)	D_a (max)	r_{as} (max)
(1)0 尺寸系列							
6000	10	26	8	0.3	12.4	23.6	0.3
6001	12	28	8	0.3	14.4	25.6	0.3
6002	15	32	9	0.3	17.4	29.6	0.3
6003	17	35	10	0.3	19.4	32.6	0.3
6004	20	42	12	0.6	25	37	0.6
6005	25	47	12	0.6	30	42	0.6
6006	30	55	13	1	36	49	1
6007	35	62	14	1	41	56	1
6008	40	68	15	1	46	62	1
6009	45	75	16	1	51	69	1
6010	50	80	16	1	56	74	1
6011	55	90	18	1.1	62	83	1
6012	60	95	18	1.1	67	88	1
6013	65	100	18	1.1	72	93	1
6014	70	110	20	1.1	77	103	1
6015	75	115	20	1.1	82	108	1
6016	80	125	22	1.1	87	118	1
6017	85	130	22	1.1	92	123	1
6018	90	140	24	1.5	99	131	1.5
6019	95	145	24	1.5	104	136	1.5
6020	100	150	24	1.5	109	141	1.5

轴承代号	外形尺寸				安装尺寸		
	d	D	B	r_s （min）	d_a （min）	D_a （max）	r_{as} （max）
(0)2 尺寸系列							
6200	10	30	9	0.6	15	25	0.6
6201	12	32	10	0.6	17	27	0.6
6202	15	35	11	0.6	20	30	0.6
6203	17	40	12	0.6	22	35	0.6
6204	20	47	14	1	26	41	1
6205	25	52	15	1	31	46	1
6206	30	62	16	1	36	56	1
6207	35	72	17	1.1	42	65	1
6208	40	80	18	1.1	47	73	1
6209	45	85	19	1.1	52	78	1
6210	50	90	20	1.1	57	83	1
6211	55	100	21	1.5	64	91	1.5
6212	60	110	22	1.5	69	101	1.5
6213	65	120	23	1.5	74	111	1.5
6214	70	125	24	1.5	79	116	1.5
6215	75	130	25	1.5	84	121	1.5
6216	80	140	26	2	90	130	2
6217	85	150	28	2	95	140	2
6218	90	160	30	2	100	150	2
6219	95	170	32	2.1	107	158	2.1
6220	100	180	34	2.1	112	168	2.1
(0)3 尺寸系列							
6300	10	35	11	0.6	15	30	0.6
6301	12	37	12	1	18	31	1
6302	15	42	13	1	21	36	1
6303	17	47	14	1	23	41	1
6304	20	52	15	1.1	27	45	1
6305	25	62	17	1.1	32	55	1
6306	30	72	19	1.1	37	65	1
6307	35	80	21	1.5	44	71	1.5
6308	40	90	23	1.5	49	81	1.5
6309	45	100	25	1.5	54	91	1.5
6310	50	110	27	2	60	100	2

续表

轴承代号	外形尺寸				安装尺寸		
	d	D	B	r_s (min)	d_a (min)	D_a (max)	r_{as} (max)
6311	55	120	29	2	65	110	2
6312	60	130	31	2.1	72	118	2.1
6313	65	140	33	2.1	77	128	2.1
6314	70	150	35	2.1	82	138	2.1
6315	75	160	37	2.1	87	148	2.1
6316	80	170	39	2.1	92	158	2.1
6317	85	180	41	3	99	166	2.5
6318	90	190	43	3	104	176	2.5
6319	95	200	45	3	109	186	2.5
6320	100	215	47	3	114	201	2.5
(0)4 尺寸系列							
6403	17	62	17	1.1	24	55	1
6404	20	72	19	1.1	27	65	1
6405	25	80	21	1.5	34	71	1.5
6406	30	90	23	1.5	39	81	1.5
6407	35	100	25	1.5	44	91	1.5
6408	40	110	27	2	50	100	2
6409	45	120	29	2	55	110	2
6410	50	130	31	2.1	62	118	2.1
6411	55	140	33	2.1	67	128	2.1
6412	60	150	35	2.1	72	138	2.1
6413	65	160	37	2.1	77	148	2.1
6414	70	180	42	3	84	166	2.5
6415	75	190	45	3	89	176	2.5
6416	80	200	48	3	94	186	2.5
6417	85	210	52	4	103	192	3
6418	90	225	54	4	108	207	3
6420	100	250	58	4	118	232	3

附录Ⅴ　极限与配合

1.标准公差数值

附表 5.1　标准公差数值（GB/T 1800.1—2009）

公称尺寸/mm		标准公差等级																	
大于	至	IT1	IT2	IT3	IT4	IT5	IT6	IT7	IT8	IT9	IT10	IT11	IT12	IT13	IT14	IT15	IT16	IT17	IT18
		μm											mm						
—	3	0.8	1.2	2	3	4	6	10	14	25	40	60	0.1	0.14	0.25	0.4	0.6	1	1.4
3	6	1	1.5	2.5	4	5	8	12	18	30	48	75	0.12	0.18	0.3	0.48	0.75	1.2	1.8
6	10	1	1.5	2.5	4	6	9	15	22	36	58	90	0.15	0.22	0.36	0.58	0.9	1.5	2.2
10	18	1.2	2	3	5	11	18	27	43	70	110		0.18	0.27	0.43	0.7	1.1	1.8	2.7
18	30	1.5	2.5	4	6	9	13	21	33	52	84	130	0.21	0.33	0.52	0.84	1.3	2.1	3.3
30	50	1.5	2.5	4	7	11	16	25	39	62	100	160	0.25	0.39	0.62	1	1.6	2.5	3.9
50	80	2	3	5	8	13	19	30	46	74	120	190	0.3	0.46	0.74	1.2	1.9	3	4.6
80	120	2.5	4	6	10	15	22	35	54	87	140	220	0.35	0.54	0.87	1.4	2.2	3.5	5.4
120	180	3.5	5	8	12	18	25	40	63	100	160	250	0.4	0.63	1	1.6	2.5	4	6.3
180	250	4.5	7	10	14	20	29	46	72	115	185	290	0.46	0.72	1.15	1.85	2.9	4.6	7.2
250	315	6	8	12	16	23	32	52	81	130	210	320	0.52	0.81	1.3	2.1	3.2	5.2	8.1
315	400	7	9	13	18	25	36	57	89	140	230	360	0.57	0.89	1.4	2.3	3.6	5.7	8.9
400	500	8	10	15	20	27	40	63	97	155	250	400	0.63	0.97	1.55	2.5	4	6.3	9.7
500	630	9	11	16	22	32	44	70	110	175	280	440	0.7	1.1	1.75	2.8	4.4	6.3	9.7
630	800	10	13	18	25	36	50	80	125	200	320	500	0.8	1.25	2	3.2	5	8	12.5
800	1 000	11	15	21	28	40	56	90	140	230	360	560	0.9	1.4	2.3	3.6	5.6	9	14
1 000	1 250	13	18	24	33	47	66	105	165	260	420	660	1.05	1.65	2.6	4.2	6.6	10.5	16.5
1 250	1 600	15	21	29	39	55	78	125	195	310	500	780	1.25	1.95	3.1	5	7.8	12.5	19.5
1 600	2 000	18	25	35	46	65	92	150	230	370	600	920	1.5	2.3	3.7	6	9.2	15	23
2 000	2 500	22	30	41	55	78	110	175	280	440	700	1 100	1.75	2.8	4.4	7	11	17.5	28
2 500	3 150	26	36	50	68	96	135	210	330	540	860	1 350	2.1	3.3	5.4	8.6	13.5	21	33

注：①工程尺寸大于 500 mm 的 IT1 至 IT15 的标准公差数值为试行的。

　　②工程尺寸小于或等于 1 mm 时,无 IT14 至 IT18。

2.轴的极限偏差

附表5.2　常用及优先轴

公称尺寸/mm		a	b		c			d				e		
大于	至	11	11	12	9	10	11*	8	9*	10	11	7	8	9
—	3	−270 −330	−140 −200	−140 −240	−60 −85	−60 −100	−60 −120	−20 −34	−20 −45	−20 −60	−20 −80	−14 −24	−14 −28	−14 −39
3	6	−270 −345	−140 −215	−140 −260	−70 −100	−70 −118	−70 −145	−30 −48	−30 −60	−30 −78	−30 −105	−20 −32	−20 −38	−20 −50
6	10	−280 −370	−150 −240	−150 −300	−80 −116	−80 −138	−80 −170	−40 62	−40 −76	−40 −98	−40 −130	−25 −40	−25 −47	−25 −61
10	18	−290 −400	−150 −260	−150 −330	−95 −138	−95 −165	−95 −205	−50 −77	−50 −93	−50 −120	−50 −160	−32 −50	−32 −59	−32 −75
18	30	−300 −430	−160 −290	−160 −370	−110 −162	−110 −194	−110 −240	−65 −98	−65 −117	−65 −149	−65 −195	−40 −61	−40 −73	−40 −92
30	40	−310 −470	−170 −330	−170 −420	−120 −182	−120 −220	−120 −280	−80 −119	−80 −142	−80 −180	−80 −240	−50 −75	−50 −89	−50 −112
40	50	−320 −480	−180 −340	−180 −430	−130 −192	−130 −230	−130 −290							
50	65	−340 −530	−190 −380	−190 −490	−140 −214	−140 −260	−140 −330	−100 −146	−100 −174	−100 −220	−100 −290	−60 −90	−60 −106	−60 −134
65	80	−360 −550	−200 −390	−200 −500	−150 −224	−150 −270	−150 −340							
80	100	−380 −600	−220 −440	−220 −570	−170 −257	−170 −310	−170 −390	−120 −174	−120 −207	−120 −260	−120 −340	−72 −107	−72 −126	−72 −159
100	120	−410 −630	−240 −460	−240 −590	−180 −267	−180 −320	−180 −400							
120	140	−460 −710	−260 −510	−260 −660	−200 −300	−200 −360	−200 −450	−145 −208	−145 −245	−145 −305	−145 −395	−85 −125	−85 −148	−85 −185
140	160	−520 −770	−280 −530	−280 −680	−210 −310	−210 −370	−210 −460							
160	180	−580 −830	−310 −560	−310 −710	−230 −330	−230 −390	−230 −480							
180	200	−660 −950	−340 −630	−340 −800	−240 −355	−240 −425	−240 −530	−170 −242	−170 −285	−170 −355	−170 −460	−100 −146	−100 −172	−100 −215
200	225	−740 −1 030	−380 −670	−380 −840	−260 −375	−260 −445	−260 −550							
225	250	−820 −1 110	−420 −710	−420 −880	−280 −395	−280 −465	−280 −570							
250	280	−920 −1 240	−480 −800	−480 −1 000	−300 −430	−300 −510	−300 −620	−190 −271	−190 −320	−190 −400	−190 −510	−110 −162	−110 −191	−110 −240
280	315	−1 050 −1 370	−540 −860	−540 −1 060	−330 −460	−330 −540	−330 −650							
315	355	−1 200 −1 560	−600 −900	−600 −1 170	−360 −500	−360 −590	−360 −720	−210 −299	−210 −350	−210 −440	−220 −570	−125 −182	−125 −214	−125 −265
355	400	−1 350 −1 710	−680 −1 040	−680 −1 250	−400 −540	−400 −630	−400 −760							
400	450	−1 500 −1 900	−760 −1 160	−760 −1 390	−440 −595	−440 −690	−440 −840	−230 −327	−230 −385	−230 −480	−230 −630	−135 −198	−135 −232	−135 −290
450	500	−1 650 −2 050	−840 −1 240	−840 −1 470	−480 −635	−480 −730	−480 −880							

注:带*号者为优先公差带。

公差带极限偏差（摘自 GB/T 1800.2—2009）　　　　　单位：μm

f					g			h							
5	6	7*	8	9	5	6*	7	5	6*	7*	8	9*	10	11*	12
−6	−6	−6	−6	−6	−2	−2	−2	0	0	0	0	0	0	0	0
−10	−12	−16	−20	−31	−6	−8	−12	−4	−6	−10	−14	−25	−40	−60	−100
−10	−10	−10	−10	−10	−4	−4	−4	0	0	0	0	0	0	0	0
−15	−18	−22	−28	−40	−9	−12	−16	−5	−8	−12	−18	−30	−48	−75	−120
−13	−13	−13	−13	−13	−5	−5	−5	0	0	0	0	0	0	0	0
−19	−22	−28	−35	−49	−11	−14	−20	−6	−9	−15	−22	−36	−58	−90	−150
−16	−16	−16	−16	−16	−6	−6	−6	0	0	0	0	0	0	0	0
−24	−27	−34	43	−59	−14	−17	−24	−8	−11	−18	−27	−43	−70	−110	−180
−20	−20	−20	−20	−20	−7	−7	−7	0	0	0	0	0	0	0	0
−29	−33	−41	−53	−72	−16	−20	−28	−9	−13	−21	−33	−52	−84	−130	−210
−25	−25	−25	−25	−25	−9	−9	−9	0	0	0	0	0	0	0	0
−36	−41	−50	−64	−87	−20	−25	−34	−11	−16	−25	−39	−62	−100	−160	−250
−30	−30	−30	−30	−30	−10	−10	−10	0	0	0	0	0	0	0	0
−43	−49	−60	−76	−104	−23	−29	−40	−13	−19	−30	−46	−74	−120	−190	−300
−36	−36	−36	−36	−36	−12	−12	−12	0	0	0	0	0	0	0	0
−51	−58	−71	−90	−123	−27	−34	−47	−15	−22	−35	−54	−87	−140	−220	−350
−43	−43	−43	−43	−43	−14	−14	−14	0	0	0	0	0	0	0	0
−61	−68	−83	−106	−143	−32	−39	54	−18	−25	−40	−63	−100	−160	−250	−400
−50	−50	−50	−50	−50	−15	−15	−15	0	0	0	0	0	0	0	0
−70	−79	−96	−122	−165	−35	−44	−61	−20	−29	−46	−72	−115	−1 185	−290	−460
−56	−56	−56	−56	−56	−17	−17	−17	0	0	0	0	0	0	0	0
−79	−88	−108	−137	−186	−40	−49	−69	−23	−32	−52	−81	−130	−210	−320	−520
−62	−62	−62	−62	−62	−18	−18	−18	0	0	0	0	0	0	0	0
−87	−98	−119	−151	−202	−43	−54	−75	−25	−36	−57	−89	−140	−230	−360	−570
−68	−68	−68	−68	−68	−20	−20	−20	0	0	0	0	0	0	0	0
−95	−108	−131	−165	−223	−47	−60	−83	−27	−40	−63	−97	−155	−250	−400	−630

续表

公称尺寸/mm		js			k			m			n			p		
大于	至	5	6	7	5	6*	7	5	6	7	5	6*	7	5	6*	7
—	3	±2	±3	±5	+40 +0	+60 +0	+100 +0	+6 +2	+8 +2	+12 +2	+8 +4	+10 +4	+14 +4	+10 +6	+12 +6	+16 +6
3	6	±2.5	±4	±6	+6 +1	+9 +1	+13 +1	+9 +4	+12 +4	+16 +4	+13 +8	+16 +8	+20 +8	+17 +12	+20 +12	+24 +12
6	10	±3	±4.5	±7	+7 +1	+10 +1	+16 +1	+12 +6	+15 +6	+21 +6	+16 +10	+19 +10	+25 +10	+21 +15	+24 +15	+30 +15
10	14	±4	±5.5	±9	+9 +1	+12 +1	+19 +1	+15 +7	+18 +7	+25 +7	+20 +12	+23 +12	+30 +12	+26 +18	+29 +18	+36 +18
14	18															
18	24	±4.5	±6.5	±10	+11 +2	+15 +2	+23 +2	+17 +8	+21 +8	+29 +8	+24 +15	+28 +15	+36 +15	+31 +22	+35 +22	+43 +22
24	30															
30	40	±5.5	±8	±12	+13 +2	+18 +2	+27 +2	+20 +9	+25 +9	+34 +9	+28 +17	+33 +17	+42 +17	+37 +26	+42 +26	+51 +26
40	50															
50	65	±6.5	±9.5	±15	+15 +2	+21 +2	+32 +2	+24 +11	+30 +11	+41 +11	+33 +20	+39 +20	+50 +20	+45 +32	+51 +32	+62 +32
65	80															
80	100	±7.5	±11	±17	+18 +3	+25 +3	+38 +3	+28 +13	+35 +13	+48 +13	+38 +23	+45 +23	+58 +23	+52 +37	+59 +37	+72 +37
100	120															
120	140	±9	±12.5	±20	+21 +3	+28 +3	+43 +3	+33 +15	+40 +15	+55 +15	+45 +27	+52 +27	+67 +27	+61 +43	+68 +43	+83 +43
140	160															
160	180															
180	200	±10	±14.5	±23	+24 +4	+33 +4	+50 +4	+37 +17	+46 +17	+63 +17	+51 +31	+60 +31	+77 +31	+70 +50	+79 +50	+96 +50
200	225															
225	250															
250	280	±11.5	±16	±26	+27 +4	+36 +4	+56 +4	+43 +20	+52 +20	+72 +20	+57 +34	+66 +34	+86 +34	+79 +56	+88 +56	+108 +56
280	315															
315	355	±12.5	±18	±28	+29 +4	+40 +4	+61 +4	+46 +21	+57 +21	+78 +21	+62 +37	+73 +37	+94 +37	+87 +62	+98 +62	+119 +62
355	400															
400	450	±13.5	±20	±31	+32 +5	+45 +5	+68 +5	+50 +23	+63 +23	+86 +23	+67 +40	+80 +40	+103 +40	+95 +68	+108 +68	+131 +68
450	500															

r		s			t			u		v	x	y	z
6	7	5	6*	7	5	6	7	6*	7	6	6	6	6
+16 +10	+20 +10	+18 +14	+20 +14	+24 +14	—	—	—	+24 +18	+28 +18	—	+26 +20	—	+32 +26
+23 +15	+27 +15	+24 +19	+27 +19	+31 +19	—	—	—	+31 +23	+35 +23	—	+36 +28	—	+43 +35
+28 +19	+34 +19	+29 +23	+32 +23	+38 +23	—	—	—	+37 +28	+43 +28	—	+43 +34	—	+51 +42
+34 +23	+41 +23	+36 +28	+39 +28	+46 +28	—	—	—	+44 +33	+51 +33	—	+51 +40	—	+61 +50
					—	—	—			+50 +39	+56 +45	—	+71 +60
+50 +34	+59 +34	+54 +43	+59 +43	+68 +43	+59 +48	+64 +48	+73 +48	+76 +60	+85 +60	+84 +68	+96 +80	+110 +94	+128 +112
					+65 +54	+70 +54	+79 +54	+86 +70	+95 +70	+97 +81	+113 +97	+130 +114	+152 +136
+60 +41	+71 +41	+66 +53	+72 +53	+83 +53	+79 +66	+85 +66	+96 +66	+106 +87	+117 +87	+121 +102	+141 +122	+163 +144	+191 +172
+62 +43	+73 +43	+72 +59	+78 +59	+89 +59	+88 +75	+94 +75	+105 +75	+121 +102	+132 +102	+139 +120	+165 +146	+193 +174	+229 +210
+73 +51	+86 +51	+86 +71	+93 +71	+106 +71	+106 +91	+113 +91	+126 +91	+149 +124	+159 +124	+168 +146	+200 +178	+236 +214	+280 +258
+76 +54	+89 +54	+94 +79	+101 +79	+114 +79	+119 +104	+126 +104	+139 +104	+166 +144	+179 +144	+194 +172	+232 +210	+276 +254	+332 +310
+88 +63	+103 +63	+110 +92	+117 +92	+132 +92	+140 +122	+147 +122	+162 +122	+195 +170	+210 +170	+227 +202	+273 +248	+325 +300	+390 +365
+90 +65	+105 +65	+118 +100	+125 +100	+140 +100	+152 +134	+159 +134	+174 +134	+215 +190	+230 +190	+253 +228	+305 +280	+365 +340	+440 +415
+93 +68	+108 +68	+126 +108	+133 +108	+148 +108	+164 +146	+171 +146	+186 +146	+235 +210	+250 +210	+277 +252	+335 +310	+405 +380	+490 +465
+106 +77	+123 +77	+142 +122	+151 +122	+168 +122	+186 +166	+195 +166	+212 +166	+265 +236	+282 +236	+313 +284	+379 +350	+454 +425	+549 +520
+109 +80	+126 +80	+150 +130	+159 +130	+176 +130	+200 +180	+209 +180	+226 +180	+287 +258	+304 +258	+339 +310	+414 +385	+499 +470	+604 +575
+113 +84	+130 +84	+160 +140	+169 +140	+186 +140	+216 +196	+225 +196	+242 +196	+313 +284	+330 +284	+369 +340	+454 +425	+549 +520	+669 +640
+126 +94	+146 +94	+181 +158	+190 +158	+210 +158	+241 +218	250 +218	+270 +218	+347 +315	+367 +315	+417 +385	+507 +475	+612 +580	+742 +710
+130 +98	+150 +98	+193 +170	+202 +170	+222 +170	+263 +240	+272 +240	+292 +240	+382 +350	+402 +350	+457 +425	+557 +525	+682 +650	+822 +790
+144 +108	+165 +108	+215 +190	+226 +190	+247 +190	+293 +268	+304 +268	+325 +268	+426 +390	+447 +390	+551 +475	+626 +590	+766 +730	+939 +900
+150 +114	+171 +114	+233 +208	+244 +208	+265 +208	+319 +294	+330 +294	+351 +294	+471 +435	+492 +435	+566 +530	+696 +660	+856 +820	+1 036 +1 000
+166 +126	+189 +126	+259 +232	+272 +232	+295 +232	+357 +330	+370 +330	+393 +330	+530 +490	+553 +490	+635 +595	+780 +740	+960 +920	+1 140 +1 100
+172 +132	+195 +132	+279 +252	+292 +252	+315 +252	+387 +360	+400 +360	+423 +360	+580 +540	+603 +540	+700 +660	+860 +820	+1 040 +1 000	+1 290 +1 250

3. 孔的极限偏差

附表5.3　常用优先孔

公称尺寸/mm 大于	至	A 11	B 11	B 12	C 11*	D 8	D 9*	D 10	D 11	E 8	E 9	F 6	F 7	F 8*	F 9
—	3	+330 +270	+200 +140	+240 +140	+120 +60	+34 +20	+45 +20	+60 +20	+80 +20	+28 +14	+39 +14	+12 +6	+16 +6	+20 +6	+31 +6
3	6	+345 +270	+215 +140	+260 +140	+145 +70	+48 +30	+60 +30	+78 +30	+105 +30	+38 +20	+50 +20	+18 +10	+22 +10	+28 +10	+40 +10
6	10	+370 +280	+240 +150	+300 +150	+170 +80	+62 +40	+76 +40	+98 +40	+130 +40	+47 +25	+61 +25	+22 +13	+28 +13	+35 +13	+49 +13
10	14	+400 +290	+260 +150	+330 +150	+205 +95	+77 +50	+93 +50	+120 +50	+160 +50	+59 +32	+75 +32	+27 +16	+34 +16	+43 +16	+59 +16
14	18	+400 +290	+260 +150	+330 +150	+205 +95	+77 +50	+93 +50	+120 +50	+160 +50	+59 +32	+75 +32	+27 +16	+34 +16	+43 +16	+59 +16
18	24	+430 +300	+290 +160	+370 +160	+240 +110	+98 +65	+117 +65	+149 +65	+195 +65	+73 +40	+92 +40	+33 +20	+41 +20	+53 +20	+72 +20
24	30	+430 +300	+290 +160	+370 +160	+240 +110	+98 +65	+117 +65	+149 +65	+195 +65	+73 +40	+92 +40	+33 +20	+41 +20	+53 +20	+72 +20
30	40	+470 +310	+330 +170	+420 +170	+280 +120	+119 +80	+142 +80	+180 +80	+240 +80	+89 +50	+112 +50	+41 +25	+50 +25	+64 +25	+87 +25
40	50	+480 +320	+340 +180	+430 +180	+290 +130	+119 +80	+142 +80	+180 +80	+240 +80	+89 +50	+112 +50	+41 +25	+50 +25	+64 +25	+87 +25
50	65	+530 +340	+380 +190	+490 +190	+330 +140	+146 +100	+170 +100	+220 +100	+290 +100	+106 +60	+134 +60	+49 +30	+60 +30	+76 +30	+104 +30
65	80	+550 +360	+390 +200	+500 +200	+340 +150	+146 +100	+170 +100	+220 +100	+290 +100	+106 +60	+134 +60	+49 +30	+60 +30	+76 +30	+104 +30
80	100	+600 +380	+440 +220	+570 +220	+390 +170	+174 +120	+207 +120	+260 +120	+340 +120	+126 +72	+159 +72	+58 +36	+71 +36	+90 +36	+123 +36
100	120	+630 +410	+460 +240	+590 +240	+400 +180	+174 +120	+207 +120	+260 +120	+340 +120	+126 +72	+159 +72	+58 +36	+71 +36	+90 +36	+123 +36
120	140	+710 +460	+510 +260	+660 +260	+450 +200	+208 +145	+245 +145	+305 +145	+395 +145	+148 +85	+185 +85	+68 +43	+83 +43	+106 +43	+143 +43
140	160	+770 +520	+530 +280	+680 +280	+460 +210	+208 +145	+245 +145	+305 +145	+395 +145	+148 +85	+185 +85	+68 +43	+83 +43	+106 +43	+143 +43
160	180	+830 +580	+560 +310	+710 +310	+480 +230	+208 +145	+245 +145	+305 +145	+395 +145	+148 +85	+185 +85	+68 +43	+83 +43	+106 +43	+143 +43
180	200	+950 +650	+630 +340	+800 +340	+530 +240	+242 +170	+285 +170	+355 +170	+460 +170	+172 +100	+215 +100	+79 +50	+96 +50	+122 +50	+165 +50
200	225	+1 030 +740	+670 +380	+840 +380	+550 +260	+242 +170	+285 +170	+355 +170	+460 +170	+172 +100	+215 +100	+79 +50	+96 +50	+122 +50	+165 +50
225	250	+1 110 +820	+710 +420	+880 +420	+570 +280	+242 +170	+285 +170	+355 +170	+460 +170	+172 +100	+215 +100	+79 +50	+96 +50	+122 +50	+165 +50
250	280	+1 240 +920	+800 +480	+1 000 +480	+620 +300	+271 +190	+320 +190	+400 +190	+510 +190	+191 +110	+240 +110	+88 +56	+408 +56	+137 +56	+186 +56
280	315	+1 370 +1 050	+860 +540	+1 060 +540	+650 +330	+271 +190	+320 +190	+400 +190	+510 +190	+191 +110	+240 +110	+88 +56	+408 +56	+137 +56	+186 +56
315	355	+1 560 +1 200	+960 +600	+1 170 +600	+720 +360	+299 +210	+350 +210	+440 +210	+570 +210	+214 +125	+265 +125	+98 +62	+119 +62	+151 +62	+202 +62
355	400	+1 710 +1 350	+1 040 +680	+1 250 +680	+760 +400	+299 +210	+350 +210	+440 +210	+570 +210	+214 +125	+265 +125	+98 +62	+119 +62	+151 +62	+202 +62
400	450	+1 900 +1 500	+1 160 +760	+1 390 +760	+840 +440	+327 +230	+385 +230	+480 +230	+630 +230	+232 +135	+290 +135	+108 +68	+131 +68	+165 +68	+223 +68
450	500	+2 050 +1 650	+1 240 +840	+1 470 +840	+880 +480	+327 +230	+385 +230	+480 +230	+630 +230	+232 +135	+290 +135	+108 +68	+131 +68	+165 +68	+223 +68

注：带*号者为优先公差带。

孔公差带极限偏差(摘自 GB/T 1800.2—2009)　　　　　单位:μm

G		H							Js			K		
6	7*	6	7*	8*	9*	10	11*	12	6	7	8	6	7*	8
+8 +2	+12 +2	+6 0	+10 0	+14 0	+25 0	+40 0	+60 0	+100 0	±3	±5	±7	0 -6	0 -10	0 -14
+12 +4	+16 +4	+8 0	+12 0	+18 0	+30 0	+48 0	+75 0	+120 0	±4	±6	±9	+2 -6	+3 -9	+5 -13
+14 +5	+20 +5	+9 0	+15 0	+22 0	+36 0	+58 0	+90 0	+150 0	±4.5	±7	±11	+2 -7	+5 -10	+6 -16
+17 +6	+24 +6	+11 0	+18 0	+27 0	+43 0	+70 0	+110 0	+180 0	±5.5	±9	±13	+2 -9	+6 -12	+8 -19
+20 +7	+28 +7	+13 0	+21 0	+33 0	+52 0	+84 0	+130 0	+210 0	±6.5	±10	±16	+2 +11	+6 -15	+10 -23
+25 +9	+34 +9	+16 0	+25 0	+39 0	+62 0	+100 0	+160 0	+250 0	±8	±12	±19	+3 -13	+7 -18	+12 -27
+29 +10	+40 +10	+19 0	+30 0	+46 0	+74 0	+120 0	+190 0	+300 0	±9.5	±15	±23	+4 -15	+9 -21	+14 -32
+34 +12	+47 +12	+22 0	+35 0	+54 0	+87 0	+140 0	+220 0	+350 0	±11	±17	±27	+4 -18	+10 -25	+16 -38
+39 +14	+54 +14	+25 0	+40 0	+63 0	+100 0	+160 0	+250 0	+400 0	±12.5	±20	±31	+4 -21	+12 -28	+20 -43
+44 +15	+61 +15	+29 0	+46 0	+72 0	+115 0	+185 0	+290 0	+460 0	±14.5	±23	±36	+5 -24	+13 -33	+22 -50
+49 +17	+69 +17	+32 0	+52 0	+81 0	+130 0	+210 0	+320 0	+520 0	±16	±26	±40	+5 -27	+16 -36	+25 -56
+54 +18	+75 +18	+36 0	+57 0	+89 0	+140 0	+230 0	+360 0	+570 0	±18	±28	±44	+7 -29	+17 -40	+28 -61
+60 +20	+83 +20	+40 0	+63 0	+97 0	+155 0	+250 0	+400 0	+630 0	±20	±31	±48	+8 -32	+18 -45	+29 -68

续表

M			N			P		R		S		T		U
6	7	8	6	7*	8	6	7*	6	7	6	7*	6	6	7*
−2 −8	−2 −12	−2 −16	−4 −10	−4 −14	−4 −18	−6 −12	−6 −16	−10 −16	−14 −20	−14 −20	−14 −24	—	—	−18 −28
−1 −9	0 −12	+2 −16	−5 −13	−4 −16	−2 −20	−9 −17	−8 −20	−12 −20	−11 −23	−16 −24	−15 −27	—	—	−19 −31
−3 −12	0 −12	+1 −21	−7 −16	−4 −19	−3 −25	−12 −21	−9 −24	−16 −25	−13 −28	−20 −29	−17 −32	—	—	−22 −37
−4 −15	0 −18	+2 −25	−9 −20	−5 −23	−3 −30	−15 −26	−11 −29	−20 −31	−16 −34	−25 −36	−21 −39	—	—	−26 −44
−4 −17	0 −21	+4 −29	−11 −24	−7 −28	−3 −36	−18 −31	−14 −35	−24 −37	−20 −41	−31 −44	−27 −48	—	—	−33 −54
												−37 −50	−33 −54	−40 −61
−4 −20	0 −25	+5 −34	−12 −28	−8 −33	−3 −42	−21 −37	−17 −42	−29 −45	−25 −50	−38 −54	−34 −59	−43 −59	−39 −64	−51 −76
												−49 −65	−45 −70	−61 −86
−5 −24	0 −30	+5 −41	−14 −33	−9 −39	−4 −50	−26 −45	−21 −51	−35 −54	−30 −60	−47 −66	−42 −72	−60 −79	−55 −85	−76 −106
								−37 −56	−32 −62	−53 −72	−48 −78	−69 −88	−64 −94	−91 −121
−6 −28	0 −35	+6 −48	−16 −38	−10 −45	−4 −58	−30 −52	−24 −59	−44 −66	−38 −73	−64 −86	−58 −93	−84 −106	−78 −113	−111 −146
								−47 −69	−41 −76	−72 −94	−66 −101	−97 −119	−91 −126	−131 −166
−8 −33	0 −40	+8 −55	−20 −45	−12 −52	−4 −67	−36 −61	−28 −68	−56 −81	−48 −88	−85 −110	−77 −117	−115 −140	−107 −147	−155 −195
								−58 −83	−50 −90	−93 −118	−85 −125	−127 −152	−119 −159	−175 −215
								−61 −86	−53 −93	−101 −126	−93 −133	−139 −164	−131 −171	−195 −235
−8 −37	0 −46	+9 −63	−22 −51	−14 −60	−5 −77	−41 −70	−33 −79	−68 −97	−60 −106	−113 −142	−105 −151	−157 −186	−149 −195	−219 −265
								−71 −100	−63 −109	−121 −150	−113 −159	−171 −200	−163 −209	−241 −287
								−75 −104	−67 −113	−131 −160	−123 −169	−187 −216	−179 −225	−267 −313
−9 −41	0 −52	+9 −72	−25 −57	−14 −66	−5 −86	−47 −79	−36 −88	−85 −117	−74 −126	−149 −181	−138 −190	−209 −241	−198 −250	−295 −347
								−89 −121	−78 −130	−161 −193	−150 −202	−231 −263	−220 −272	−330 −382
−10 −46	0 −57	+11 −78	−26 −62	−16 −73	−5 −94	−51 −87	−41 −98	−97 −133	−87 −144	−179 −215	−169 −226	−257 −293	−247 −304	−369 −426
								−103 −139	−93 −150	−197 −233	−187 −244	−283 −319	−273 −330	−414 −471
−10 −50	0 −63	+11 −86	−27 −67	−17 −80	−6 −103	−55 −95	−45 −108	−113 −153	−103 −166	−219 −259	−209 −272	−317 −357	−307 −370	−467 −530
								−119 −159	−109 −172	−239 −279	−229 −292	−347 −387	−337 −400	−517 −580

4.基孔制常用优先配合

附表 5.4　基孔制优先、常用配合(摘自 GB/T 1801—2009)

基孔制 (轴)	a	b	c	d	e	f	g	h	js	k	m	n	p	r	s	t	u	v	x	y	z
	间隙配合								过渡配合			过盈配合									
H6						H6/f5	H6/g5	H6/h5	H6/js5	H6/k5	H6/m5	H6/n5	H6/p5	H6/r5	H6/s5	H6/t5					
H7						H7/f6	※H7/g6	※H7/h6	H7/js6	※H7/k6	H7/m6	※H7/n6	※H7/p6	H7/r6	※H7/s6	H7/t6	※H7/u6	H7/v6	H7/x6	H7/y6	H7/z6
H8					H8/e7	※H8/f7	H8/g7	※H8/h7	H8/js7	H8/k7	H8/m7	H8/n7	H8/p7	H8/r7	H8/s7	H8/t7	H8/u7				
				H8/d8	H8/e8	H8/f8		H8/h8													
H9			H9/c9	※H9/d9	H9/e9	H9/f9		※H9/h9													
H10			H10/c10	H10/d10				H10/h10													
H11	H11/a11	H11/b11	※H11/c11	H11/d11				※H11/h11													
H12		H12/b12						H12/h12													

注:①H6/n5、H7/p6 在基本尺寸小于或等于 3 mm,以及 H8/r7 在小于等于 1 000 mm 时为过渡配合。

②常用配合为59种,其中包括优先配合13种。

③标注※的配合为优先配合。

5.基轴制常用优先配合

附表 5.5　基轴制优先、常用配合(摘自 GB/T 1801—2009)

基轴制 (孔)	A	B	C	D	E	F	G	H	Js	K	M	N	P	R	S	T	U	V	X	Y	Z
	间隙配合								过渡配合			过盈配合									
h5						F6/h5	G6/h5	H6/h5	Js6/h5	K6/h5	M6/h5	N6/h5	P6/h5	R6/h5	S6/h5	T6/h5					
h6						F7/h6	※G7/h6	※H7/h6	Js7/h6	※K7/h6	M7/h6	※N7/h6	※P7/h6	R7/h6	※S7/h6	T7/h6	※U7/h6				
h7					E8/h7	※F8/h7		※H8/h7	Js8/h7	K8/h7	M8/h7	N8/h7									
h8				D8/h8	E8/h8	F8/h8		H8/h8													
h9				※D9/h9	E9/h9	F9/h9		※H9/h9													
h10				D10/h10				H10/h10													
h11	A11/h11	B11/h11	※C11/h11	D11/h11				※H11/h11													
h12		B12/h12						H12/h12													

注:①常用配合为47种,其中包括优先配合13种。

②标注※的配合为优先配合。

参考文献

[1] 姚春东,王巍. 工程制图基础[M].北京:机械工业出版社,2016.

[2] 宋春明. 机械制图[M]. 重庆:重庆大学出版社,2017.

[3] 陈杰峰,宋春明. 工程制图[M].4 版. 重庆:重庆大学出版社,2015.

[4] 杨裕根,诸世敏. 现代工程图学[M].4 版. 北京:北京邮电大学出版社,2017.

[5] 王志忠,陈杰峰. 工程图学基础[M].北京:科学出版社,2011.

[6] 王志忠,雷淑存. 现代机械工程制图[M].北京:科学出版社,2012.

[7] 丁一,陈家能. 机械制图[M]. 重庆:重庆大学出版社,2012.

[8] 张彤,樊红丽,焦永和. 机械制图[M].2 版. 北京:高等教育出版社,2006.

[9] 孙根正,王永平. 工程制图基础[M].2 版. 西安:西北工业大学出版社,2003.